2018—2019 软件定义卫星高峰论坛优秀论文汇编

主　　编　赵军锁

副主编　吴凤鸽　谢卫莹　林翊钧

西安电子科技大学出版社

内 容 简 介

　　本书为软件定义卫星高峰论坛论文汇编，集中反映了软件定义卫星相关领域的新技术与新成果。其主要内容包括软件定义卫星发展思路、卫星硬件虚拟化技术、软件平台化技术、智能测运控技术以及空间网络技术等五个部分。

　　本书适合参与航天工程设计、星载软件开发的科研技术人员阅读使用，也可供对航天感兴趣的读者参考。

图书在版编目(CIP)数据

　　2018—2019**软件定义卫星高峰论坛优秀论文汇编**/赵军锁主编. －西安：西安电子科技大学出版社，2020.7

　　ISBN 978 - 7 - 5606 - 5704 - 2

　　Ⅰ. ① 2… Ⅱ. ① 赵… Ⅲ. ① 人造卫星—学术会议—文集—2018 - 2019 Ⅳ. ① V474 - 53

中国版本图书馆 CIP 数据核字(2020)第 091337 号

策划编辑　秦志峰
责任编辑　秦志峰
出版发行　西安电子科技大学出版社(西安市太白南路 2 号)
电　　话　(029)88242885　88201467　　邮　　编　710071
网　　址　www. xduph. com　　电子邮箱　xdupfxb001@163. com
经　　销　新华书店
印刷单位　咸阳华盛印务有限责任公司
版　　次　2020 年 7 月第 1 版　2020 年 7 月第 1 次印刷
开　　本　787 毫米×1092 毫米　1/16　印张 16
字　　数　380 千字
印　　数　1～1000 册
定　　价　50.00 元
ISBN 978 - 7 - 5606 - 5704 - 2 / V
XDUP 6006001 - 1

＊＊＊如有印装问题可调换＊＊＊

前　言

　　全球在轨飞行的人造卫星数量已达 5000 多颗，其中正常运行的人造卫星有 2000 多颗。据预测，在未来 30 年时间内（2049 年前），在轨运行的航天器数量将增长 100 倍以上，达到数十万颗。世界各国都在争相抢占日益稀缺的频率资源和轨道资源，提升其太空资产的数量、质量以及应用效能。随着商业资本的进入，这一进程正在加速。这种新的发展需求对传统的航天产业提出了前所未有的技术挑战。数量如此庞大的卫星，该怎么造？怎么管？怎么用？这是迫切需要解决的难题。

　　长期以来，卫星的研制模式一直采用"为特定任务定制卫星、为特定卫星定制载荷、为特定载荷定制软件"的技术路线。在这种研制模式下，每个卫星都有一套自己专有的文档、硬件、软件，都需要进行自己专有的检测、测试、试验，导致不仅硬件难以互换、软件难以复用、信息难以共享，而且研制成本高、研制周期长。卫星平台、探测载荷以及感知软件迭代速度远远小于地面软硬件系统。如何解决这个问题呢？软件定义卫星技术提供了一种解决思路，即以天基先进计算平台和星载通用操作环境为核心，采用开放系统架构，支持有效载荷即插即用、应用软件按需加载、系统功能按需重构的新一代卫星系统。借助于强大的计算能力，用软件去实现尽可能多的卫星功能，做到软件最大化、硬件最小化。也就是说，通过算法和软件，将有效载荷的硬件效能发挥到极致，并将有效载荷的硬件实现简化到极致，从而大幅提高卫星的效费比。

　　软件定义卫星技术必将引发航天产业的巨大变革，它具有重大的科学意义和现实意义：

　　（1）软件定义卫星解除了卫星软硬件之间的紧耦合关系，让卫星的软硬件可以各自独立演化，并可以极大地提高应用的效费比。

　　（2）软件定义卫星有助于改变过去按功能划分卫星的传统做法，可以做到一星多用、一星多能、网络互联、信息互通。

　　（3）软件定义卫星将卫星从一个封闭系统变成了一个开放系统，可以让更多的科技工作者能够为在轨运行的卫星开发软件，利用这些卫星自由开展太空探索和科学试验，并利用这些卫星为不同行业的广大用户提供个性化的服务。

　　未来，随着软件数量的增多以及质量的提高，软件定义卫星技术可将传统卫星演变为智能卫星。在智能卫星上将会运行着各种各样的应用软件，帮助人们从太空对地球进行更精细、更全面的实时观测，为全球任何角落的用户提供更好的通信、定位和导航服务，将极大地增强全球范围内的经济繁荣、安全与和平。

　　为了推动软件定义卫星技术的发展与应用，软件定义卫星技术联盟发起了主题是"软件定义卫星，智能引领航天"的软件定义卫星高峰论坛，到目前为止已举办两届。其中，2018年高峰论坛收录论文共计82篇，2019年收录70篇，集中反映了会议议题相关领域的新技术与新成果。本书围绕软件定义卫星关键技术遴选了31篇论文，谨供对软件定义卫星技术有兴趣的读者参考。

书中可能还存在不妥之处，希望同行专家和读者提供宝贵意见，我们将不胜感激！

编者
2020年2月

目　　录

软件定义卫星发展思路

卫星硬件虚拟化技术

软件平台化技术

智能测运控技术

空间网络技术

软件定义卫星发展思路

发展软件定义卫星的总体思路

赵军锁[1,2]，吴凤鸽[1]，刘光明[1]，李丹[1]，潘晏涛[1]

（1 中国科学院软件研究所，北京 100192）

（2 中国科学院大学，北京 100049）

摘　要： 软件定义卫星是以天基先进计算平台和星载通用操作环境为核心，采用开放系统架构，支持有效载荷即插即用、应用软件按需加载、系统功能按需重构的新一代卫星系统。本文结合以发展天基智能为目标的天智工程，介绍了推动软件定义卫星发展的总体思路以及技术实践，给出了有助于加速传统卫星向智能卫星演化的路线图。

关键词： 软件定义卫星；智能卫星；超算平台

随着计算机、通信和人工智能技术的发展，软件和算法在各行各业中发挥的作用越来越大，在互联网生态环境下，软件定义正在成为一种新的发展趋势。从软件定义无线电、软件定义雷达，到软件定义网络、软件定义存储、软件定义数据中心，再到软件定义一切、软件定义世界，人的智力通过软件和算法快速向外延伸，极大地提高了各行各业的智能化程度和整个社会的智能化水平。人类的生活离不开软件代码，在数以百亿计的各种处理器上日夜运行的代码，成为驱动这个世界正常运转和向前发展的最为重要、最为强大的力量之一。

据预测，在未来 30 年时间内（2049 年前），在轨运行的航天器数量将增长 100 倍以上，达到数十万颗。世界各国都在抢占日益稀缺的频率资源、轨道资源，以提升其太空资产的数量、质量以及应用效能。随着商业资本的进入，这一进程正在加速。这种新的发展需求对传统的航天产业提出了前所未有的技术挑战。这么多的卫星该怎么造？怎么管？怎么用？这是摆在航天科技工作者面前的一道新的难题。

长期以来，卫星的研制模式一直采用"为特定任务定制卫星、为特定卫星定制载荷、为特定载荷定制软件"的技术路线。在这种研制模式下，基本上每个卫星都有一套自己专有的文档、硬件、软件，都需要进行自己专有的检测、测试、试验，都需要遍历卫星研制的整个过程，导致"一个卫星一个样"，不仅硬件难以互换、软件难以复用、信息难以共享，而且研制成本高、研制周期长。卫星平台、有效载荷以及星载软件迭代速度远远小于地面软硬件系统。

怎么解决这个问题呢？软件定义卫星技术是一种很好的解决思路。发展一种采用开放系统架构，以开源操作系统为核心，支持有效载荷即插即用、应用软件按需加载的新型卫星。这种新型卫星的生产制造模式和使用方式将发生彻底的改变。完成这种生产模式转变的关键是解除卫星软硬件之间的紧耦合关系，将卫星从一个封闭系统变成一个开放系统。就像 IBM 兼容机一样，为了保证不同厂商生产的硬件能够互换，必须制定统一的接口规范；为了保证应用软件能够在不同的 PC 上运行，必须有统一的操作系统；为了保证所有的 PC 能够互联互通，必须有统一的网络协议。建立卫星相关规范，让更多的厂商能够参与卫星硬件产品的生产，让更多的程序员能够参与卫星软件的开发，让更多的人能够使用卫星。

借助于强大的计算能力，用软件去实现尽可能多的卫星功能，做到软件最大化、硬件最小化。也就是说，通过算法和软件，将有效载荷的硬件效能发挥到极致，将有效载荷的硬件实现简化到极致，从而大幅提高卫星的效费比。摩尔定律的有效期已经超过了40年，单个芯片的计算性能也因此提高了近10万倍。如果在太空也能利用这种计算能力，星载计算平台能力将会有突飞猛进的增长，从而可以大幅改善卫星的应用效能。例如，通过计算摄影算法，降低星载相机设计的复杂度和对加工工艺的要求，或者在现有硬件的基础上，通过算法和软件，提高相机的分辨率、动态范围，消除畸变或者运动模糊；通过软件定义无线电技术，简化卫星通信单元的设计复杂度，提高卫星在通信和组网方面的灵活性，实现卫星智能通信，从而提高稀缺频谱资源的有效利用率。这些工作的核心是"有效载荷虚拟化、系统软件平台化、应用软件生态化"。

实现了有效载荷虚拟化、系统软件平台化和应用软件生态化之后，有望能够在24小时之内完成一个卫星的设计、组装、测试和交付，并根据需要加载不同的软件到在轨运行的卫星上。有了新的软件，在轨卫星就可以完成新的任务，为更多个用户提供服务，甚至可以通过更新算法和软件不断提升其性能。

本文将围绕"有效载荷虚拟化、系统软件平台化、应用软件生态化"，以实现卫星软件的独立演化、提高卫星智能化水平为主线，讨论发展软件定义卫星技术的总体思路和一些工程实践活动。

1. 天智工程介绍

天智工程的目标是发展天基智能，该计划将通过一系列新技术试验卫星的研制，推动软件定义卫星技术的发展，对软件定义卫星所涉及的一些关键技术进行在轨演示验证，加快传统卫星向智能卫星演化的速度。

天智工程所使用的卫星模型称为 CACAS（Computing platform，Apps，Communicators，Actuators，Sensors），即任何卫星都包含若干传感器（Sensor）、执行器（Actuator）和通信单元（Communicator），并以计算平台（Computing platform）为核心，支持多种多样的应用程序（App）。CACAS 模型是典型的开放系统架构，以通用计算平台为核心，通过接入不同的有效载荷，加载不同的 App，即可快速重构出具有不同功能的卫星系统。这是一个通用模型，不仅适用于各种类型的卫星，也适用于其他无人平台（例如无人机、无人车等），如图1所示。

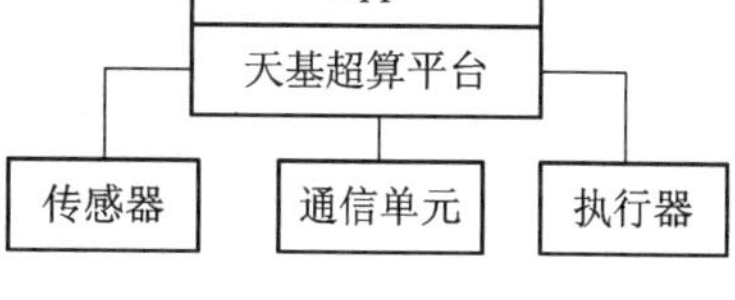

图 1　软件定义卫星的概念模型 CACAS

在 CACAS 模型中，通用计算平台是核心。天智工程希望借助通用计算平台解除卫星软硬件之间的紧耦合关系，使其可以各自独立演化。在 API（Application Programming Interface，应用程序接口）之上，一切皆可编程；在 API 之下，以模块化、标准化为基础，遵循"如无必要，勿增实体"的原则，简化硬件实现。

通过不断提升天基超算平台的计算性能，不断丰富、改进星载软件和算法，对卫星平台和有效载荷进行瘦身(将其功能尽可能地迁移到计算平台之上,改用软件实现)。通过软件和算法的快速迭代与演化,实现卫星产品的持续演进。在天基超算平台和星载通用操作环境之上安装不同的软件,即可实现不同的功能,完成新的空间任务。通过软件升级,还可以完善现有功能,修复故障或者提升性能。天基超算平台还具有丰富的接口形式,可以支持各类有效载荷的即插即用,包括多模通信单元、各种传感器和执行机构。

在技术实现上,CACAS 中的天基超算平台采用了基于 TTE/TSN 技术的 POE 交换机作为核心,如图 2 所示。其中计算节点的一般实现形式为 CPU+FPGA(或其他专用计算引擎),如图 3 所示。计算节点之间通过 POE TTE 交换机相连,并可以通过标准板级接口连接至接口扩展卡,最终连接至传感器、执行机构、天线或通信单元。根据计算节点的 CPU和 FPGA 的选型、DDR 和 Flash 的容量和性能,可以把计算节点细分为通用计算节点、算法加速节点、高速存储节点和大容量存储节点。

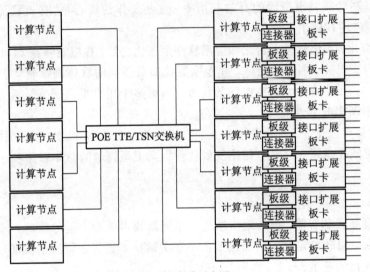

TTE: Time-triggered Ethernet,时间触发以太网
TSN: Time Sensitive Network,时间敏感器
POE: Power Over Ethernet,交换机

图 2　CACAS 模型中的计算平台

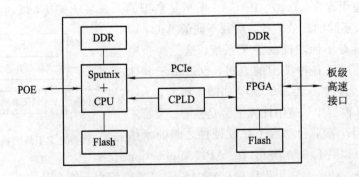

图 3　计算节点的通用形式

从图 2 和图 3 中可以看出,天基超算平台在体系架构上和互联网中最为常见的计算环境是兼容的,这样能够更多地使用现有的高质量的开源代码资源,降低广大程序员开发星

载软件的学习门槛。与互联网主流计算环境不同的是，天智超算平台中采用了冗余架构，并将大量使用的 FPGA 作为算法加速部件。这样做有三个考虑：一是为了容错，提供可靠性；二是为了提高星载计算效能；三是为了方便接口扩展，能够支持更多的现有载荷。

星载通用操作环境是一个面向卫星的平台化软件解决方案，我们称之为 Sputnix。Sputnix 是基于 Linux 和大量的第三方函数库构建出来的，在保持简单性、灵活性、可扩展性的同时，拥有强大的可重构能力、计算能力和容错能力。其系统架构如图 4 所示。星载通用操作环境由"支持主流接口形式的有效载荷接入和计算加速环境""基于软件容错技术的高性能分布式计算环境""与地面主流计算环境兼容的应用程序执行环境""实时数据处理引擎""智能信息处理引擎""离线数据处理引擎"组成。其中，"支持主流接口形式的有效载荷接入和计算加速环境"以 FPGA 为主，用于提供有效载荷接入所需要的各种接口，并承担计算密集型载荷数据预处理算法的计算加速、实时性要求高的控制密集型算法的实时性保障和带宽要求高的 IO 密集型的数据收发；"与地面主流计算环境兼容的应用程序执行环境"用于支持星载 App 的动态加载、执行和调度；"基于软件容错技术的高性能分布式计算环境"是整个星载操作环境的核心，其作用相当于操作系统，用于管理 CPU 计算阵列、Flash 存储阵列、FPGA 计算阵列、DSP 计算阵列、GPU 计算阵列等硬件资源池，除了资源调度之外，其主要功能是检测硬件故障、隔离硬件故障、修复硬件故障，对上提供连续有效的可靠计算服务、存储服务和信息交换服务；"实时数据处理引擎"用于支持在轨实时数据处理任务；"智能信息处理引擎"用于支持在轨智能信息数据任务；"离线数据处理引擎"用于支持无实时性要求的一般性后台数据处理任务。

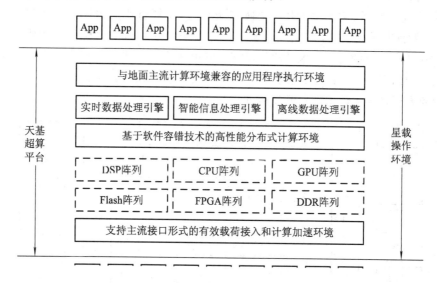

图 4　标准化的星载通用操作环境

2. 发展软件定义卫星的总体思路

天智工程的主要任务是研制一系列的新技术试验卫星，以推动软件定义卫星技术的发展，其主要目标如下：

（1）建立开放的卫星系统架构。与传统卫星大多属于封闭系统不同，软件定义卫星应该采用开放的系统架构。首先，这将有利于提升卫星系统对有效载荷的适配能力、对软件/

算法的兼容能力，做到符合标准的硬件部件和软件组件可以即插即用、互相替换。其次，这将有助于催生更多的第三方厂商，形成更多的货架级产品，从而有效降低整星的研发成本，缩短其研发周期。

（2）借助平台化的软件解决方案解除卫星系统软硬件之间的紧耦合关系，让卫星软件可以脱离硬件而独立演化，不再和某个具体的卫星型号、特定的硬件单机绑定。就像Unix/Linux/Windows/MacOS 这些平台化软件解决方案对互联网产业、Android/iOS 对移动互联网产业产生了巨大的推动作用一样，面向卫星的平台化软件解决方案可能引发航天产业生态的变革。

（3）发展第三方应用程序，不断提升卫星在轨智能信息处理能力，加速传统卫星向智能卫星的演变。通过不断升级软件和算法，逐渐提升卫星自身的环境自感知能力、自主运行能力和在轨智能信息处理能力以及决策能力，可有效降低卫星的运维成本，让卫星能够完成更为复杂的空间任务，发挥更大的效能，为商业航天建立更好的生态环境。

为了达到上述三个目标，只着眼于天智系列新技术试验卫星明显是不够的。还有两件事情特别重要：一是拉近卫星与开发者的距离，让普通程序员就可以开发和发布星载App；二是拉近卫星与大众的距离，让普通大众可以方便地访问和使用卫星。为此，天智工程组搭建了天智星云开放式试验环境，其功能和组成如图 5 所示。其中，天智星云测运控平台的目的是最大程度地发挥现有天地基测控资源的效能，为在轨运行的天智系列新技术试验卫星(用于软件定义卫星技术的开发、测试和在轨试验验证)提供灵活高效的测运控服务；天智星云大数据平台的目的是对来自天智系列新技术试验卫星的数据进行接收、转换、存储、汇总、分析、解释、利用、交换与分发，为不同行业的用户提供及时、准确的信息服务，以发挥其最大效能，二者均可基于云计算平台或超算平台构建；天智星云访问者门户承担着打通天智系列新技术试验卫星和互联网用户之间的信息链路的作用，方便用户通过互联网访问卫星；天智星云开发者平台用于为天智系列新技术试验卫星、天智星云测运控平台和天智星云大数据平台开发软件。

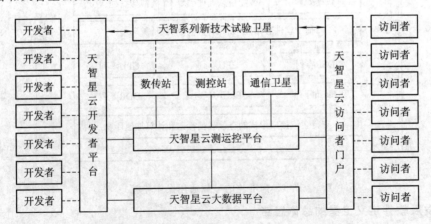

图 5　天智星云开放式试验环境的功能与组成

天智系列新技术试验卫星、天智星云测运控平台和天智星云大数据平台均采用开放系统架构，支持第三方应用程序的部署。为了保证天智系列新技术试验卫星、天智星云测运控平台和天智星云大数据平台三者之间最大程度地兼容和互操作，必须制定统一的 API/

ABI 规范和数据规范；为了保证不同厂家的星载产品能够互换，必须制定开放的天基超算规范；为了保证天智系列新技术试验卫星、天地基测运控资源、天智星云测运控平台之间能够互联互通，行业用户能够方便地访问天智系列新技术试验卫星，必须建立相关的通信、服务和安全规范。上述问题是软件定义卫星标准化工作的核心问题，对于推动智能卫星的发展至关重要。标准规范的建立是软件定义卫星技术联盟的主要工作之一。

3. 天智星云开放测运控技术试验平台

现有的卫星和测控站一般都自成体系，如图 6 所示。测控站和卫星之间、广大用户和测控站之间只能采用私有协议进行通信和交互，极大地阻碍了对测控资源的综合利用，也阻碍了卫星效能的发挥。在这种模式下，一般卫星公司只能选择和个别测运控公司合作，一般卫星用户也只能选择从个别测运控公司接收载荷数据，从而造成了测控资源的巨大浪费。这是一个壁垒重重，需要不断重复发明轮子的生态环境。很明显，这样的生态环境十分不利于航天测控网的健康发展，同时也阻碍了军民深度融合。

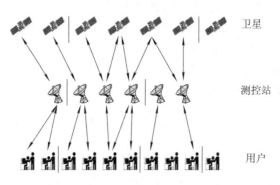

图 6　各自为政的航天测控网方案

为了建立良好的生态环境，航天测控采用统一的协议标准十分重要。标准分为两个部分，首先是星地接口部分，其次是地面系统部分。建立了星地接口标准之后，原则上卫星公司可以选择任意地面站对其卫星进行测控；建立了地面系统标准之后，原则上卫星用户便可以通过标准接口经由互联网 VPN 访问符合标准的地面站，访问不同的卫星，如图 7 所示。但这里边有一个问题，虽然在卫星、测控站和卫星用户之间建立了统一的技术接口，但各家仍然需要面临不同的商务接口。为了利用更多的资源，无论是卫星厂商、测控服务

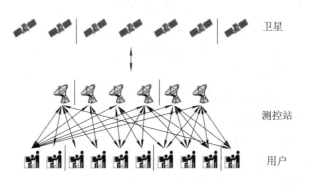

图 7　统一协议标准的航天测控网方案

提供商，还是卫星用户，都需要和多家公司进行商务谈判，签订多份合约。在这种生态环境下，并不能对隶属多家公司的测控资源进行综合利用，也不利于卫星用户方便地获取卫星服务。

由此可见，无论是传统的测运控环境，还是正在逐步走向标准化的下一代测运控系统，都无法充分对在轨卫星资源和测控资源进行高效利用，为不同行业的用户提供更为方便和全面的服务，其开放性和共享性都有待增强。因此，建立一个开放、共享的测运控试验环境，发展智能测运控技术是十分必要的。天智星云测运控平台就是针对上述问题而建立的。

天智星云测运控平台是一个可以集成第三方天地基测控资源的云平台。建立该平台的目的有三个：第一，对天智系列新技术试验卫星进行测运控；第二，通过互联网对外提供服务，让普通人能够方便地通过智能手机或者浏览器访问天智系列新技术试验卫星；第三，进行测运控新体制、新技术试验，发展一种能够调配数千个测控站、数传站为在轨运行的成千上万个卫星提供智能测运控服务的能力。

天智星云测运控平台采用的是可以共享的开放系统架构，不但可以方便地动态集成第三方测控资源，包括天基、地基和海基，还可以集成广大第三方开发的测运控软件，如数据解析与可视化、任务规划、智能信息处理、协议转换、星地时统、加解密、解压缩、卫星遥测大数据分析、故障诊断和预测等，如图8所示。

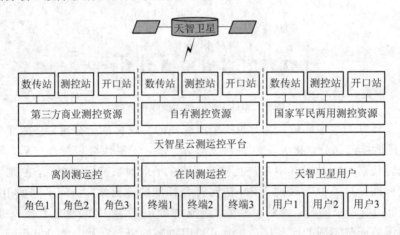

图 8　天智星云测运控平台架构

天智星云测运控平台欢迎第三方闲置的测控资源能够接入进来，也欢迎任何组织和个人为平台开发软件。除了为天智系列新技术试验卫星进行测运控之外，该平台还可以为其他商业卫星提供测运控服务。

4. 天智星云开放航天大数据试验平台

天智星云开放式大数据试验平台是一个典型的云计算环境，其概念视图如图9所示。首先，该平台可以接入各种类型的卫星数据，经过格式转换之后，存入存储服务器和数据库。其次，该平台可以支撑广大第三方的智能信息处理程序，将卫星数据转化为信息，为各行各业的用户提供服务。

C/C++ API	Java API	Python API
工具层		
Make gccgdb	shell	rpm deb
服务层		

Caffe		Tensor Flow			Yolo	
Spark	Storm	Hive	Pig	Hadoop	Yam	OpenStack
函数库层						
glibc	gnulib	Libstdc++	dlib	vsipl	boost	MTL
OpenC	OpenCL	OpenGL	OpenMP	POOMA	Blitz++	Stallerium
gsl	mygsl	Goblas2	eigen	atlas	fftw	Bzip2
Gzip	Xz	Crypto++	...			
数据层						
HDFS API、JDBC、ODBC、HBASE、TITAN、Inceptor						
HDFS RDBMS Redis Erasure Code						
Linux						
ETL层(接入各种类型的卫星数据)						

图 9　天智星云航天大数据试验平台

5. 天智星云应用开发者平台

天智星云应用开发者平台是以天智系列新技术试验卫星为基础，用于推动软件定义卫星技术发展、推动传统卫星向智能卫星转变的星载软件云端协同开发环境，如图 10 所示。在天智星云应用开发者平台上，开发人员可以基于云端开发环境和虚拟卫星在线完成星载 App 软件的全部开发工作和大部分测试工作，然后通过天智星云测运控平台在桌面卫星上

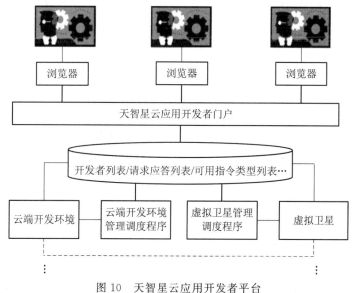

图 10　天智星云应用开发者平台

完成少量与硬件紧密相关的测试工作，最后将其 App 发布到在太空中飞行的天智系列新技术试验卫星上，开展在轨飞行试验。天智星云应用开发者平台大大降低了程序员开发星载 App 的难度，并且提高了开发效率。

天智星云应用开发者平台的主要功能是为每一个开发者提供一个专属的云端开发环境和一颗与之配套使用的虚拟卫星。开发者通过浏览器界面可以更改虚拟卫星的默认配置、查看虚拟卫星的飞行状态，在其上加载、运行、测试自己开发的 App。开发者通过浏览器可以登录到云端开发环境，在线完成 App 软件的全部开发和大部分调试、测试工作。借助云端开发环境，可以免去开发人员亲自动手搭建和维护本地开发环境的繁杂工作，让开发人员专注于开发本身，并且可以利用云端的代码资源和数据资源，从而大幅度提高开发效率。

在开发过程中，除了可以利用虚拟卫星开展 App 的调试、测试之外，还可以通过天智星云测运控系统将 App 发布到桌面卫星上，在"真实"的运行环境下进行模飞测试，甚至将 App 发布到在轨飞行的天智系列新技术试验卫星上开展在轨飞行试验。虚拟卫星和天智系列卫星具有完全兼容的应用程序执行环境，桌面卫星是在轨飞行的天智系列卫星的模样星，在电性能上和在太空中飞行的天智系列卫星没有任何差别。利用虚拟卫星和桌面卫星，开发者可以在正式发布 App 之前进行充分的测试。

天智星云测运控系统和天智桌面卫星直接相连，并通过测控站、数传站和在太空中飞行的天智系列卫星相连。开发者无论是在虚拟卫星、桌面卫星还是在天智系列卫星上，均可运行自己开发的 App 软件，并且通过浏览器或者"追星 App"查看任务执行结果。

6. 发展软件定义卫星技术的路线图

发展软件定义卫星技术的路线图如下：

（1）以卫星开放系统架构为基础，规范软件定义卫星技术的发展。建立软件定义卫星开放系统架构相关的标准规范体系，涵盖天基超算平台、星载操作环境、星载 App 开发规范、有效载荷接入规范、有效载荷数据规范等多个方面。

（2）以天智星云开发者平台为依托发展航天软件。在完善卫星平台化软件解决方案 Sputnix 的同时，通过举办航天应用创新设计大赛，鼓励高校和科研院所的科研人员、研究生、大学生积极投入到航天软件的开发中，形成数量众多、功能丰富的航天应用软件库，以支持空间应用的灵活实现。

（3）以天智系列新技术试验卫星为抓手推动软件定义卫星技术的发展。研制天智系列新技术试验卫星，对软件定义卫星关键技术进行在轨验证，包括有效载荷动态重组、应用软件动态重配、卫星功能按需重构等，全面评估软件定义卫星对通信、导航、遥感、气象、科学探测等空间任务的支持能力，推动传统卫星向智能卫星演变。

其中，（1）、（3）工作主要在软件定义卫星技术联盟框架下进行；（2）则完全开放，任何组织和个人均可注册和登录到天智星云开发者平台，参与航天软件的开发。

7. 发展与展望

软件定义卫星的未来是智能卫星。而智能卫星的发展取决于三个方面：一是星载计算能力，二是有效载荷性能，三是软件和算法。

随着软件容错技术的提高、硬件加固工艺的改进，越来越多的工业级高性能器件将被用于卫星平台，这势必大幅度提高星载计算能力，为发挥有效载荷的效能，支撑更多的在轨信息处理任务创造必要的条件。

目前，很多有效载荷通过硬件设计进一步提升其性能均遇到了较大的瓶颈，在接下来的一段时间之内，软件和算法将在提升有效载荷的功能和性能方面发挥较大的作用，例如通过计算摄影技术提升成像质量。按照接口标准化、硬件最小化、软件最大化的指导思想，尽可能以软件形式实现载荷的功能，并将这部分软件从载荷内部迁移到通用计算平台之上，借助于计算能力的提升、算法的改进，即可不断扩充有效载荷的功能、提升其性能。通过提高相关算法的通用性、提高相关软件(含可以配置到 FPGA 中的 IP 核资源)的复用度，可以不断缩短有效载荷的研制周期、降低有效载荷的研制成本。通过公开底层硬件细节，鼓励第三方参与有效载荷软件的研发，将逐步推动有效载荷向开放式、模块化、可重配、自适应的方向发展。

智能卫星的特点是有丰富的应用软件，尤其是智能软件。随着开放卫星系统架构的建立和平台化软件解决方案的完善，势必出现大量的第三方应用程序，在卫星资源的调度和管理、有效载荷接入、载荷数据的预处理和智能信息处理、卫星状态信息分析和故障预判、自主任务规划、星地通信、星间通信等方面发挥重要作用。随着软件和算法的发展，未来的卫星在智能感知、智能控制、智能组网、智能服务方面将日益增强，原来需要在地面完成的数据处理工作将逐步迁移到星上执行，信息处理的时效性将大大提高；原来需要人在回路的管理和控制工作将由卫星自主完成，地面测运控的压力将大幅降低。

此外，智能卫星星群的发展有助于我们从太空对地球进行更精细、更全面的实时观测，为全球任何角落的用户提供更好的通信、定位和导航服务，将极大地增强全球范围内的经济繁荣、安全与和平。

参 考 文 献

[1] Nelson J A. Net centric radar technology and development using an open system architecture approach [J]. IEEE National Radar Conference Proceedings，2010，1476 - 1479.

[2] 梅宏. 软件定义一切：机遇和挑战. CNCC2017.

天基异构计算关键技术研究

冯彦君[1]，韩笑冬[1]，岳春生[2]，汪洋[2]，徐楠[1]，邢川[1]，彭程[3]

（1 中国空间技术研究院通信卫星事业部，北京 100094）

（2 信息工程大学，河南郑州 450004）

（3 北京神舟航天软件技术有限公司　北京 100044）

摘　要：天基异构计算通过异构单元（CPU、GPU、DSP、FPGA 等）强强联合和提高任务并行度来实现高性能，通过软硬件重构实现多种工作模式，是软件定义卫星的核心技术及下一代卫星电子系统的发展趋势之一。首先对地面和天基异构计算的发展历程和编程模型进行了综述、比较和分类研究，得出了天基异构计算的特殊需求（分区保护和系统软件轻量化），进而给出了发展天基异构计算的指导思想和技术路线。针对天基异构计算中的三个关键技术（分区保护、基于中间件/组件的编程模型及基于 FPGA 的异构计算），分别给出了详细的解决方案。最后给出了发展建议。

关键词：星载；异构计算；通信中间件；组件；软件定义；分区保护

异构计算是并行计算的一种特殊形式，它由多种能力特长不同的计算单元（CPU、GPU、DSP、ASIC、FPGA 等）、相关软件及互联结构（网络、共享存储、FIFO 等）组成，通过将这些特长不同的计算单元"强强联合"以及提高任务并行度来实现高性能；通过软硬件重构来实现多种功能模式。近 10 年来，异构计算计算的应用领域呈井喷之势扩展，涵盖了异构高性能多核异构芯片、手机及个人消费类电子产品、医疗电子中的 CT 和核磁共振成像、个人电脑、嵌入式软件定义无线电、边缘计算（Edge Computing）、云计算、比特币矿机以及 Top500 中的高性能计算机等领域。

1. 天基异构计算概述

1）异构计算的背景、原理和涉及的技术领域

随着技术的发展，出现了越来越多的异构因素，包括：① 硬件单元异构，包括单一的异构单元（如 CPU、DSP、FPGA、GPU 等）和复合的异构单元（如 MPSoC、CPU＋GPU、CPU＋FPGA 等），这些硬件单元各自特长不同；② 软件异构，包括编程语言、运行环境或操作系统（Unix、Linux、Android 等）；③ 异构单元间的互联方式异构，包括 AMBA、PCI、RapidIO、以太网、共享存储、FIFO、双端口 SRAM 或定制总线（网络）等。

单一的同构计算无法兼顾高性能和灵活性的综合要求，需要采用异构计算技术。异构计算实现高性能和开发灵活性的基本原理为：① 异构器件特长不同，如 CPU 擅长复杂逻辑任务，而 GPU 擅长逻辑简单的数学计算，异构器件通过任务映射到执行该任务效率最高的计算节点来获得高性能；② 对于能并行执行的任务，通过提高并行度来获得高性能；③ 通过对复杂的、实现高性能的底层细节进行封装，来简化开发过程，实现开发灵活性；

④ 通过软硬件重构实现多种功能模式和应用灵活性。

并行计算包括五个技术环节：应用的并行化实现、任务映射、存储管理、任务间通信、任务间同步。第一个环节主要针对应用算法的实现，完成算法实现、并行化分解、任务特点提取，以便为后续的任务映射、存储配置等环节做准备；后续四个环节主要针对系统软件，这些环节可类比于常规操作系统中进程管理、内存管理、进程调度、进程通信等技术环节。在某种意义上，异构计算系统软件与常规操作系统的概念基本相同，只是管理对象更加复杂，涉及更多的异构因素，如计算单元异构、语言异构、网络异构等。

2）地面异构计算的发展

通用领域的异构计算主要针对高性能数学计算、多媒体等应用领域，最早的异构计算平台源于 40 多年前的矢量计算机。最近十多年来，随着 Navida 推出 GPU、ClearSpeed 推出众核器件等高性能器件，异构计算迅速发展，出现了众多的异构计算平台，例如 2007 年 NVIDIA 提出的 CUDA(Compute Unified Device Architecture)、2008 年 Khronos Group 提出的 OpenCL(Open Computing Language)、2011 年 PGI 等公司提出的开放并行编程标准 OpenACC(Open Accelerators)、2008 年 Intel 提出的 Merge、2010 年 IBM 提出的 Lime、2012 年微软提出的 C++AMP、Goolge 近年推出的 Renderscript、AMD 推出的异构系统架构 HSA(Heterogeneous System Architecture)。近几年火热的云计算(如 Google、阿里等)的基础也是并行计算和异构计算。

软件无线电(Software Defined Radio，SDR)是异构计算在嵌入式领域的应用，尤其是无线电领域的应用。该技术将异构硬件计算单元以总线或交换方式连接起来构成通用平台，通过在一个平台上动态加载模块化的软件组件，实现多种功能。

3）天基异构计算的发展

国外实践了众多的在轨异构计算，代表性项目有如下三个：

(1) 美国国家航空航天局 NASA(National Aeronautics and Space Administration)总结了十多年来地面 SDR 的成果，重点借鉴了美军在未来通信系统在联合作战无线系统 JTRS(Joint Tactical Radio System)中提出的软件通信架构 SCA(Software Communications Architecture)，于 2006 年发布了天基无线通信系统的标准 STRS(Space Telecommunications Radio System)，STRS 是一个抽象的模型协议，而不是具体的天基无线通信系统的实现方法。它针对通用的、互联互通的异构单机，对异构节点进行了统一的抽象，划分为硬件、上层操作系统、操作环境和顶层的信号处理应用等多个层次，通过中间件实现应用软件与平台隔离、通过硬件抽象实现平台与硬件产品隔离。STRS 与 SCA 的思路相同，只是 SCA 采用了重量级的通信中间件 CORBA(Common Object Request Broker Architecture)，而 STRS 采用较为简洁的应用编程接口 API(Application Programming Interface)实现了相关功能。STRS 技术已经成熟，NASA 于 2012 年在国际空间站上安装了一套通信、导航、可重构网络测试平台(CONNECT)，该平台集成了多家依据 STRS 标准开发的硬件产品；基于 STRS 标准，各家开发的软件模块(波形)能可移植、可重构。在飞行验证中，通过重构各种软件模块(波形)，实现了多种不同的应用功能(如 GPS 接收、S 频段通信等)，试验证明 STRS 具有软硬件可移植、可重用的优点，极大节省了开发成本、缩减了开发周期。

(2) 为了研制高可靠性的高性能计算系统，NASA 与 Honeywell 公司合作开发了高可靠性的统一计算机（Dependable Multiprocessor，DM），该机由一个高可靠的抗辐射 CPU 以及多个 COTS 级别 FPGA 组成的高性能信号处理单元组成，所有 CPU 和 FPGA 节点均通过以太网（Ethernet）交换机互联在一起。DM 的软件系统由异构中间件（DM Middleware，DMM）组成，该中间件完成异构节点间数据通信和管理功能，提供嵌入式编程 API，实现 FPGA 的虚拟化，并提供一些 FPGA 应用组件（如 FFT、Atlas 等）。DM 在 2008 年成功将 DMM 应用在了 NASA 新盛世计划中的 ST-8 卫星、国际空间站等项目，用于实现合成孔径雷达（Synthetic Aperture Radar，SAR）等高性能计算。

（3）针对新一代科学任务（如超光谱仪、SAR 等）需要高性能的计算，NASA 自己的团队开发了统一计算系统 SpaceCube，该系统基于 Xilinx 公司 Virtex FPGA 开发的高性能、可重构科学数据处理器，它包含 CPU、FPGA 和 DSP，这些处理单元通过 I^2C 低速接口和高速接口（PCIe Gen2/3、XAUI、RapidIO、SpaceWire、…）互联在一起，形成一个混合科学数据处理平台，通过元素之间的分布式并行计算加速科学数据处理算法的执行。NASA 为 SpaceCube 开发并完善了软件工具链，包括组件构建、组件解析、组件联合编译等。SpaceCube 能提高星载计算能力（10～100 倍），同时可以降低相关功耗和成本。该计算机已经进行十余次在轨飞行，完成了 SAR 图像处理、交汇对接用的立体成像、在轨加注平台 RRM3、GPS 增强、对地观测预警等多项任务。

4）地面与天基异构计算技术的比较

总结地面与天基异构计算，得到它们的共同点为：采用高速网络实现互联，采用封装技术屏蔽底层复杂的、高性能的计算功能来方便开发，采用分层和抽象的技术路线实现上下层软件解耦，采用通信中间件简化异构节点上的任务间通信。

地面和天基异构计算的区别主要是：① 天基器件性能及可获得性差，多核器件已经开始应用，但 GPU 尚未开始应用，在天基应用中 FPGA 应用较地面多；② 天基异构计算的系统软件规模一般较小，而地面异构计算的系统软件一般较为庞大（如 CORBA）；③ 天基异构计算一般是安全关键性应用，对时间确定性、可靠性等要求更高。上述差别导致天基异构计算无法照搬、照抄地面异构计算的系统软件，需要根据天基特色，对地面异构计算的系统软件进行适应性修改，才能满足天基需求。

2. 异构编程模型研究

1）异构计算编程模型概述

并行编程模型是对并行计算机体系结构和程序行为模式的抽象，主要实现任务的并行化实现、任务映射、存储管理、任务间通信、任务间同步等功能，将抽象的并行编程模型以 API、编程规范、组件等形式表达出来，并提供相应的函数、编译器等组件，形成易理解、易操作的编程工具集，从而有效地降低了并行程序开发的难度。编程模型的目标和意义在于：

（1）降低开发难度，用户只需理解并行程序的抽象行为模式，利用编程模型即可高效编写并行程序，无需关心底层硬件系统和软硬件细节，也无需亲自实现繁琐的任务划分、任务通信、同步等功能，从而大大降低了并行程序开发的难度。

（2）实现编程语言与底层硬件接口解耦，便于软件或硬件的独立升级，以及应用软件跨异构计算单元移植。缺少有效的编程模型、开发流程和工具，将更多地停留在"一案一例式"实现的阶段，不能有效实现并推广异构计算。

按照软件工程的分类方法，将异构计算编程模型分为基于库(library-based)的编程模型和基于中间件/组件(middleware-component-based)的编程模型。前者采用自下而上的开发模式，先逐一实现子任务，再综合成最终的应用；后者采用自顶向下的开发模式，开发并利用可重用的组件，"拼装"最终的应用。二者的主要区别在于，前者的任务模块之间紧耦合，属于定制式开发模式，软件重用、维护等较为困难；后者的任务模块之间松耦合，每个任务都是可重用的组件，属于组件化(component-based)开发模式，实现了很好的可重用性和易维护性。

2) 基于库的异构计算编程模型

基于库的编程模型可分为：① 传统的并行编程模型，这类模型在 GPU、FPGA 等加入异构计算之前就已出现，不针对特定的计算单元；② 针对一般性应用的异构计算编程模型，这类模型针对 CPU/FPGA/GPU/DSP/Cell 等通用异构环境，用于通用异构计算领域；③ 针对特定应用的异构计算编程模型，这类模型主要针对特定应用领域。

传统的并行编程模型是通用编程模型，适用于同构和异构计算，常见的有 Pthreads、OpenMP(Open Multi-Processing)和 MPI(Message Passing Interface)。

(1) Pthreads 是基于共享内存的、POSIX 规范的线程级中间件，主要适用于多核或多处理器中的并行开发，为同一任务的并发线程提供内存的同步和互斥机制，从而实现了并行任务通信。Pthreads 依赖于 Linux、Unix、Windows 等操作系统，只适用于单机内部，不适用于分布式应用。

(2) OpenMP 也是基于共享内存的线程级通信中间件，只适用于单机内部，不适用于分布式应用，但是不依赖于操作系统，因此较 Pthreads 应用广泛。航天 771 所开发的海量信息处理异构多核处理器就采用 OpenMP 实现了并行计算环境。

(3) MPI 是基于消息传递的进程级通信中间件，各个异构计算节点通过网络连接，各计算节点上的应用程序通过调用相关的 API 实现进程间消息通信、同步和系统管理，从而完成分布式并行计算。MPI 不依赖于操作系统、网络环境等，具有良好的可移植性。在大型并行计算机中，通常采用 MPI+OpenMP 的混合编程模型，即粗粒度的、网络间节点的并行程序采用 MPI 开发，而细粒度的、节点内的并行程序采用 OpenMP 开发。

针对一般性应用的异构计算编程模型较多，包括针对特定软硬件配置的编程模型(如 Navida 的 CUDA、Android 的 Renderscript 和微软的 C++AMP)，以及针对通用软硬件配置的编程模型 OpenCL。OpenCL 是典型的异构计算编程模型，它解决了 CUDA 针对特定硬件环境的问题，采用 4 个模型来描述异构编程方法和过程。设备模型和执行模型用来描述主控单元(host)和从设备(device)之间的关系，host 采用命令响应方式控制这些并行的 devices，为每个 device 配置并管理并行运行的内核函数(kernel)；内存模型用来实现 kernel 之间以及 host 和 devices 之间的数据通信；用户通过调用函数库开发应用程序，编译程序并将可执行代码下载到 host 中，即可执行异构并行计算。

针对特定应用的异构计算编程模型是针对特定应用领域而开发的，典型的如云计算中的 MapReduce，它针对大数据计算的特点(数据海量，数据突发，数据分块之间松耦合，并行单元间不需要过多调度、过多通信，计算节点廉价等)，通过"分而治之"的思路实现海量数据的清洗、查找、匹配等功能。该模型强化了网络扩展能力、容错支持等能力，解决了基于廉价异构计算单元的扩展性问题，提高了应对大数据突发的能力。

3）基于中间件/组件的编程模型

基于中间件/组件的开发方法要求通过组合已有的组件构造新的软件系统，以降低开发成本，促进软件复用。组件是组合的单元，使用接口描述其提供的服务契约及对环境的要求，可以独立部署并由第三方进行组合。容器为组件提供部署和运行环境，用于承载组件运行，它负责在运行时创建和管理组件实例，自动为组件分配系统资源，维护组件间交互，透明地拦截客户请求，组件容器中封装的底层功能以系统服务的形式提供给组件。基于组件的软件开发流程如图 1 所示，采用该方法只需开发少量的异构容器以及可重用的应用组件，就可以像"搭积木"一样构造软件，达到"一次编码，少量适配，多平台运行"的效果。

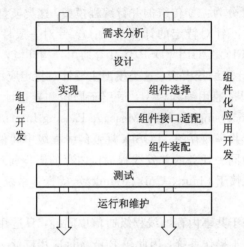

图 1　组件与组件化应用的开发流程

CORBA3.0 开始提供组件模型 CCM（CORBA Component Model），其结构如图 2 所示。CCM 支持组件化开发。在 CCM 模型中，每种异构的计算单元均有相应容器，异构的容器连接在对象请求代理 ORB（Object Request Broker）上，通过 ORB 实现异构容器的互联互通。异构组件部署在不同的容器中，通过异构容器通信可实现异构组件通信，从而实现异构计算功能。

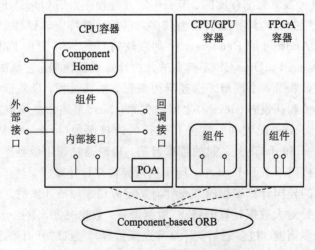

图 2　基于异构容器的异构计算

4）编程模型的比较分析

基于库模型开发的应用模块之间属于紧耦合，这导致了同层应用软件重用性差、开发效率低、难维护等问题。从软件工程角度来看，基于中间件/组件的编程模型要优于基于库的编程模型，也更适合产品线式的持续性软件开发、复用。因此，NASA 的天基应用大都采用了基于中间件/组件的编程模型，如应用最广的 STRS 和 SpaceCube。

3. 天基异构计算分区保护的设计

1）天基异构计算的应用场景及分区保护需求

天基异构计算有网络化、软件定义、可重构、计算能力强大的特点，在多种应用领域具有巨大的应用前景。总结其应用场景如下：

（1）基于异构计算的信号处理能力（包括调制解调、滤波、均衡、FFT），可用于实现射频综合、雷达通信一体化、雷达电子战一体化、通信导航识别（ICNI）一体化等技术，满足雷达、通信、电子对抗、广播通信、卫星导航等所需信号处理功能，实现"一机多用"。

（2）可用于图像处理领域，实现图像识别、数据压缩、三维重建、图像跟踪、控制等功能，满足对地观测、SAR、星上机械臂操作、在轨维护等领域的要求。

（3）在天基信息港领域，异构计算强大的计算能力能支撑天基数据挖掘、信息过滤、人工智能等运算任务，实现"天基云"。

（4）当异构计算系统具备分区保护能力时，就能将平台控制（姿轨控、能源、热控、测控等）与有效载荷综合在一起，实现真正的一体化综合电子平台。

在综合电子领域中，普遍存在多个应用（飞行控制、图像处理、数据压缩等）共享资源（内存、I/O、处理器时间、通信链路等）的情况，将共享资源的一个应用称为一个分区，这些分区对实时性、安全性、确定性和可靠性等有不同等级需求。综合电子的关键技术是分区保护，即当一个分区发生故障时，故障不会传播到与其共享资源的其他分区。系统软件（含操作系统、通信中间件等）和网络管理是分区保护的实现主体。由于天基异构计算也普遍存在共享资源的情况，因此分区保护也是天基异构计算的关键技术，这也是为什么普通的 CORBA 不能适用于实时控制场景的原因。

除分区保护之外，天基异构计算其他的需求还包括：① 天基异构计算系统需要具备标准化、开放性、可升级的能力，即采用非专有的、获得广泛认可的标准来设计和构造模块和系统；② 异构计算所开发的软硬件组件应具备模块性，以支持软件重用，降低模块修改或升级后的认证成本；③ 提供知识产权保护支持，以促进各方合作；④ 增量认证、健康管理、即插即用等。

2）天基异构计算中的分区保护设计

分区保护的核心是多用户的资源调度，优化且普适性的多用户资源调度是一个NP-Hard 问题，常用方法有优先级、用户自我约束等，但在最坏情况下无法保证确定性，因此不具备普适性，需要研究普适性的多用户调度机制。异构计算中的调度涉及分布式网络调度以及集中式或分布式的计算资源（CPU、存储器和 I/O）调度两个环节，二者属于串联关系，任何一个环节不具备分区保护能力，都会导致异构计算不具备普适的分区保护能力。

经多年研究，安全关键性的航空航天综合电子已经解决了上述环节的分区保护问题。针对分布式网络，常采用时间触发（time-triggered）和事件触发（event-triggered）混合的调度机制，其核心是对关键应用采用时间触发调度。这种机制既能保证安全关键性任务，又能兼顾开发的灵活性。时间触发以太网 TTE(Time Triggered Ethernet)即采用了这种机制。针对计算资源中的机时，综合电子也采用时间触发、事件触发、优先级等多种混合机制来进行机时的分区保护；针对存储器和 I/O 采用蓝印机制来实现分区保护，如采用内存管理单元 MMU(Memory Management Unit)来确保关键应用的内存不受影响，分区保护操作系统规范 ARINC-653 即采用了这种机制。

借鉴航空航天综合电子对分区保护的解决方法，提出适用于天基异构计算的分区保护解决方案，如图 3 所示。计算资源采用分区保护操作系统，网络采用时间触发机制，从而对关键应用提供确定性保护，对其他应用尽力而为。

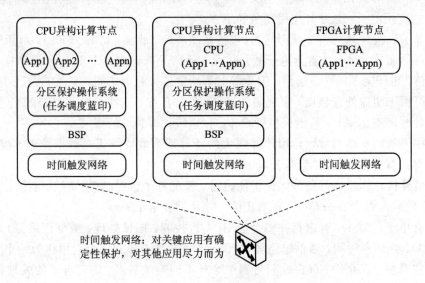

图 3 天基异构计算的分区保护解决方案

4. 基于中间件和组件的天基异构计算设计

1) 天基异构计算体系结构的指导思想

天基异构计算系统涉及更多的异构因素(计算单元异构、语言异构、网络异构)，借鉴 CORBA、JAVA、虚拟化、云等技术解决异构的思路，提出天基异构计算体系架构的指导思想为：① 系统软件采用分层设计，上下层之间通过"抽象技术"来解耦，这一技术称为"虚拟化"；② 同层的应用软件之间通过中间件/组件的方法解耦，这一技术称为"组件化应用设计"；③通信中间件应采用轻量化设计，而不是类似 CORBA 的重量级设计。

上下层之间的"抽象"包括多种：① 操作系统抽象层 OSAL(Operating System Abstraction Layer)对底层操作系统抽象，容器使用 OSAL 编程，从而使得容器所提供的功能可适用于不同操作系统；② 通信中间件对底层通信机制(基于消息或基于共享存储)抽象，组件和容器采用通信中间件通信，使得应用能适用于不同的网络环境。HSA 将抽象发挥到了极致，同时实现了 OSAL 和通信中间件的统一抽象，因此 HSA 应用具有较高的跨平台能力和可移植性。

同层软件之间解耦的思想来自于 CORBA3.0 的 CCM 模型，应用软件只依赖于通用的容器模型，对于每个异构计算节点，只需针对该异构计算节点开发相应的适配性容器即可，由容器实现应用软件模块与外部软硬件解耦，从而实现应用软件之间解耦以及应用软件跨平台可移植功能。

2）基于中间件和组件的天基异构计算架构设计

基于上述指导思想，提出基于中间件和组件的"四统一"天基异构计算架构，如图4所示。

（1）统一的设备抽象：主要包括操作系统抽象层 OSAL 以及 FPGA 的板级支持，该层将核心框架层与底层（操作系统和 FPGA）解耦，使得核心框架层软件能应用于不同的软硬件设备。

（2）统一的核心框架：提供核心管理功能（容器服务、通信中间件、组件调度管理、诊断等），屏蔽底层软硬件差异，为顶层应用提供编程统一的 API，使得应用与底层软硬件无关、软件模块可重用。

（3）统一的管理服务：为顶层应用提供基础管理功能，包括应用、日志、部署等管理。

（4）统一的应用模式：通过服务管理接口 API 和核心框架层 API 开发应用，应用与底层软硬件无关，可移植、可重用。

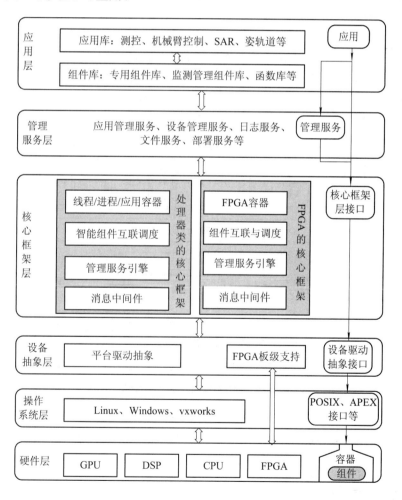

图4　基于中间件和组件的天基异构计算架构

为落实前面中轻量化的要求，通信接口不应采用 CORBA 这样重量级的中间件，而应采用类似 STRS 标准实现轻量级中间件。

3）FPGA 在异构计算中的应用技术

在 CORBA3.0 中，CPU 需要有 ORB 中间件、容器等核心框架的支持，才能融入异构计算。同样，FPGA 也需要类似的核心框架，将支持 FPGA 融入异构计算环境的系统软件称为 FPGA 容器。Altera 公司为了使其 FPGA 支持 OpenCL 而开发了 SDK for OpenCL 开发工具，CORBA 为了在软件无线电中支持 FPGA，而开发了 MHAL（Modem Hardware Abstraction Laye），但这些方法不具备普适性。

实现普适性 FPGA 容器的思路是：① 能解析消息中间件（或软总线）的交互消息，并转换为 FPGA 组件能识别的格式；② 鉴于 FPGA 资源有限，只需识别部分交互消息即可（因此称为轻量级容器）。基于上述思路，设计了一套通用的 FPGA 容器框架，如图 5 所示，其组成如下：

（1）网络适配器：能接入网络（TTE、SPW 等），完成应用层帧发送接收功能。

（2）帧解析器（也称为软总线接口）：完成应用帧与通用软总线转换功能。

（3）通用的软总线：实现应用组件和管理组件的接入功能，包括数据总线、地址总线、控制总线和时钟等。

（4）应用组件：输入/输出接口符合通用软总线规范的应用模块，如 FFT、滤波等。

（5）管理组件：提供核心框架中的共享存储、组件控制、时钟、加卸载控制、时间触发蓝印、测控等功能。具体的管理组件应根据异构计算编程模型而设定，如在 OpenCL 中应设置多种访问权限的内存。

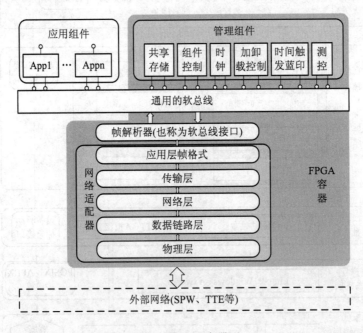

图 5　FPGA 容器

5. 结论和发展建议

异构计算是天基电子系统的发展趋势之一，其核心是异构计算编程模型和共享资源所需的分区保护。本文综述了地面和天基异构计算的发展历程，对编程模型进行了分类研究，指出分区保护和编程模型是异构计算的核心技术。给出了发展天基异构计算的指导思想和技术路线，并提出了分区保护、基于中间件/组件的编程模型及基于 FPGA 的异构计算的解决方案。

我国当前在天基异构计算方面基础较为薄弱，建议重点研究天基异构的分区保护、编程模型、应用综合、混合编译等技术，并开发支撑工具以促进应用。这些基础研究不但能牵引天基异构的应用，还能有力推进航空电子、汽车电子以及其他类似电控系统的发展。

参 考 文 献

[1] LASTOVETSKY A，DONGARRA J. High performance heterogeneous computing[M]. John Wiley & Sons，2009.

[2] MAZO J，LEUPERS R. Programming Heterogeneous MPSoCs：Tool Flows to Close the Software Productivity Gap[M]. Springer，2014.

[3] HWU W M. Heterogeneous System Architecture：A New Compute Platform Infrastructure[M]. Elsevier，2016.

[4] 边缘计算产业联盟（ECC）. 边缘计算参考架构 2.0[S]. [OL：www. ecconsortium. org].

[5] MUNIR A，GORDON-ROSS A，RANKA S. Modeling and Optimization of Parallel and Distributed Embedded Systems[M]. John Wiley & Sons，2016.

[6] ASANOVIC K，BODIK R，et al. The landscape of parallel computing research：A view from Berkeley[R]. Technical Report，UCB/EECS - 2006 - 183，University of California，2006.

[7] HASITHA M，HARIYAMA M，UCHIYAMA K. Design of FPGA-Based Computing Systems with OpenCL[M]. Springer，2017.

[8] KAELI D，MISTRY P，SCHAA D，et al. Heterogeneous Computing with OpenCL 2. 0[M]. Elsevier，2015.

[9] COOK S. CUDA Programming A Developer's Guide to Parallel Computing with GPUs[M]. Elsevier，2013.

[10] 刘颖，吕方，王蕾，等. 异构并行编程模型研究与进展[J]. 软件学报，2014，25(7)：1459 - 1475.

[11] GRAYVER E. Implementing Software Defined Radio[M]. Springer，2013.

[12] QUINN T，KACPURA T. strategic Adaptation of SCA for STRS[C]. SDR Forum Technical conference，2006.

[13] KACPURA T，DOWNEY J，ANDERSON K，et al. Evolution of a Reconfigurable Processing Platform for a Next Generation Space Software Defined Radio[C]. IEEE Aerospace Conference，2014.

[14] SAMSON J. Update on Dependable Multiprocessor CubeSat Technology Development[C]. In Proceedings of the 2012 IEEE Aerospace Conference，2012.

[15] SCHMIDT A，WEISZ G，FRENCH M，et al. SpaceCubeX：A Framework for Evaluating Hybrid Multi-Core CPU/FPGA/DSP Architectures[C]. IEEE Aerospace Conference，2017.

[16] 刘国梁，魏峻，冯玉琳. 基于组件模型分析的组件容器产品线体系结构[J]. 软件学报，21(1)：68 - 83.

[17] LAU K K. An introduction to component-based software development[M]. World Scientific，2018.

[18] SIEGEL J. CORBA 3 Fundamentals and Programming[M]. John Wiely & Sons，2000.

[19] Richard Reinhart，Thomas Kacpura，Louis Handler，et al. Space Telecommunications Radio System

(STRS) Architecture Standard Release 1. 02. 1[S]. NASA/TM—2010 - 216809，2010.

[20] Qusay Mahmoud. Middleware for Communications[M]. John Wiley & Sons，2004.

[21] CAFFREY R，SIMPSON T，HENDERSON R，et al. The Economic Issues with Implementing Open Avionics Platforms for Spacecraft[C]. The 20th International Communication Satellite Systems Conference and Exhibit. AIAA，2002.

[22] LONGO S，SU T，HERRMANN G，et al. Optimal and Robust Scheduling for Networked Control Systems[M]. CRC Press，2013.

[23] TTTech Corp. TTEthernet Specification[S]. [OL：www. tttech. com].

[24] APEX Working Group. Specification 653：Part 1，Avionics Application Software Standard Interface，Required Services[S]. Radio Technical Commission for Aeronautics Inc.，2006.

[25] 黄乐天，范兴山，彭军，等. FPGA 异构计算：基于 OpenCL 的开发方法[M]. 西安：西安电子科技大学出版社，2015.

[26] Modem Hardware Abstraction Layer Application Program Interface（API），Version：2. 11. 1[S]. JTRS Joint Program Executive Office，2007.

汽车与航天器综合电子
系统架构对比分析与启示

康海龙[1]，牟超[1]，陈硕[1]，马天琦[1]，赵伟程[1]
(1 中国电子科技集团公司电子科学研究院，北京 100040)

摘　要：随着大数据、云计算、边缘计算、区块链为代表的新一代人工智能技术正逐步赋能大多数领域和产业，数字化、网络化、智能化的时代要求驱动着汽车行业和卫星行业转型升级，综合电子系统是汽车和航天器实现网络化和智能化的关键载体，综合电子系统架构的设计凝聚并体现着行业内工程师们的智慧和水平，对汽车和航天器系统未来发展起着重要的引领作用。本文分别对以特斯拉汽车、汽车开放系统架构为典型代表的汽车综合电子系统架构和以美国航天器通用模块化架构、欧空局航天器综合电子系统开放体系架构、黑杰克航天器为典型代表的航天器综合电子系统架构进行对比分析研究，对智能技术和航天器技术深度融合后的航天器综合电子系统架构的演变及产业生态建设问题的解决，具有一定的借鉴意义。

关键词：综合电子系统；系统架构；智能；卫星

采用商业级/工业级器件为主完成系统集成的小卫星及其星座系统的快速发展和成熟，在一定程度上推动了商业航天技术和产业生态的发展，但是各系统间电子电气接口不统一、互操作性差、标准和规范尚未达成广泛共识，无法形成真正的全球市场竞争环境下的航天系统产业链。另一方面，网络化、智能化共性的发展需求驱动汽车行业和卫星行业转型升级，如何将网络技术、智能技术深度融入综合电子系统中，是双方研究人员各自努力解决的问题。近年来，新能源汽车技术、无人驾驶技术的成熟与应用，以及批量化制造技术，深刻影响着卫星系统的研发人员，在功能需求、设计思路、系统架构、实施路径等方面将两者进行对比分析研究，探索找到一条平台和载荷深度融合后的可快速利用先进商业货架技术的航天器综合电子系统架构技术途径，具有一定的借鉴意义。

1. 汽车综合电子系统发展情况

1）发展背景

随着汽车向智能化、无人化、网联化的方向发展，车载传感器数量及种类逐渐增多，其数据生成速率及传输要求各不相同。据估算，一辆自动驾驶汽车每小时产生的数据量将达4TB。传统的总线架构如CAN总线的带宽和吞吐量相对有限，难以满足汽车在更快数据处理、机器学习等智能算法应用方面的需求。此外，多源多维数据融合处理对微处理器的并行计算能力提出了更高要求，目前专为汽车应用而设计的微处理器难以胜任这样的任务。传统的汽车控制逻辑正发生变化，对更高带宽更可靠传输的系统总线、更快的数据处理以及鲁棒性、灵活性的追求，正推动着下一代车载电子电气架构的研发。

2）博世集团的电子电气架构技术战略图

博世集团在 2016 年提出了汽车电子电气架构技术战略图，如图 1 所示。从图中可以分析，汽车数据处理功能集中化，并向边缘计算方向发展；汽车网络化后系统架构向云管端的趋势发展，汽车云具备了对联网的汽车综合管控能力。据分析，主流车型的软件代码行数从 2010 年的 1000 万行增加到 2016 年的 1.5 亿行左右，车载软件正赋能汽车系统。

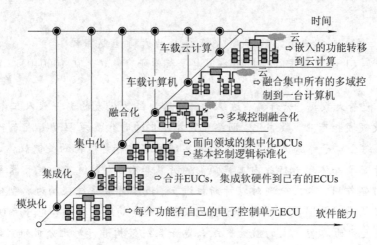

图 1　电子电气架构技术战略图

3）特斯拉汽车电子电气架构

针对电子电气架构的演变趋势，特斯拉也在积极探索架构演变的脉络，在 2016 年，特斯拉开始研发代表着低功耗、高性能的自动驾驶 ASIC 芯片。

（1）Model S 汽车综合电子系统。Model S 汽车综合电子系统架构如图 2 所示，系统按照功能划分为动力域(PowerTrain)、底盘域(Chassis)、车身域(Body)、驾驶域等功能域，以配置 125 kb/s、500 kb/s 等不同速率的 CAN 通信总线和 LIN 总线为主干通信链路，构成一级网络拓扑结构，功能域内部通过 CAN 和 LIN 总线为支干通信链路，构成二级网络拓扑结构。为满足高级辅助驾驶系统对动力和制动转向的实时性控制需求，系统横跨动力域和底盘域两个功能域；中控显示系统作为汽车的控制大脑，更是集成多个通信总线。按照图 1 技术战略图，Model S 达到了车载计算机等级，将多个功能域的管理和控制集中处理，减少了控制逻辑数量和路径，重构并统一了汽车管控架构。

（2）Model 3 汽车综合电子系统。Model 3 汽车综合电子系统分为自动驾驶及娱乐控制模块、右车身控制器、左车身控制器三个单元模块，每个单元模块负责划分后的物理区域传感器数据处理以及本区域设备的管理和控制，利用三个单元模块就近快速处理数据，模块间通过 CAN 总线形成了互为备份的网状网络，在接口都具备的情况下可利用软件重构方式对三个模块单元进行功能定义分配，实现了软件定义汽车功能，如图 3 所示。

从 Model S 到 Model 3，综合电子系统架构主要服务于功能，将功能从供应商手中收回，自行开发和集中控制，集成快充充电等先进商用技术，从而实现适应性改造和探索下一代的车载电子系统架构。

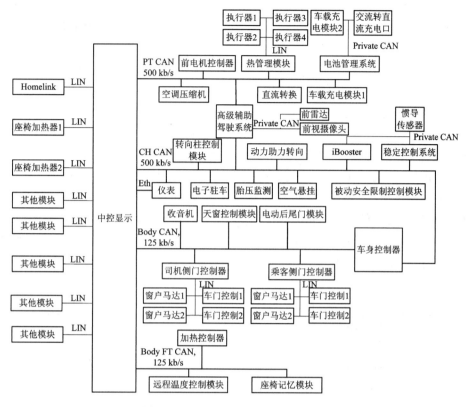

图 2 Model S 汽车综合电子系统架构

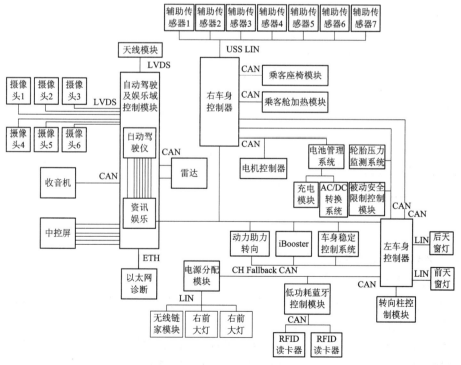

图 3　Model 3 汽车综合电子系统

4）汽车开放系统架构 AUTOSAR

AUTOSAR 是 AUTOmotive Open System Architecture（汽车开放系统架构）的首字母缩写，由全球各大汽车整车厂、汽车零部件供应商、汽车电子软件系统公司联合建立，致力于为汽车工业开发一个开放的、标准化的软件架构，针对汽车功能和硬件模块之间分离问题，其架构采用分层式设计，支持软件组件和硬件模块的独立性，运行时环境 RTE 作为虚拟功能总线，隔离上层应用于下层基础软件，摆脱传统 ECU 软件开发测试对硬件模块的依赖。

针对软件组件之间以及应用层与基础软件之间的通信问题，AUTOSAR 定义了三种接口：标准化接口、AUTOSAR 接口和标准化 AUTOSAR 接口，其中标椎化接口是采用 C 语言定义的 API，用于 ECU 内部基础软件模块之间，运行时环境和操作系统之间；AUTOSAR 接口是一种与应用相关的接口，用于软件组件之间或者软件组件与 ECU 固件之间的通信；标准化 AUTOSAR 接口是一种特殊的 AUTOSAR 接口，被软件组件用于访问基础软件模块提供的服务，比如 ECU 管理模块或者诊断事件管理模块。如图 4 所示。

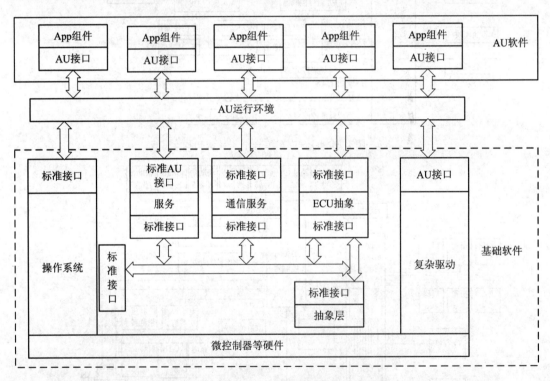

图 4　AUTOSAR 软件架构的接口设计图

2. 航天器综合电子系统的发展情况

1）发展背景

为满足空间系统网络化、智能化的发展需求，美国 NASA、欧空局分别在体系架构、新兴商业技术融合等方面进行了探索研究，如针对空间用计算能力包括可满足实时处理需求的基于视觉的算法、基于模型的推理以实现自治、高速率指令数据处理等启动了下一代空间用微处理器的研究项目，希望带来性能功耗比、容错能力数个数量级的提升。

2）美国的 Space Universal MOdular Architecture（SUMO）项目

项目针对卫星制造成本高和各工业部门研制的卫星部组件的互操作性问题，开展通用开发环境和标准化数据的电气接口设计，基于现有和不断发展的标准，对美国卫星产业的行业共识标准进行合并，帮助美国卫星工业在不断增长的国际航天市场中更具响应性和竞争性。从系统架构图分析，系统通过统一的中间件技术解决空间段和地面段软件互联互通问题，为客户提供天地协同的应用服务。如图5所示。

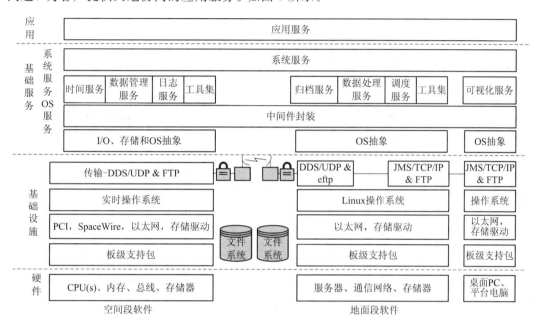

图5　SUMO 项目系统架构

3）ESA 的 Space Avionics Open Interface Architecture（SAVOIR）项目

SAVOIR 项目旨在为联盟成员及工业界构建一套航天器平台硬件和软件的参考航天电子系统架构，实现一套标准的航天电子系统外部和内部接口规范以及功能规范。

星载综合电子系统由通用星载计算机、通用远程终端单元/数据集中器、智能传感器 & 执行器、数据存储单元和载荷 & 仪器单元等四大功能单元组成。在软件参考架构方面，采用由元模型和文本语义指定的空间组件模型，整体软件架构设计参照了部分 CCSDS SOIS 标准，将执行平台和应用软件解耦，以便软件架构更加柔性，达到软件构件可复用和独立成长的目的。如图6所示。

4）美国国防高级研究计划局的黑杰克航天器项目

黑杰克航天器项目旨在构建一个低轨道的基于商业卫星平台搭载特殊通信载荷的卫星网络。为了满足任务网络化管控需求，在平台和载荷中间增加了一个自主控制单元 Pit Boss，完成自身软硬资源管理，并利用平台与其他航天器建立的星间链路，协同完成星座拓扑管理。

单元还考虑设计了路由交换模块与载荷互联。为满足军民融合安全通信的需要，设计了加解密模块与平台建立电子电气接口；自主控制单元及其功能设计改变了卫星综合电子系统功能模块划分，促进了卫星网络化和智能化发展。黑杰克航天器电子系统架构，如图7所示。

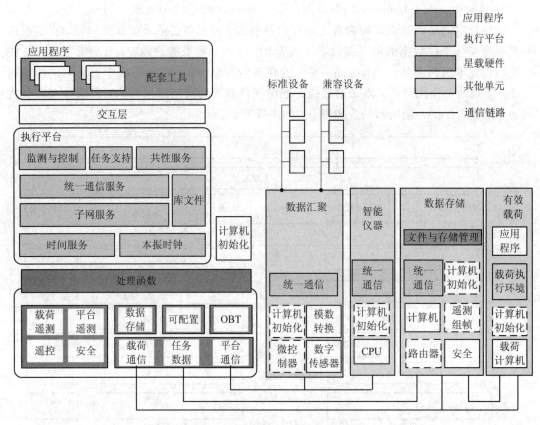

图 6   SAVOIR 项目系统架构

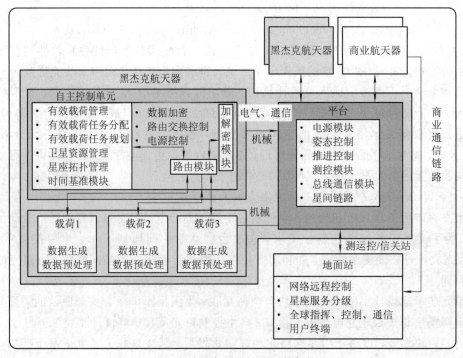

图 7   黑杰克航天器电子系统架构

3. 分析与启示

1）对比分析

对汽车电子与航天器电子系统架构对比，可以得到以下结论（见表1）：

（1）驱动系统架构演变的动力不同。汽车电子系统架构演变是由无人化发展趋势下的数据为主驱动；航天器电子系统架构演变是由智能化发展趋势下的商业为主驱动，意味着更加快速响应市场和客户的需求，追求高性价比。

（2）解决系统互操作性的技术路径类似。均采用软件/协议分层、软硬件模块化形成功能构件，统一中间件，应用软件与基础软件解耦，进而实现软硬件解耦，以便每个层次、每个模块、每个应用快速吸收广泛应用不断进化的先进技术，并通过广泛共识的标准规范方式固化当前稳定版本，并以更短周期迭代升级。

（3）功能承载实体管理方式不同。汽车研发逐渐从供应商的部件中收回功能，如Model 3集成各类环境感知的传感器，将数据处理功能集中到区域模块的计算单元，进行统一管理，航天器研发则由于传统分工和有限的处理资源，分系统级自主管理，但也出现了新的部件如黑杰克航天器的 PitBoss 单元，设计了具备接管卫星控制的能力，集成了自主任务规划、网络管理和边缘计算等功能。

（4）系统架构设计更加体现灵活、适变和可重构，与时俱进，充分发挥软硬件可编程的特点，提供个性化服务，更加注重利用优势单位组成联盟，进行新技术集成与创新。

表 1　系统架构对比

比较内容	汽车综合电子 系统架构	航天器综合电子 系统架构
驱动需求	无人化	商业化/快响
研究目标	开放的、标准化架构	开放的、标准化架构
设计思路	分层/模块化/软硬件解耦	分层/模块化/软硬件解耦
功能设计	物理划分/系统级功能互为备份/网状网络	分系统级功能冗余设计/分布式网络/
实施路径	开放联盟/软件定义	有限开放/统一中间件
应用生态系统	兼容安卓和 iOS 生态	有限开放

2）启示

随着云计算、大数据、传感器等新一代信息技术的最佳实践进一步融入汽车和卫星行业，两者的综合电子系统对高性能的计算和存储依赖度会逐渐提高。此外，鉴于汽车批量化制造和用户体验反馈周期短，汽车综合电子系统架构演变速度会快于卫星电子。对卫星综合电子系统发展启示如下：

（1）摩尔定律和梅特卡夫定律在汽车和卫星行业仍具有现实指导意义，同时，智能化和网络化的汽车在批量化制造模式、技术体系，以及如何融入 5G/6G 的系统架构等方面，对从事小卫星行业的研发人员值得重点关注。

（2）随着卫星平台载荷一体化后可编程卫星技术的成熟，从事卫星行业的应用研发人员将会大量增加。值得注意的是，使用卫星的客户与使用汽车和手机的客户群体不同，服务模式会出现多样化，包括但不限于以下三种模式：在地面侧基于卫星下传后的数据（如对地观测类）提供信息服务、在空间侧基于在轨卫星超算能力提供信息服务、地面训练好的智能模型加载到卫星提供服务等。

（3）从汽车电子系统架构演变的过程来看，卫星综合电子系统架构演变势必会改变卫星行业的产业链分工，因此构建弹性的自组织的航天器开放系统架构生态联盟，对卫星行业健康有序的可持续发展、标准规范的建立推广应用、重塑卫星服务模式有着实际意义。

参 考 文 献

［1］ Development of Cross Domain Control Unit Functions［EB/OL］https：//ipg-automotive. com/fileadmin/user_upload/content/Download/Media/Presentation/Apply_Innovate_2016_Bosch_Sardari. pdf.

［2］ 麦肯锡权威分析［EB/OL］http：//www. cheyun. com/content/23544

［3］ TeslaASIC［EB/OL］https：//electrek. co/2016/12/09/tesla-to-make-its-own-custom-soc-system-on-chip-for-self-driving-cars-built-by-samsung-report-says/

［4］ AUTOSAR［EB/OL］https：//www. autosar. org/fileadmin/user_upload/standards/classic/4-3/AUTOSAR_EXP_LayeredSoftwareArchitecture. pdf.

［5］ High-Performance Spaceflight Computing（HPSC）Program Overview［EB/OL］https：//ntrs. nasa. gov/archive/nasa/casi. ntrs. nasa. gov/20180003537. pdf

［6］ Collins，Bernie F．［IEEE 2013 IEEE Aerospace Conference - Big Sky，MT（2013. 3. 2 - 2013. 3. 9）］2013 IEEE Aerospace Conference - Development of a space universal modular architecture（SUMO）［J］. 2013：1 - 9.

［7］ Jean-Loup Terraillon. SAVOIR：Reusing specifications to favour product lines. Embedded RealTime Software and Systems（ERTS2016），2016 - 01.

［8］ DARPABlackJack.［EB/OL］http：//fiso. spiritastro. net/telecon/Thomas_8 - 22 - 18/Thomas_8 - 22 - 18. pptx.

NASA 开源软件实践与思考

康海龙[1]，范亚楠[2]，李斌[1]

（1 中国电子科技集团公司电子科学研究院，北京 100040）

（2 中国科学院国家空间科学中心，北京 100190）

摘　要：随着开源软件技术的迅速发展和影响，各领域、各行业的相关共性软件逐渐开放，另一方面也应用开源软件进行系统开发。在航天领域 NASA 在开源方面走在前列，已开源软件、设计工具达 1072 个，涵盖航天器整个研制和应用过程。近年来，高性能部组件及高速总线在航天器上的应用，使得卫星计算能力、存储能力都有大幅度提升，星载软件得以有很大施展空间，尤其对卫星小型化、一体化、智能化发展有极大推动作用。本文对 NASA 的开源软件进行了研究，对部分开源项目做了深入分析，并结合项目需求，开发了基于开源软件的卫星健康状态监视原型系统，同时对未来航天领域开源软件技术的发展趋势及卫星智能化的发展思路进行了探讨。

关键词：NASA；开源软件；智能；卫星

开源软件的迅速发展，逐渐改变了世界开发软件的格局。作为太空探索领域的佼佼者，美国国家航空航天局 NASA 在 2017 年 3 月发布了 2017—2018 软件目录，开源了一系列航天相关项目，包括多年使用的设计仿真工具、应用软件和代码库等，大部分可免费使用，如用于与航天器交换大文件的标准工具 CCSDS CFDP 文件传输协议等。以往论文研究集中在 NASA 的技术成果转化政策和机制方面，本文从技术角度对 NASA 开源软件进行了研究、二次开发实践，并思考了开源技术对软件定义类卫星的技术发展，对解决卫星智能化问题有一定的借鉴意义。

1. NASA 开源软件发展概况

1）技术转让计划

从 1964 年开始，一直以尖端的科学技术领先全球的 NASA 通过设立技术转让计划，开始建立航天技术服务于民生的长效机制，每年都出版一期 Spinoff 报告，迄今为止，超过 2000 项技术成功转移到民用领域。NASA 在履行好座右铭“我们努力奔向新的高度，为人类福祉而发现未知”的同时，其建立的技术转让计划使得众多中小企业利用 NASA 科研成果进行创业，新的领域得到广泛应用。在航天领域，NASA 设立的技术转让计划成为运行良好、效益突出的高技术成果转化机制，加速了科技成果转化。

2）开源进展和目的

作为技术转让计划中的一部分，NASA 在官网上发布了大量航天项目中的开源软件和工具，目前，一共有 1072 个可用的程序软件，涵盖项目管理、数据和图像处理、电源系统、航天器设计与集成工具、自主系统等 15 个方面，见图 1。这些代码来自 NASA Ames、

JPL、Jonhson、Armstrong 等 11 个研发中心和机构。NASA 的做法有两方面的目的：一方面希望通过开源社区同行评审提高代码质量、加速开发，并能收获更多项目改进的建议；另一方面，最大化 NASA 研究的知名度和影响，同时也将技术转让给企业和个人，用于新的领域发展最新科技。

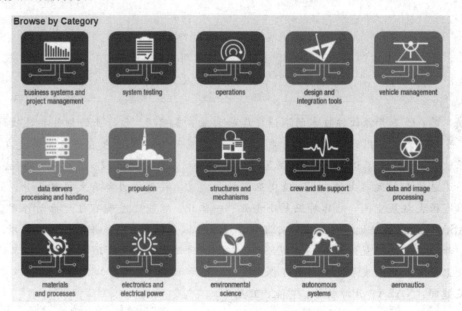

图 1　软件目录分类

2. NASA 典型开源项目

1) Livingstone2(L2)

Livingstone2 由 NASA Ames 中心研制，是基于模型的故障诊断和恢复引擎，目的是使复杂系统如航天器不断自主化和智能化，在最少的人工干预下，实现系统状态自我感知、诊断和响应非正常状态，尤其是面临硬件故障或未知事件。

通过建立一组多层次的定性逻辑模型，通过对比模型预测数据和传感器实测数据来检测和诊断系统故障，实现追踪系统的状态，并根据不同状态给出建议指令实现系统继续运行，原理见图 2 所示。L2 已经在包括 X34 推进系统和国际空间站等几个试验床上实施和应用，同时也在地球观测卫星 1 号(EO-1)上进行过飞行试验。

图 2　L2 诊断原理

2) Trick 航天器仿真环境

Trick 航天器仿真环境由 NASA 约翰逊空间中心研发，用户可以对航天器研制的各个阶段建立仿真应用，包括早期设计、性能指标评估、飞行软件开发和测试，飞行过程动态分析，软件和硬件的闭环测试。其目的是提供一种通用共性的仿真能力，以便各领域专家更专注在特定领域的模型，而不是仿真功能的应用如任务排序、数据存储等。该款软件只对美国公民开放。图 3 为 Trick 蒙特卡洛高级仿真功能流程图，允许用户对不同输入进行重复仿真，不断优化。

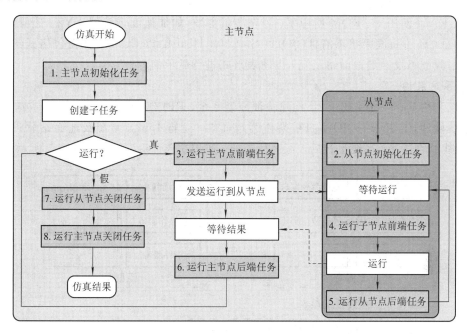

图 3　Trick 的蒙特卡洛高级仿真功能流程图

3）Open MCT

Open MCT（Open Mission Control Technologies）是下一代具有数据可视化的任务控制框架，可在桌面端和移动端分别使用，由 NASA Ames 中心开发，用于航天器任务分析、运行控制和规划。作为一个通用开放的基础平台，用户可在 Open MCT 基础上进行二次开发，针对不同航天器开发任务规划、控制和数据分析等应用。系统效果图见图 4。

图 4　Open MCT 系统效果图

3. 基于开源软件的卫星健康状态监视原型系统

1）系统介绍

该系统用于监视卫星平台健康状态，目前包括但不限于 CPU 温度、GPU 温度、CPU 使用率、RAM 使用率、ROM 使用率、姿态测量参数（如加速度传感器 XYZ、磁强计 XYZ 等）等信息，还可将健康状态信息（SOH：State Of Health）以 CCSDS 数据包格式封装，通过无线射频链路发送到地面站系统，以图表形式进行显示信息。

2）系统架构

系统利用 Raspberry PI＋PC 构建验证原型系统，RPI 作为卫星端，运行 Linux 系统和飞控系统软件，应用软件 SOH，PC 端作为地面端，运行 Linux 系统及地面站软件，通过 WiFi 无线链路连接，系统运行后，可进行遥测、遥控功能。系统架构图如图 5 所示。

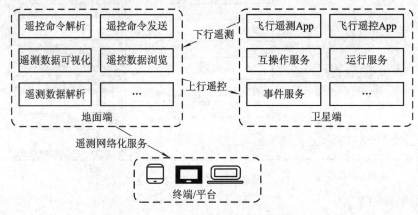

图 5　系统架构图

3）系统成果

该系统集成开源软件的技术优势，并结合需求进行定制化改进，经过 3 个月测试，软件工作正常，系统运行稳定，实现了简单的健康状态监视功能。下一步可通过总线集成更多部件，进行对应功能软件开发，丰富完善。地面系统运行图见图 6。

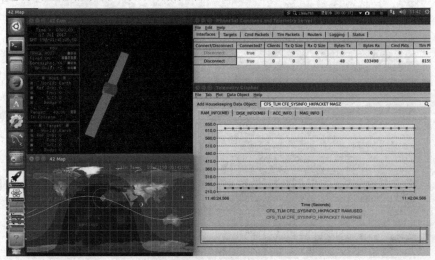

图 6　地面系统运行图

4. 思考与启示

1）航天领域开源软件思考

在航天软件领域，NASA 开源了从航天器仿真、设计工具、星载软件、地面任务控制、结构材料设计工具等各类应用软件、代码库和工具。官网上开源动机是希望开源社区同行的使用来提高软件质量，从某种程度上讲，使用这些代码尤其是二次开发会让技术实力稍弱的企业依赖 NASA 的基础级代码，影响自主的创新能力。

航天软件对太空资产的重要性不言而喻，尤其是基础的核心软件。在操作系统方面，VxWorks 操作系统依然是国内大部分航天项目的主流选择，开源化研究操作系统，值得思考；另一方面，人工智能技术共性的操作系统是 Linux，许多机器学习算法基于 Linux 开发，卫星智能化发展是选择开源的路线集智发展，抑或是传统领域吸收成熟智能算法融合发展，这是一个值得探讨的研究方向。

2）开源将会是商业航天企业技术的重要驱动

开源软件具有开放、共享、自由等特性，企业可避免重复造轮子，使用最少的人力、物力、财力就能很快构建一个系统，在开源软件基础上定制灵活，通过社区的力量，软件也更稳定、安全性更高，可及时发现和修复安全漏洞，一个非常成功的例子即 Android 系统 2007 年以开源形式发布后，阵营呈现爆炸式增长，成为份额第一的移动操作系统。

更稳定、更安全、更可靠的追求促使航天软件开发测试成本更高，由于追求高可靠性和责任重大，导致航天软件的发展已慢于互联网软件的行业发展。商业航天的发展，结合开源技术，在软件质量和软件成本方面，有望改变这一局面。

5. 结束语

NASA 开源的项目软件，部分代码每天迭代更新，提高了软件的质量，进一步降低了应用在航天类项目中的风险，这对于软件定义类卫星技术发展有着很大的借鉴意义。

参 考 文 献

[1] NASA Open Source Software[EB/OL]http：//code. nasa. gov.

[2] LivingStone2[EB/OL]https：//github. com/nasa.

[3] 陈治佐，刘兴钊，吕高焕. Livingstone 用于航天器推进系统故障诊断[J]. 太赫兹科学与电子信息学报，2013，11(5)：770 - 774.

[4] Trick [EB/OL]https：//www. nasa. gov/centers/ames/research.

[5] Open MCT [EB/OL]https：//github. com/nasa/openmct.

[6] https：//www. idc. com/promo/smartphone-market-share

国外软件定义卫星技术进展

陈建光[1]，王聪[1]

(1 中国航天系统科学与工程研究院，北京 100048)

摘　要：软件定义卫星是基于软件定义无线电技术的新型卫星，可通过软件更新实现卫星功能特性的重新配置，即实现功能"定义"。美国国家航空航天局(NASA)开展多项天基试验："迷你射频"载荷验证了 S、X 双频雷达成像和 S 频段通信能力的集成；"空间通信与导航"平台的 3 个软件定义无线电载荷分别试验了 S 频段通信和 L 频段导航能力的集成，以及 Ka 频段高速通信能力。Aireon 公司的天基广播式自动相关监视系统(ADS-B)可实时跟踪飞机位置信息。欧洲研制首颗软件定义卫星，实现覆盖区域、频段、带宽和功率的在轨重新配置，可显著提升通信卫星运行和制造的灵活性。相关试验和应用推动天基软件定义无线电关键技术的进一步发展，在提高卫星在轨灵活性的同时，也为实现集卫星通信、导航、遥感于一体的多功能卫星。

关键词：软件定义无线电；软件定义卫星；空间通信与导航；量子卫星

现有各类应用卫星已具备较强的性能：一方面，通信、遥感、导航等载荷能力大幅提升，基本满足军事活动和民用领域的需求；另一方面，卫星在轨寿命不断延长，地球静止轨道卫星可超过 15 年。但是这些卫星一旦发射入轨，其载荷的性能参数在整个寿命期间无法改变，在一定程度上制约了卫星的有效应用。欧洲在 2015 年 7 月启动研制"量子"通信卫星，率先利用软件定义无线电(Software-Defined Radio，SDR)技术实现在全 Ku 频段的通信能力"定义"，即卫星工作频率、带宽、信号强度、覆盖范围等性能参数的灵活更新。"量子"通信卫星的研制受到美欧主要卫星运营商和制造商的高度关注。

1. 软件定义卫星发展概述

1) 相关概念

(1) 软件定义无线电的概念最早由美国麦特公司约瑟夫·密特拉(Joseph Mitola III)博士在 1992 年 5 月的美国全国电信系统会议上提出，将其作为美国国防部开展"易话通"(SPEAKeasy)计划的技术途径之一，解决美军及其盟军不同无线电设备之间互联互通的难题。软件定义无线电提供了一种建立多模式、多频段、多功能无线设备的有效且相当经济的解决方案，使整个系统(包括用户终端和网络)采用动态的软件编程对设备特性进行重新配置，即相同的硬件可以通过"软件定义"来完成不同的功能，并通过软件升级实现功能提升。

(2) 软件定义卫星是软件定义无线电技术的天基应用，与软件定义无线电类似，可通过软件升级实现有效载荷功能或性能参数重新配置，如将一个通信载荷重新"定义"为一台导航接收机，或改变载荷的工作特性，包括卫星通信的频率、覆盖区域、信号强度等。

与传统卫星相比，软件定义卫星利用较为成熟的软件定义无线电技术，可在较大范围内控制无线电信号的调制方式、带宽、波形等，实现对相同硬件的"软件定义"。其主要优点包括：一是使卫星通过功能更新适应不断发展的用户需求；二是通过加载不同的软件，实现不同技术体制的多功能卫星；三是改变目前以有效载荷为核心的卫星设计理念，使卫星具备功能的可重构能力和灵活性。

2）软件定义卫星技术已开展多次天基试验和应用

美国国家航空航天局（National Aeronautics and Space Administration，NASA）从20世纪90年代开始研究软件定义无线电技术的天基应用，相继研制了Blackjack可编程GPS（即全球定位系统，Global Positioning System）导航接收机、低功耗收发机等设备，通过航天飞机任务和其他卫星进行在轨演示验证。"火星勘测轨道器"、"月球勘测轨道器"等航天器分别搭载了基于软件定义无线电的通信中继/辅助导航载荷。在此基础上，NASA制定首个天基软件定义无线电技术标准，即"空间通信无线电系统"（Space Telecommunications Radio System，STRS）。随后，NASA联合通用动力公司、哈里斯公司开展"空间通信与导航"（Space Communications and Navigation，SCaN）试验平台项目，分别研制了三台软件定义载荷。2012年，"空间通信与导航"试验平台由HTV-3货运飞船运送到国际空间站，并陆续开展了相关技术试验。

3）"软件定义"的商业通信卫星处于研制阶段

欧洲航天局（European Space Agency，ESA）与欧洲通信卫星公司（Eutelsat）在2015年7月启动研制新型的"量子"软件定义通信卫星，计划在2020年下半年发射首颗卫星。该卫星可实现全Ku频段通信载荷的软件定义设计，即卫星工作频率、带宽、信号强度、覆盖范围等性能参数的灵活"更新"。"量子"卫星项目的提出和研制，推动天基软件定义无线电技术进入应用阶段，也是软件定义卫星发展的重要一步。此外，欧洲通信卫星公司在2017年表示计划增加采购2颗"量子"卫星，利用3颗卫星实现全球覆盖。军事用户将成为该系统的主要潜在客户。

除欧洲通信卫星公司外，国际通信卫星公司（Intelsat）也计划在其"下一代史诗"（EpicNG）高吞吐量卫星上分阶段采用新型数字载荷，希望在卫星入轨后可以"定义"卫星的通信性能，包括形成和改变覆盖区及其功率分配等能力。该公司在2016年部署了首颗"下一代史诗"卫星，即"国际通信卫星"29e，后续卫星将具备根据变化的需求在覆盖区域内移动功率的能力，由地面控制覆盖区的最终形成。

世界主要卫星制造商如美国的波音公司、洛克希德·马丁公司、劳拉空间系统公司、轨道阿连特公司，以及欧洲的空客防务与航天公司和泰勒斯·阿莱尼亚航天公司等均计划将软件定义无线电技术融入其现有的卫星之中。

2. 国外软件定义卫星技术典型项目

1）美国重点验证软件定义卫星载荷的可行性

NASA目前已开展多项基于软件定义无线电技术的天基试验，实现了雷达成像和通信集成、通信和导航集成以及高速Ka频段通信等。此外，美国正在部署可提供飞机位置信息的商用天基系统。

（1）"迷你射频"载荷试验雷达成像和通信一体化能力。"迷你射频"载荷是NASA研制的新型微型射频雷达，验证基于相同硬件的新型轻质合成孔径雷达成像技术和通信技术。作为"月球勘探轨道器"（Lunar Reconnaissance Orbiter，LRO）的技术试验载荷于2009年6

月发射,运行在距离月表的 50 km 的极地轨道。印度在 2008 年发射的"月船一号"月球探测器也携带了与"迷你射频"载荷类似的"迷你合成孔径雷达"(Mini-Synthetic Aperture Radar, Mini-SAR)载荷。

"迷你射频"载荷的质量为 14 kg,天线面积为 1.1 m²,具有雷达成像和通信两种工作模式。雷达成像模式采用 S 频段(2.38 GHz)和 X 频段(7.14 GHz)条带成像,分辨率为 30 m,幅宽为 8 km。通信模式采用 S 频段(2.38 GHz)半双工模式,最大数据传输率为 500 KB/s,已试验的数据传输率达到 220 KB/s。

(2)"空间通信与导航"试验平台验证天基软件定义无线电技术成熟度。"空间通信与导航"试验平台是 NASA 在 2008 年启动的天基软件无线电技术试验,2012 年安装在国际空间站。该平台搭载了喷气推进实验室、通用动力公司、哈里斯公司研制的 3 个软件无线电载荷模块。表 1 列出了 3 个软件定义无线电载荷模块的基本情况。其中,喷气推进实验室的载荷具有 S 频段通信和 L 频段 GPS 信号接收能力;通用动力公司的载荷具有 S 频段通信能力;哈里斯公司的载荷是基于其 AppSTAR 软件定义体系结构研制的 Ka 频段通信系统,最大通信速率可达到 1.2 GB/s。

表 1 美国"空间通信与导航"试验平台的载荷比较

载荷特征	喷气推进实验室	通用动力公司	哈里斯公司
工作频率	S、L 频段	S 频段	Ka 频段
通道带宽	6 MHz	6 MHz	225 MHz
最大通信速率	32 MB/s	24 MB/s	1.2 GB/s
可编程器件	Virtex-2 3M×2	Virtex-2 3M	Virtex-4 6M×4
处理器	SPARC	Coldfire	PowerPC
操作系统	VxWorks	RTEMS	VxWorks
存储容量	512 MB×3	4 MB	—
内存容量	128 MB×3	128 MB	128 MB
接口标准	MIL-STD-1553B	MIL-STD-1553B	SpaceWire
数据接口	SpaceWire	SpaceWire	SpaceWire

(3)天基广播式自动相关监视系统提供全球飞机跟踪。美国 Aireon 公司在 2014 年提出建设基于广播式自动相关监视系统(Automatic Dependent Surveillance-Broadcast, ADS-B)的全球飞机跟踪系统。该系统利用搭载在"铱星下一代"卫星的 Aireon 载荷(如图 1 所示),可实时跟踪装有频率为 1090 MHz ADS-B 设备的飞机并实时显示,以便准确获

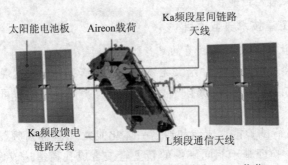

图 1 美国"铱星下一代"搭载的 Aireon 载荷

取飞机的详细位置信息。其覆盖有效率不低于 99.9%，已达到国际民航组织的黄金标准；服务响应时间不超过 1.5 s；对大多数区域的数据更新频率不超过 8 s。首批 10 颗"铱星下一代"卫星在 2017 年 1 月部署后，ADS－B 全球飞机跟踪系统在 3 月由加拿大导航公司、美国北极星飞行系统公司、美国联邦航空管理局（Federal Aviation Administration，FAA）分别进行了独立的数据采集试验。试验数据经分析表明，Aireon 公司 ADS－B 系统的信息接收和编码效果与地基基站相当。

2）欧洲航天局率先研制软件定义卫星

欧洲航天局联合欧洲通信卫星公司、空客防务与航天公司，提出研制全球首颗采用软件定义载荷的"量子"卫星（如图 2 所示），实现覆盖区域、频段、带宽和功率的在轨重新配置。

图 2　欧洲通信卫星公司的"量子"卫星在轨示意图

卫星载荷为 Ku 频段转发器，下行频率为 10.7 GHz～12.75 GHz，上行频率为 12.75 GHz～14.80 GHz，覆盖了国际电信联盟（International Telecommunication Union，ITU）的 3 个卫星固定通信业务频段，其有源阵列天线系统可根据需要如飞机或船只的航线通信需求改变覆盖区域形状。图 3(a)给出了"量子"卫星对一条欧洲至巴西飞机航线的区域覆盖情况，利用跳变波束，飞机在整个飞行过程中始终处于同一个波束覆盖之下，可以有效增加信号增益，而在图 3(b)显示的不采用跳变波束技术情况下，飞机需要经过 4 个重叠的波束覆盖区。

(a) 采用跳变波束　　　　(b) 不采用跳变波束

图 3　欧洲"量子"卫星飞行航线覆盖情况对比

3. 软件定义卫星技术应用前景分析

1）显著提升通信卫星运营和制造灵活性

一方面，软件定义卫星技术可极大提升通信卫星有效载荷的灵活性，改变传统通信卫星在整个寿命期间无法改变功能特性的状态，允许运营商根据业务需要和卫星状态进行调整，而不需重新研制部署新的卫星，甚至可通过软件升级嵌入新技术。另一方面，软件定义卫星技术可改变目前的通信卫星制造模式，即由制造商按照一定的规格进行预先批量制造，由运营商采购后可在地面或卫星发射入轨后再配置所需功能，从而缩短卫星研制周期和降低研制成本。这种运营和制造模式将最大程度地利用卫星能力，实现卫星制造商和用户的"双赢"。

2）研发多功能软件定义卫星，提升快速响应能力

基于软件定义无线电的设计理念，可研制具有通用硬件平台的多功能软件定义卫星，通过软件定义的方式实现功能切换，如多频段卫星通信、卫星导航、雷达成像侦察，甚至针对雷达/通信信号的电子侦察或电子对抗。这种卫星可提前部署，在平时和战时根据需要执行任务，提供快速响应的天基信息支援能力。

但软件定义卫星也存在一定的局限性。一是工作频段仅限于射频谱段，无法实现工作在可见光、红外、激光等光学谱段的卫星功能，如光学成像卫星的高分辨率、易辨识的卫星图像，导弹预警卫星对短波红外、中波红外事件的早期预警探测，激光雷达卫星的三维高精度成像和环境探测等。二是存在较大的网电攻击风险，如对手可通过网络技术在星上处理程序中蓄意或恶意植入木马软件，从而达到远程控制、破坏卫星或窃取敏感信息的目的。

4. 小结

结合美国"空间通信与导航"试验平台、欧洲"量子"卫星等项目的经验，我们应当注意以下三点：一是技术探索和标准制定并重，利用研究机构和企业的联合优势，共同推动软件定义卫星发展；二是加强高性能通用硬件设备的研制生产能力，减少对国外产品的依赖；三是重视地面系统的开发应用，加强天地统筹发展，充分利用卫星能力。

参 考 文 献

[1] Mini-RF：NASA's Next Leap in Lunar Exploration [EB/OL]. http：//www. nasa. gov.

[2] Space Telecommunications Radio System（STRS）Architecture Tutorial - Project Management [EB/OL]. http：//www. nasa. gov.

[3] BROOKS D, et al. In-Space Networking On NASA's SCaN Testbed [C]. 2016 ICSSC STB Networking

[4] KACPURA T J, et al. Software Defined Radio Architecture Contributions to Next Generation Space Communications [R]. National Aeronautics and Space Administration John H. Glenn Research Center.

[5] Aireon Technical Overview[EB/OL]. http：//www. aireon. com

[6] FENECH H, AMOS S. Eutelsat Quantum：A Game Changer [C]. International Communications Satellite Systems Conferences（ICSSC）/ 33rd AIAA International Communications Satellite Systems Conference and Exhibition. Queensland, Australia, September 7 – 10, 2015.

[7] FENECH H, AMOS S, WATERFIELD T. The Role of Array Antennas in Commercial Telecommunication Satellites [C]. January 2016.

卫星硬件虚拟化技术

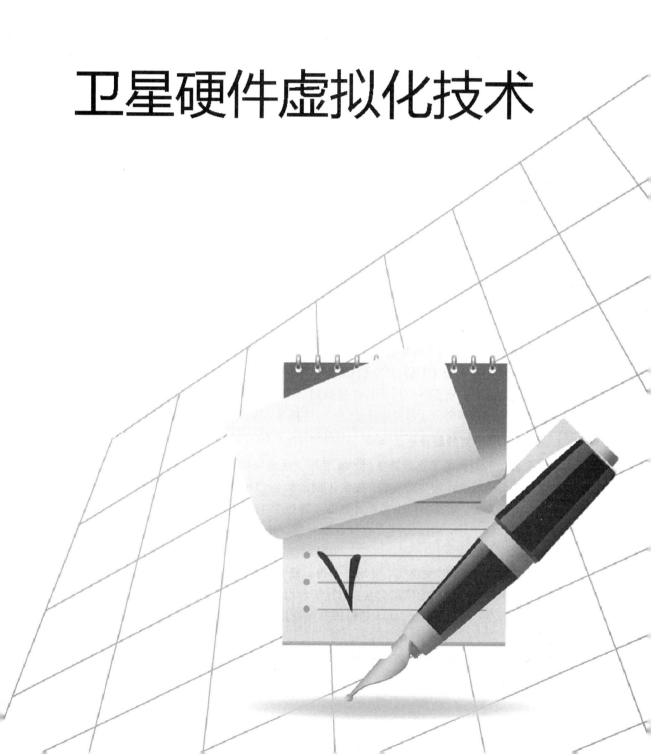

一种基于 POE 网络的卫星超算平台设计

杨佩[1]，雷冰[1]，刘曦[1]

（1 西安微电子技术研究所，西安 710065）

摘　要：随着软件定义卫星技术的发展，提出了超算平台的概念，它是一种最大化软件效能的开放式系统，针对此系统提出了一种基于 POE 网络的卫星超算平台设计方案。在该方案中，设计了超算平台的最小系统，并在最小系统的基础上设计了 POE 交换机及 4 种计算节点，即相机节点、接口扩展节点、大容量存储节点和通信节点，并给出了硬件实现的结构形式。几种节点在硬件及软件开发上可以复用，大大缩短了研制周期，降低了研制成本，同时还可满足超算平台的应用需求。

关键词：POE 网络；超算平台；交换机；最小系统

以太网供电技术（Power Over Ethernet，POE）是一种通过以太网线缆为终端设备传输数据信号的同时，还能为此类设备提供直流供电的技术。通过这种方式，可以有效地解决终端的集中式电源供电，对于网络设备终端来说，不再需要考虑电源系统布线的问题，一条线缆就可以完成传输数据和电源的双重任务，不仅降低了成本，也便于安装和管理。近些年来，POE 技术发展迅速，已在物联网、安全防护、建筑控制、零售娱乐、智能家居等领域有广泛的应用。

基于 POE 技术的优势，可将其应用到以天基先进计算平台和星载通用操作环境为核心的新一代卫星超算平台上，使分布式计算节点之间可方便有效地进行互联，减少超算平台内部互联线缆，便于超算平台可重构，提高超算平台的可靠性，因此，对于星上超算平台的设计提出了更高的要求。本文基于 POE 网络技术，提出了超算平台的一种设计方案。

1. 基于 POE 网络的超算平台架构

超算平台是新一代的星上计算平台，采用开放系统架构，支持有效载荷即插即用、应用软件按需加载、系统功能按需重构，安装不同的软件即可实现不同的功能，完成新的空间任务。在硬件方面，超算平台由多种计算节点通过 POE 交换机进行互联组成，节点之间可进行分布式协同工作，用以完成大容量数据存储、云计算、图形处理等工作，其架构如图 1 所示。

超算平台有两个 POE 交换机，可用作备份，每个节点与两个交换机均通过 POE 网络相连，可实现所有节点之间的信息交互。超算平台设计了 4 种类型的计算节点：

（1）相机节点：用于连接 CMOS 相机或其他商用相机，主要进行在轨拍照、图像处理等方面的工作。

（2）接口扩展节点：通过扩展一些标准接口，与传感器、执行机构等进行连接，可用作实现姿态控制算法等。

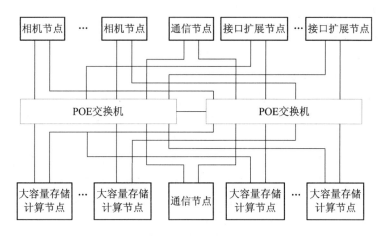

图 1 超算平台架构

（3）大容量存储节点：用于存储载荷数据、数据库及相应计算任务等。

（4）通信节点：可进行软件无线电通信的节点。

2. 超算平台的设计

1）超算平台最小系统功能的设计

超算平台可根据功能需要对几种节点进行组合，由于节点众多，从缩短研制周期、降低研制成本、易于重构，提高硬件的公用化能力的角度出发，POE 交换机和几种计算节点可设计为统一的最小系统，最小系统如图 2 所示。

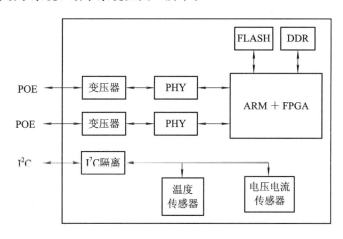

图 2 最小系统功能框图

最小系统主控芯片选择具有 ARM＋FPGA 形式的 SoC，在同一芯片集成了 ARM 架构及可编程的 FPGA，例如，Xilinx 公司 ZYNQ 7 系列芯片，Xilinx 公司提供完善的开发工具和调试工具，对于开发人员非常方便。ARM 架构有助于加载开源的 LINUX 操作系统，便于开发；FPGA 便于扩展特殊的接口或功能需求。

每个节点扩展两路 POE 接口，分别与 POE 交换机连接。而 POE 交换机需在最小系统的基础上根据需要扩展多路 POE 接口。

最小系统设计有 Flash，可用于存储操作系统相关文件并引导启动操作系统。DDR 的设计可提升系统运行和计算速度。

另外,最小系统中设计了 I²C 总线,用以采集各节点的温度、电压和电流信息,方便健康信息的管理。

2) POE 交换机及各节点设计

在最小系统的基础上,分别对 POE 交换机和 4 种节点进行了功能设计。

(1) POE 交换机:主要实现节点之间的信息交互,在最小系统的基础上,可在 FPGA 上实现交换逻辑(例如 TSN 实时网络),并根据需要扩展 POE 端口的数量;扩展的高速网络(例如 10 Gb/s)接口用于与备份 POE 交换机相连;POE 接口在提供网络信号的同时需提供电源接口,因此,需设计电源管理模块。POE 交换机功能设计如图 3 所示。

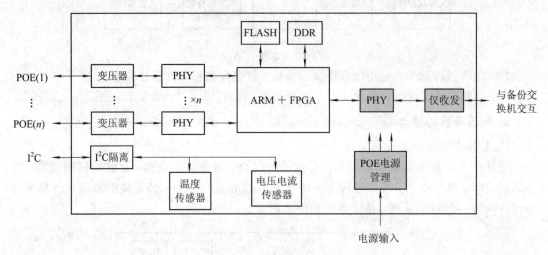

图 3 POE 交换机功能框图

(2) 相机节点:在最小系统的基础上,可在 FPGA 上实现与 CMOS 相机的交互逻辑,并扩展出与 CMOS 相机的接口,相机节点功能设计如图 4 所示。

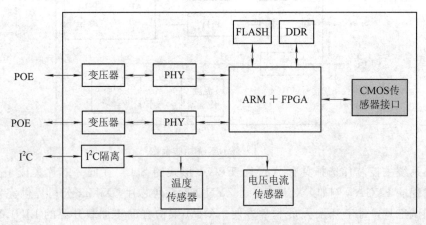

图 4 相机节点功能框图

(3) 接口扩展节点:在最小系统的基础上扩展出多路外部接口,并在板上设计一个接口扩展槽,这样,可根据外部通信部件的接口形式,直接与接口扩展板节点的对应接口相连即可,具体如图 5 所示。

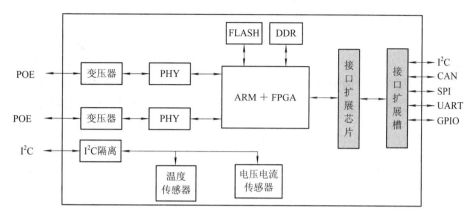

图 5　接口扩展节点功能框图

（4）大容量存储节点：主要在最小系统的基础上扩展并连接大容量固态硬盘（Solid State Drive，SSD），用于存储载荷数据，或进行星上复杂的计算任务。SSD 容量可根据需要进行选择，具体设计如图 6 所示。

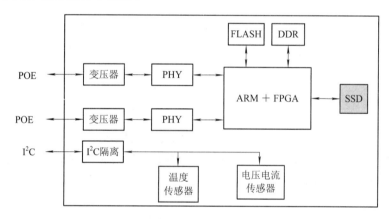

图 6　大容量存储节点功能框图

（5）通信节点：在最小系统的基础上设计高速 AD/DA 器件，并扩展 SMA 接口，与射频部件（例如天线）相连，建立卫星与地面的测控通道，通信节点如图 7 所示。

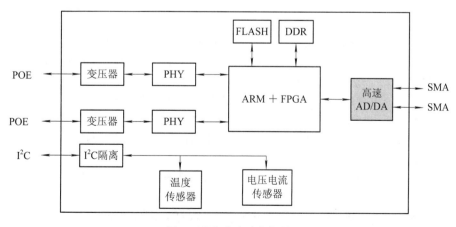

图 7　通信节点功能框图

3. 超算平台结构实现

超算平台整机结构形式采用框架式上下堆叠结构,如图 8 所示,所有框架通过穿杆进行机械连接固定。电特性上,所有计算节点通过标准的高速信号连接器接入 POE 交换机的指定端口,每层单板由两个节点拼接而成,如图 9 所示。各个单板均有对应的安装框架,并在结构化框架上增加一体化散热块,以期最大程度地减少结构件之间的接触热阻。

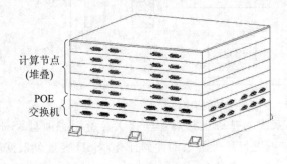

图 8　超算平台结构图　　　　　　图 9　单板示意图

该结构形式可根据需要,通过在计算节点板上继续堆叠计算节点板实现功能扩展,只需更换穿杆,简单易操作,增强了系统可操作性和通用性,在兼顾了高性能的同时,降低了研发成本。

4. 结束语

本文提出了基于 POE 网络的卫星超算平台的一种设计方案,此方案可根据需要连接相关载荷、姿控部件、天线等,并可通过工程实际动态调整各节点数量,充分地提高各种硬件资源的复用程度,在一定程度上可缩短研制周期,有效地降低研制成本,并满足超算平台的应用需求,具有较强的工程实践意义。

参 考 文 献

[1] 赵军锁,吴凤鸽,刘光明,等. 发展软件定义卫星的总体思路与技术实践[C]. 软件定义卫星高峰论坛,北京,2018:26 - 27.

[2] 吴耀辉. 基于 IEEE802.3at 标准的 POE 系统设计和研究[D]. 南京:南京大学,2016:3 - 4.

[3] IEEE Std 802.3at IEEE Standard for information technology telecommunications and information exchange between systems local and metropolitan area networks specific requirements [S] New York: LAN/MAN Standards Committee,2009.

[4] 张韬. 关于 POE 技术的分析与应用[J].通信电源技术,2015,第 32 卷(1).

[5] 高逸峰,侯奇锋. 以太网供电在照明中的应用[J].建筑电气,2016,5.

[6] 袁春柱,李志刚,李军予,等. 微纳卫星 COTS 器件应用研究[J]. 计算机测量与控制,2017,25(2):157 - 161.

[7] 袁晓峰,高德远,高武. 基于 TOPSIS 法的皮卫星计算机系统设计[J]. 计算机工程,2015,41(2):287 - 290.

[8] 刘江曼. 基于 POE 技术的嵌入式供电模块设计与实现[D]. 北京:北京理工大学,2014:4 - 6.

[9] 郭加明. 以太网在线供电系统受电设备设计[D]. 南京:南京理工大学,2008:17 - 19.

面向商业卫星的综合电子系统设计与实现

王小珂[1]，梁欣欣[1]，刘曦[1]

（1 西安微电子技术研究所，西安 710065）

摘　要：本文以微纳卫星综合电子系统的设计需求为切入点，对传统设计与实现方法进行了分析，指出其存在研制周期长、成本高的问题，严重制约了当前商业航天的快速发展。针对该问题，依托七七一所成熟的 PoP 工艺生产线，提出了一种基于三维 PoP 集成技术的模块化综合电子系统设计方法，通过 4 款典型货架化 PoP 模块实现综合电子系统的快速构建，在小型化的同时兼顾商业卫星对低成本、短周期的迫切需求，该设计方法完全满足当前商业航天微纳卫星以及立方星的设计需求。

关键词：商业卫星；综合电子系统；三维 PoP 集成；微纳卫星

近年来，随着电子技术的不断进步，卫星技术也得到了飞速发展，重量轻、体积小、成本低、研制周期短、可进一步组网的微纳卫星日益受到人们青睐。无论是在军事上，还是在商用上，微纳卫星都有着良好的应用前景。在当前大力发展商业航天的大背景下，成本较高、研制周期较长是制约商业航天发展的突出问题。

综合电子系统是航天器中与姿轨控、热控、能源、结构与机构系统并列的五大平台系统之一，除了完成传统的遥控、遥测、程控、星上自动控制、校时等任务外，卫星综合电子系统还为平台和有效载荷提供全面、综合的服务与管理。近年来，在微纳卫星领域，姿轨控管理也纳入了综合电子系统的范畴。

本文以微纳卫星综合电子系统需求为牵引，通过对传统综合电子系统方案进行分析，提出了一种依托 PoP（Package on Package）标准化模块快速构建综合电子系统的思路，从降低成本、缩短研制周期层面解决当前商业卫星发展的痛点。

1. 综合电子需求分析

微纳卫星综合电子系统作为整星的核心控制部件，主要负责完成卫星的任务调度和综合信息处理工作，对星上任务模块的运行进行高效可靠的管理和控制，监视全星状态，协调整星的工作，配合有效载荷实现在轨飞行任务的各种动作和参数的重新设置，以完成预定的飞行任务，获取相应的结果。

综合电子系统功能框图如图 1 所示。综合电子系统内部主要实现的功能包括遥测遥控管理、时间管理、信息交互处理、热控管理、姿轨控管理、有效载荷管理等功能；对外与测控分系统、热控分系统、电源分系统、姿控分系统的敏感器和执行机构、有效载荷完成信息交互。

姿控分系统的敏感器包括磁强计、MEMS 陀螺、光纤陀螺、星敏感器、数字太敏、模拟太敏、粗太敏；执行机构包括动量轮、磁力矩器、推进器等。根据微纳卫星在轨不同的应

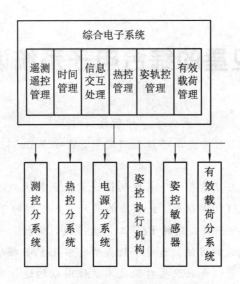

图 1 综合电子系统功能框图

用,同时考虑成本和可靠性,在上述敏感器和执行机构中选取合适的部组件完成姿控分系统的指标要求。

综合电子系统对外接口主要包括 RS422 接口、RS485 接口、CAN 总线接口、OC 指令输入/输出接口、PWM 接口、遥测/遥控接口、模拟量采集接口等。

2. 传统综合电子系统设计

随着卫星产品功能的日趋复杂,一方面对综合电子系统资源需求的不断增加,另一方面,在体积、重量、功耗等方面又有着严苛的限制。基于此,七七一所立足于通用化、小型化、标准化和国产化的目标,通过对综合电子系统资源的优化和整合研制了多款 SiP (System in Package)、MCM(Multichip Module)标准化模块产品,并已大量应用于型号产品中。

针对上述微纳卫星综合电子系统的需求,沿用七七一所传统设计方法完成本系统设计。

1) 关键电路的选型

(1)处理器的选型。综合电子系统核心处理器选择七七一所生产的 SiP 模块 LSCCU01,LSCCU01 模块是一款宇航用计算机产品,具有体积小、重量轻的特点。

LSCCU01 模块内核采用基于 SPARC V8 的 LCSoC3233,外部扩展 CAN、1553B 总线驱动器,2MB SRAM、8MB FLASH,具有 2 路 CAN 总线、1 路 1553B 总线、2 路 RS422 串口、2 路遥测接口和 2 路遥控接口,外形尺寸为 64 mm×64 mm×13 mm。

(2) 模拟量采集电路的选型。LMAD64 是一款多通道 AD 平滑采集 MCM 模块,通过微组装技术,将 AD 控制 ASIC 芯片、高速 AD 转换芯片、运算放大器、多路选择器、模拟开关等集成到一个高温陶瓷封装内,形成的一款通用化、模块化的计算机产品,能够在无处理器介入情况下,实现 64 路模拟量通道的智能化采集。其外形尺寸为 48 mm×48 mm×12 mm。

(3) OC 指令输出电路的选型。混合集成 MCM 模块 LMSIU64 型安全指令管理单元内部以七七一所生产的抗辐照 ASIC 芯片为指令控制器、KG25A 芯片为指令驱动器,通过

MCM 微组装技术将 64 路 OC 指令集成到一个全金属封装内,形成一款通用化、模块化产品,可通过处理器完成一次访问设置情况下,完成 64 路指令输出。该款模块可用于控制星载、弹载、箭载和船载等电子设备的开关电、主备切换,或者为电子设备提供复位、使能信号,可满足多种不同设备的使用。其外形尺寸为 45.5 mm×45.5 mm×6.55 mm。

2)系统架构的设计

通常,综合电子系统采用双机冷备份的体系结构,工作主频为 80MHz,由 CPMA、CPMB、ICMA、ICMB、ACMA、ACMB、PCM 和 BUS 等 8 个印制件组成,主备机设计相同、完全独立,体系结构及组成如图 2 所示。

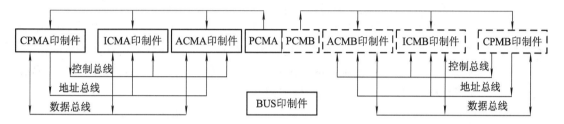

图 2 综合电子系统体系结构及组成

CPMA/B 核心电路为 SiP 模块+FPGA,主要用于实现时间管理、姿轨控管理、有效载荷管理等功能,对外接口包括 RS422、RS485、CAN 总线、遥测/遥控接口、PWM 接口、PPS 接口等功能。

ICMA/B 核心电路为 LMSIU64,主要用于实现 OC 指令输出功能;ACMA/B 核心电路为 LMAD64,主要用于完成模拟量输入采集;PCM 采用单板双机实现方式,完成对综合电子系统的配电管理及主备机切换功能;BUS 印制件为综合电子系统内的所有印制件提供电连接关系,同时为系统外其他分系统提供外部接口。

3)存在问题

将七七一所传统综合电子系统的设计方法应用于商业航天微纳卫星领域,存在以下问题:

(1)研制周期长。综合电子系统中的核心电路由七七一所研制,虽然是货架化产品,但由于电路本身成本较高,仍属于订单式生产,因此在很大程度上决定了综合电子系统研制周期长这一特点。对资本驱动下的商业航天而言,投资大、风险高、周期长、回报慢本就是当下商业航天不得不面对的问题,赢得了时间才能赢得市场。

(2)研制成本高。七七一所生产的 SiP 模块、MCM 模块,由于工艺、管壳/基板材质、裸芯片采购等因素,导致整个系统硬件成本较高,若采用分立电路完成系统搭建,则产品体积和重量又会大幅度增加。

针对上述问题,只有寻求一种既能坚持小型化的设计理念,又能降低成本、缩短研制周期的新思路,才能解决当前商业航天发展的瓶颈。

3. 基于 PoP 技术的综合电子系统

通过上述内容可以看出,综合电子系统可以分为三大部分:处理器最小系统、慢速I/O 和电源管理。

处理器最小系统主要用于实现综合电子系统的计算与控制功能;慢速 I/O 用于完成与

外部其他分系统的接口连接，主要包括 RS422 接口、RS485 接口、CAN 总线接口、OC 指令接口、遥测/遥控接口、模拟量采集接口等；电源管理主要用于完成综合电子系统内部的配电管理。

处理器最小系统在选型设计时要重点从效率和可靠性两方面考虑，主要包含以下四方面内容：

（1）处理器是否有 CACHE，有几级 CACHE，CACHE 是否有纠检错设计。

（2）是否有 DMA 的功能，尤其是否有外设 DMA 的功能。

（3）主频与功耗协同考虑，作为综合电子而言，并非越高越好。

（4）有高速存储器接口的优先考虑。

慢速 I/O 的设计目标是在最大限度地释放处理器时，如果处理器在实际运行过程中频繁地访问外部 I/O，即使处理器性能很高，也会因外部慢速 I/O 导致系统性能严重降低。

基于上述考虑，七七一所在研制的 LSCCU01 处理器模块、LMAD64 模拟量采集模块、LMSIU64 指令输出模块中均继承了这一思想。

如果处理器最小系统、慢速 I/O 可以在继承 SiP、MCM 模块优势的基础上做到低成本、短周期，才能真正地适用于商业卫星的快速发展。

1）三维 PoP 集成技术

三维 PoP 集成技术可以将多个器件封装进行堆叠，在实现整体封装面积不变的情况下增加封装密度，使得整个封装更加高效和小巧。这种在三维方向上的堆叠方式比传统的封装形式提升了 2 倍以上的效率。

PoP 集成技术具有封装体尺寸小、质量轻，模块内芯片可以由不同商家提供，使产品的生产时间缩短、效率提高的特点。

为打破国外高密度立体集成存储器垄断，经过"十二五"发展，七七一所目前已建成标准器件堆叠和柔性基板堆叠两条工艺生产线，存储器产能达到 10000 只/年，功能模块产能达到 3000 只/年。多款电路已实现在轨飞行，最长飞行时间已达 3 年。

SiP、MCM 内部集成的是裸芯片，而 PoP 模块可以将 COTS（Commercial Off-The-Shelf）器件进行集成，因此，PoP 内部封装的器件可获得性大大提高。与 SiP、MCM 模块相比，PoP 模块生产周期、成本、重量等方面优势明显。PoP 模块可以成为真正的可批量化生产的货架化产品。

基于七七一所成熟的 PoP 集成工艺生产线，将综合电子系统中处理器最小系统、慢速 I/O 进行 PoP 封装集成，形成几款典型的货架化功能模块产品，实现商用卫星综合电子系统的快速设计、集成、组装及测试。

2）典型 PoP 模块的设计

（1）处理器最小系统模块。处理器模块核心电路选用 Microsemi 公司的 SmartFusion2 系列。该处理器是一款集成了 Flash 型 FPGA 架构、166MHz ARM Cortex-M3 处理器、先进的安全处理加速器、eNVM、SRAM 以及丰富的通信接口的 SoC。该芯片 FPGA 配置部分单粒子免疫，ARM 端内置 RAM 和 eNVM 均采用 ECC 设计，内部集成 2 路 DMA 控制器，可实现处理器与外设接口间 8 通道 DMA 数据传输。

在处理器外围集成 DDR、FLASH、CAN 总线驱动器等电路，实现处理器最小系统。依托 SoC 内部的 FPGA 资源，可实现遥测遥控、时间管理等功能。其外形尺寸不大于

$35~mm \times 35~mm \times 6~mm$。

在处理器最小系统模块上可实现时间管理、遥测遥控管理、热控管理、姿轨控管理、有效载荷管理等功能。

（2）指令输出模块。指令输出模块采用 PoP 工艺重新对七七一所生产的 KG25A 模块进行封装，设计实现 16 路 OC 指令输出，接口性能对标 LMSIU64，外形尺寸不大于 $30~mm \times 30~mm \times 5~mm$。

（3）UART 接口模块。由于微纳卫星综合电子系统 RS422 接口资源众多，同时包含 RS485 接口，可将 RS422、RS485 接口进行集成化设计，实现 6 路 RS422、1 路 RS485 接口输出的 UART 接口模块，外形尺寸不大于 $25~mm \times 25~mm \times 5~mm$。

（4）AD 采集模块。设计 AD 采集模块，实现 16 路模拟量输入采集，接口性能对标 LMAD64，外形尺寸不大于 $30~mm \times 30~mm \times 5~mm$。

3）小结

采用上述 4 款 PoP 模块，对前述双机冷备份综合电子系统重新设计，最终可将 8 块印制件缩减为 4 块，即 CPMA、CPMB、PCM 和 BUS。其体积、重量、成本等方面优势明显。

对于不同的微纳卫星综合电子系统需求而言，区别仅仅在于外设接口数量的不同，选择合适数量的 4 款标准化 PoP 模块，即可快速完成综合电子系统构建。

4. 结束语

与七七一所传统的综合电子系统设计相比，本文提出的基于三维 PoP 技术的模块化综合电子系设计进一步提升了系统的集成化水平，同时研制周期、体积、重量、成本显著降低，完全满足当前商业航天微纳卫星对综合电子系统的设计需求，并且 PoP 模块完全适用于立方星研制，在很大程度上将助力商业航天的快速发展。

参 考 文 献

[1] 雷永刚，张国亭. 面向未来的微纳卫星测控管理[J].飞行器测控学报，2017，36(3)：164-172.

[2] 马定坤，匡银，杨新权. 微纳卫星发展现状与趋势[J]. 空间电子技术，2017，3：42-45.

[3] 软件定义卫星项目组. 软件定义卫星：商业航天发展的助推器[J]. 卫星与网络，2017，09：36-38.

[4] 王九龙. 卫星综合电子系统现状和发展建议[J].航天器工程，2007，16(5)：68-73.

[5] 刘昭云，杨雪霞. 热循环载荷下 PoP 堆叠电子封装的可靠性研究[J]. 太原科技大学学报，2018，39(6)：473-477.

[6] 王洋. 不同温度环境下 PoP 堆叠封装的可靠性研究[D].镇江：江苏大学，2016.

[7] 陈冬琼. 堆叠封装(PoP)的可靠性研究[D].广州：华南理工大学，2016.

基于立方星平台的高分宽幅成像系统设计

杨辉兵[1,2]，杨洪涛[1]，闫阿奇[1]

（1 中国科学院西安光学精密机械研究所，西安 710119）

（2 中国科学院大学，北京 100039）

摘　要：随着商业航天的兴起，立方星在民用航天领域得到快速发展，因而对基于立方星平台的光学成像载荷的性能要求也越来越高，高分辨率宽幅成像已逐渐成为立方星载荷的一个重要发展方向。本文介绍了一种基于立方星平台的高分宽幅成像系统，首先给出了整个高分宽幅成像系统的设计思路，提出采用相机阵列的设计方案，在此基础上结合立方星平台的特点，对光学系统进行了设计与优化。设计结果表明，高分宽幅成像系统成像分辨率优于 2 m@500 km，成像幅宽达到 30 km，其具有分辨率高、视场大、体积小、结构紧凑等特点。

关键词：光学设计；高分辨率；宽幅；折反系统；立方星

随着航天研究对低轨道空间探测及对地观测的需求日益增多，因传统的高分光学卫星存在成本高、体积大和研发周期长等不足，无法满足多层次的商业开发。立方体卫星正是针对此类低轨道空间任务而研制的一种具备多载荷适配性的低成本航天器平台。由于立方星载荷要求成本低、体积小、质量轻、大量采用商业器件，对光学系统的设计提出了更高的要求。

对立方星高分光学载荷的研制应用，美国、英国、日本具有明显的优势。2009 年，美国 Pumpkin 公司研制的 CubeSat Kit Imager Payload 相机可在 540km 轨道高度获取地面分辨率为 7.5 m 的多光谱图像；美国 Andrews Space 公司正在研制的 U6 立方星，可在 450 km 轨道高度获取地面分辨率为 3.5 m 的图像，该卫星搭载采用卡塞格林（Cassegrain）望远镜，孔径 90 mm，焦距 1200 mm；由英国牵头的 DMC 国际合作项目生产有多款小卫星高分成像系统，其中 VIC 卫星在星点下的地面分辨率优于 1 m，幅宽 10 km；日本电器株式会社（NEC）研制的 NEXTAR – 300L 通用平台，其光学载荷采用三面反射镜 TMA 型光学系统，地面分辨率可达到 0.5 m（全色）、2 m（多光谱），星点下幅宽达到 10 km。

为了满足高分光学立方星对光学载荷的要求，本文设计了一款焦距为 875 mm 的折返光学系统，使用相机阵列的设计思想，系统对地分辨率优于 2 m@500 km。为了减小体积，使用球面和平面反射镜，光学载荷尺寸仅为 $\Phi220\times183$ mm。整个光学系统使用 4 片折射镜片（其中 1 片镀反射膜）和 1 片反射镜面，且面型全部为球面，极大地降低了成本。

1. 应用要求及设计思路

基于立方星平台的空间光学系统要求可见光波段内对地面进行扫描探测，实验验证及目标获取等。传统的高分光学卫星体积大，对光学载荷的尺寸要求较低。随着商业航天的兴起，以立方星为平台的光学载荷要求在小口径、低成本的前提下实现传统光学星所要求的技术指标。本文设计要求为，卫星在轨高度 $H=500$ km，要求幅宽为 $W_G=25$ km～30 km，地面像元分辨率 GSD<2 m。由于立方星对光学载荷的体积有严格的限制，折射系统难以满足要求（对于空间光学系统，长焦属性使得折射系统在轴向长度达到难以容忍的尺寸）。而同轴反射系通常视场角极小，难以满足幅宽要求。因此，本文在同轴双反光学系统的基础上提出用相机阵列来增加幅宽的设计思路。根据成像系统的幅宽及对地分辨率要求，本文选用像元数为 4096×3008，像元大小 $p=3.45$ μm 的 CCD 探测器。确定成像系统的焦距 f' 为

$$f' = \frac{H \cdot p}{\text{GSD}} = 875 \text{ mm} \tag{1}$$

根据选用的探测器像元数，至少需要 4 个光学载荷组成相机阵列才能达到幅宽要求。根据仪器轨道高度和幅宽度的要求，确定单个载荷的视场角为

$$2\omega = \frac{2\arctan\left(\dfrac{W_G}{2H}\right)}{4} = 0.859 \tag{2}$$

因此，相机载荷需要在轴向空间彼此错开 0.859°，相机阵列部署如图 1 所示。基于立方星平台的高分宽幅成像系统的主要技术指标总结如表 1 所示。

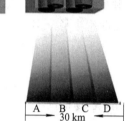

图 1　相机阵列部署示意图

表 1　主要技术指标

项　　目	指　　标
视场角（FOV）/°	3.44
光圈	8.5
焦距/mm	875
像素数	4096×3008
像元大小/μm	3.45

2. 初始结构的选择与分析

对于透射式成像系统，即使采用远心设计，要实现长焦距，透镜的口径较大且轴向长度太大不易加工和装调。为了校正二级光谱，还需要较多的矫正透镜，这将增加整星的体积和质量，不符合立方卫星光学载荷的设计理念。反射式光学系统不存在色差，也就不存在二级光谱的问题；其结构简单、紧凑，系统口径可以做得较大，容易实现轻量化；而且反射式光学系统对材料的要求相对较低，设计形式灵活，因此非常适合用作立方卫星的光学系统。经典的卡塞格林系统视场不满足正弦条件，受限于彗差，R-C折反射系统可以消除初级彗差，但由于没能消除像散，视场仍不能很大，但1°左右是比较好的。对于长焦距空间光学系统，为了减小轴向尺寸，一般采用双反或者三反的设计方案。

在双反系统中使用最多的是卡塞格林系统和格里高里系统。双反系统的核心部件为两块反射镜面（可以为球面或二次曲面），如图 2 所示。

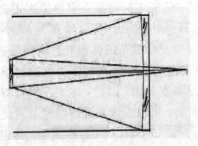
(a) 卡塞格林系统

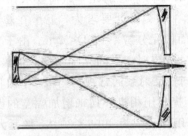
(b) 格里高里系统

图 2　双反系统的核心部件

长焦距的双反系统孔径大、视场小，因此主要矫正球差和慧差。如图 3 是卡塞格林反射系统，主镜与次镜之间的距离是 T，形成的像到次镜间的距离是 B，主镜与次镜反射面的曲率半径分别为 R_P、R_S。根据符号规则，假设 T 和 B 是正，R_P 和 R_S 是负，则

$$F = \frac{R_P R_S}{2R_P - 2R_S + 4T} = 有效焦距 \qquad (3)$$

令 H 代表近轴轴上光线在次镜与主镜上的高度比，若物体位于无穷远，则

$$H = \frac{R_P + 2T}{R_P} \qquad (4)$$

和

$$B = \frac{2R_S T + R_S R_P}{4T - 2R_S + 2R_P} \qquad (5)$$

图 3　卡塞格林反射系统结构图

大部分实际的系统要求 B 至少与 T 一样大，此时，次镜产生的遮拦应最小。制定 H 值是 0.3，焦距 F 值是 100，得到的数据生成 T 与 R_P、R_S 的关系由图 4 所示。

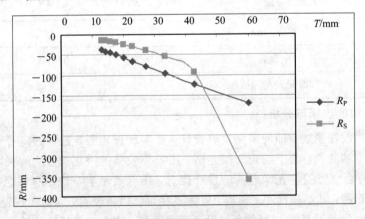

图 4　主镜和次镜的几何布局图

实际系统焦距设计为 875 mm，与规划值 100 mm 的缩放比为 8.75，为了限制光学系统的体积，两镜间的距离 T 不能太大，且两镜间距越大，系统遮拦比越大。假定要求实际系统两镜间距离小于 180 mm，则规划值应小于 20.57。

3. 设计优化及结果分析

为限制相机阵列口径大小，单个载荷的光学口径不宜超过 120 mm。将 R－C 系统的相

对口径定位 1/8.5，并在前后各加场镜以矫正轴外像差。由于系统运行在太空中，为防止空间辐射对系统的影响，第一面镜片应采用石英玻璃，与其之后一面镜片组成无光焦度的矫正组。利用式(3)～(5)求得反射镜组合的曲率半径并经过适当的倍率放大获得系统初始结构的光焦度。将两个球面反射镜曲率半径作为优化变量输入设计软件 Code–V 中，并在次镜后添加平板透镜将其玻璃材料和半径设为变量，用于消除场曲和畸变。在自动化设计之前，要控制焦点伸出量和光学总长，以控制系统的体积。经过逐渐优化，最终得到了总长 195 mm，口径为 106 mm 的成像系统。初始系统的结构图如图 5 所示，畸变和场曲曲线如图 6 所示，调制传递函数图如图 7 所示。

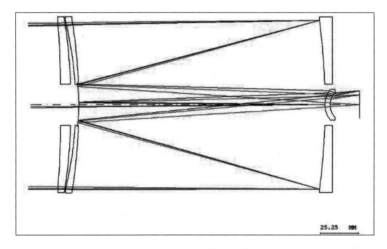

图 5　初始系统结构图

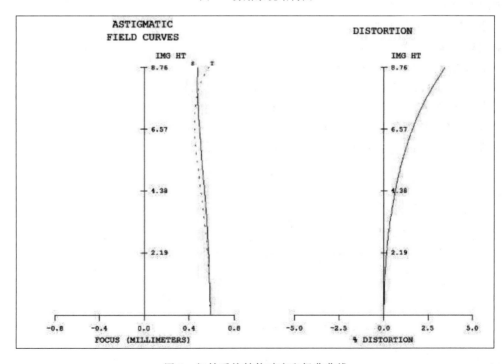

图 6　初始系统结构畸变和场曲曲线

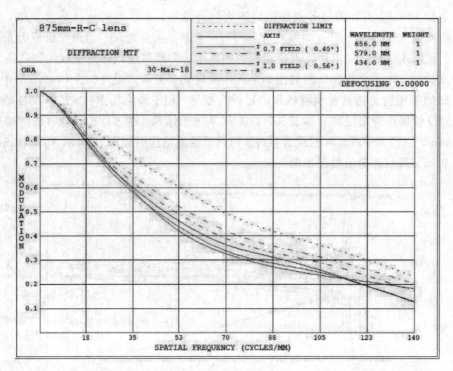

图 7 初始系统 MTF 曲线

对于初步优化得到的光学系统，全视场 140 lp/mm 处光学传递函数 MTF 值为 0.15，接近衍射极限。畸变优于 0.05，基本满足要求。为了进一步提高系统性能，采用类曼金镜的方法对次镜进行改造。

曼金镜是一种消球差的折反镜，它由一个反射镜和一个与之相贴的弯月透镜组成，折反射面均为球面。曼金镜有三个面，第一个面和第三个面为折射面，具有相同的光焦度，第二个面为球面反射镜，总光焦度为

$$\Phi = 2\Phi_1 + \Phi_2 \tag{6}$$

由式(6)可知，改造后的次镜光焦度增加了两倍(假设折射面和反射面光焦度相等)。因此，需要减小初始系统次镜的光焦度为原来的 1/3 左右。将主次镜及场镜的球面半径设为变量，并控制焦点伸出量和光学总长，对系统进行最终优化，如图 8 所示。

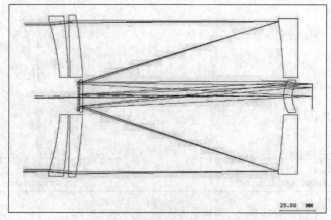

图 8 最终系统结构图

最终获得系统畸变曲线如图 9 所示，光学传递函数曲线如图 10 所示。由结果可知，曼金反射镜的引入有效提高了成像系统 MTF 中频部分的分辨率，对轴向球差也有一定的改善。最终系统总长为 183 mm，全视场 140 lp/mm 处光学传递函数 MTF 值为 0.2。初始系统与改造后的系统各参数对比如表 2 所示。

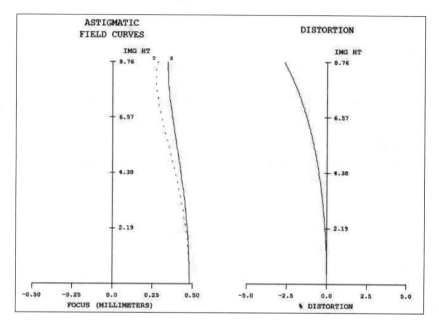

图 9 最终系统结构畸变曲线

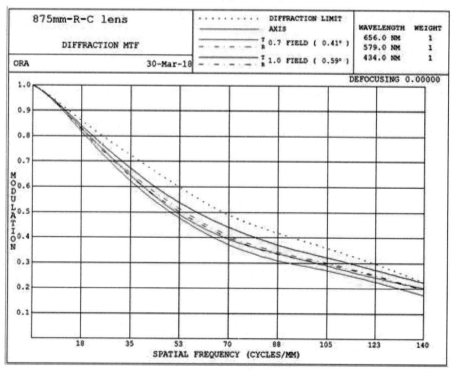

图 10 最终系统 MTF 曲线

表 2　光学系统参数对比

项　目	指　　标	
	初始系统	改造系统
系统体积/ mm³	Φ107×195	Φ107×183
140lp/mm 处 MTF 值	0.15	0.2
最大畸变/μm	0.05	0.025

4. 结束语

本文设计了焦距为 875 mm、相对孔径为 1/8.5 的 R－C 折反光学成像系统。采用相机阵列的设计方案，使成像幅宽达到 30 km，对地分辨率达到 2m@500km。为了有效降低镜头成本，文中使用的反射镜均采用球面反射镜。其中，次镜采用曼金反射镜的结构形式，结果表明可在不采用非球面的前提下，该种形式可有效提高系统性能。该系统设计具有分辨率高、体积小、结构紧凑的特点，在商业小卫星平台上具有很好的应用前景。

参 考 文 献

[1] 朱仁璋，丛云天，王鸿芳，等. 全球高分光学星概述(一)：美国和加拿大[J]. 航天器工程，2015，24(6)：85－106.

[2] 廖文和，LiaoWenhe. 立方体卫星技术发展及其应用[J]. 南京航空航天大学学报，2015，47(6)：792－797.

[3] 莱金. 光学系统设计[M]. 北京：机械工业出版社，2012.

[4] 韩培仙，金光，钟兴. 一种新型微小视频卫星光学系统设计[J]. 应用光学，2015，36(5)：691－697.

[5] 史光辉. 卫星对地观测高分辨率光学系统和设计问题[J]. 光学精密工程，1999，7(1)：16－34.

[6] 薛庆生，黄煜，林冠宇. 大视场高分辨率星载成像光谱仪光学系统设计[J]. 光学学报，2011，31(8)：240－245.

[7] 叶钊，李熹微，王超，等. 微纳卫星光学载荷技术发展综述[J]. 航天器工程，2016，25(6)：122－130.

[8] 裴琳琳，相里斌，吕群波，等. 超分辨卫星载荷光学系统杂散光抑制[J]. 光子学报，2017(11)：176－181.

卫星网络中间节点虚拟化的设计与实现

续欣[1]

（1 解放军陆军工程大学通信工程学院，南京 210007）

摘　要：卫星网络中存在众多提供不同网络功能的中间节点，天地一体化网络需要根据用户需求定制编排这些功能，以提供灵活多样、可扩展的服务。以天地一体化网络融合为背景，在软件定义网络的体系结构下，讨论卫星网络中间节点的虚拟化设计方法以及接入软件定义体系结构的方式，并以性能增强服务为例提供了一种多通道 PEP 的虚拟化控制结构和实现方法，通过实际环境测试验证了设计的可行性，为实现卫星网络中间节点的功能虚拟化和天地网络无缝融合提供有益参考。

关键词：软件定义网络；网络功能虚拟化；中间节点；性能增强代理

在天地一体化网络的构建过程中，基于软件定义网络（Software Defined Network，SDN）的体系结构因其能够提高网络的灵活性、可扩展性和服务定制能力，受到人们的广泛关注，并被认为是解决天地融合问题的首选框架。

网络功能虚拟化（Network Functions Virtualization，NFV）是 SDN 体系结构的基础，它将传统的互联网服务提供的概念分为物理网络架构和虚拟网络两个独立的部分，为复杂场景下的用户提供使用上的灵活性、服务多样性、安全性，提高网络的可管理能力。

对于卫星网络而言，存在着提供不同服务的很多中间节点，它们分别完成不同的功能，如 NAT、防火墙、安全、性能增强代理等，这些功能在 SDN 框架中将作为独立的服务由系统根据用户需求实现定制化服务编排。然而，现有大多数卫星网络设备并未实现清晰的功能拆分，往往是控制部分和数据部分处理结合在一起，这为网络功能虚拟化的实现带来了障碍。对于发展上始终滞后于地面网络的卫星网络而言，要基于地面 SDN 体系结构实现星地融合，这无疑是急需解决的问题。

本文以卫星网络中的性能增强代理（Performance Enhancement Proxy，PEP）为例，探讨天地一体化融合过程中中间设备的虚拟化实现问题。作为基于 SDN 构建天地一体化体系结构的第一步，首先使中间节点功能具备虚拟化能力，实现控制与数据处理的分离，进而实现对各类节点控制部分的统一部署和标准南向接口的适配，将有利于最终实现软件定义的天地一体化网络。

本文首先介绍了卫星网络性能增强代理技术，从其使用中存在的问题阐述虚拟化技术在解决问题中的必要性；接着提出一种多通道 PEP 的虚拟化控制结构，在该结构中实现 PEP 数据平面与控制平面的分离；然后根据该结构在实际操作系统中设计了简化的双通道 PEP 处理模块；最后利用实际设备在信道上进行了传输测试以验证其可行性。

1. 卫星网络性能增强代理

目前，互联网上广泛使用 TCP 协议作为网络的传输层协议，然而在一些特殊的网络环境中，如卫星、无线等受限的广域网环境，该协议的性能受到很大影响，人们提出了各种针对卫星链路特点的 TCP 协议版本，用于提高协议性能。然而，在现有卫星网络中，这些方法能够达到的性能仍然会受到卫星终端具体部署情况的制约。为了解决上述问题，目前常用的方法是在卫星网络的边界加入性能增强代理（PEP），将端到端的 TCP 连接分割为不同段，并在卫星段将 TCP 协议转换为与卫星链路特点匹配的版本。

然而，PEP 设备带来的协议优化与现实的网络使用场景仍然存在冲突。首先，PEP 的使用实际上破坏了协议原有的端到端语义，在需要保持该语义的场景下会带来影响，比如通过 IPSec 协议保证传输层安全时会与 PEP 的使用发生冲突；其次，PEP 需要对 IP 层以上的报文逐个处理，还需要为每个连接保存连接状态，因此需要较高的处理能力和存储空间，也会对连接个数提出限制；此外，在支持移动用户的网络环境中，当用户移动而发生切换时，要保证业务不中断且服务不受影响，相关 PEP 的状态需要转移到其他节点。比如，文后参考文献[11]的作者研究了在混合卫星/地面网络环境中的 PEP，提出了集中式解决方法，需要 PEP 之间进行通信以实现切换时通信上下文的转移。因此，在用户有安全传输和移动性需求的、具有高速链路的天地一体化网络中，PEP 需要根据业务类型的需要进行灵活部署，以规避这些问题，同时达到最佳的设备使用效果，使卫星网络传输效率最大化。

另一方面，从整个网络的需求来看，对部署于卫星网络边界的 PEP 设备也提出了各种不同的要求，需要设备提供不同的功能组合，配置不同的参数。例如：当卫星链路为多个用户共享时，需要采用拥塞控制机制；而当单个用户独占链路时，则可通过速率控制调节链路上的负载。卫星网络链路状态会受到天气、干扰等条件的影响，所支持的数据传输速率可能发生变化，使用 ACM 技术的卫星终端还会根据信道变化趋势调整传输数据速率，以使信道能力最大化，这时同样需要 PEP 设备实现适配。此外，随着业务流量的增加，需要设备具有流量均衡的能力，可以随流量和应用情况进行处理能力的扩充。这些问题同样需要设备具有灵活的自主配置能力和高度的可扩展性。

由此可见，在面对天地一体化网络高速接入需求和业务动态变化的趋势时，PEP 设备需要适应网络状态变化需求，支持天地无缝融合。在解决这些问题的过程中，如果使用 NFV 技术将有利于 PEP 实现控制与数据平面的抽象和分离，实现灵活配置、可扩展、业务自适应以及支持终端移动性的性能增强。

2. 多通道 PEP 的虚拟化控制结构

1）虚拟化控制结构

为了实现 PEP 的灵活配置和可扩展性，提出一种基于 NFV 的多通道 PEP 虚拟化控制结构，如图 1 所示。其中的数据平面包括多个完全独立的虚拟 PEP 通道 VPC，以支持不同数据通道实现性能增强，每个通道对应不同的物理接口。部署于单个 PEP 设备的通道数量受限于设备的处理能力和接口数量。控制平面实现对虚拟化 PEP 通道的集中控制，共包括四项功能：NPC 管理功能根据业务量变化情况对虚拟 PEP 通道进行扩充或关闭；运行控制功能根据信道状态实现对设备的自适应控制；移动性管理功能处理终端用户移动时的连接上下文切换，保证移动中的连接不间断；状态管理功能负责即时获取卫星信道状态和流量信息。

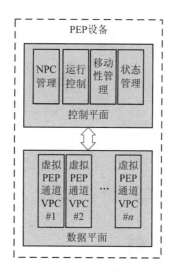

图 1　多通道 PEP 虚拟化控制结构

　　基于该结构，可以采用两种方式将 PEP 功能接入到 SDN 体系结构中，实现该功能的软件定义配置，如图 2 所示。一种是将 PEP 控制平面中的管理功能作为虚拟功能（Virtualization Function，VF）部署于 SDN 控制器中，与其他 SDN 控制功能和服务编排模块形成系统的虚拟功能部分 VF‐SDN，同时，PEP 数据平面实现于物理设备中，即成为物理功能部分 PF‐PEP（Physical Function，PF），二者在 I1 处通过接口交互，系统的 SDN 控制可直接管理虚拟 PEP 通道；另一种是将 PEP 控制平面和数据平面功能仍然保留在物理设备中，组成物理功能部分 PF‐PEP，系统的虚拟功能部分 VF‐SDN 与其在 I2 处通过接口交互，此时，系统只通过南向接口控制提供虚拟化服务的 PEP 设备，但对于虚拟通道的控制将在设备内部实现。具体使用哪种方式，取决于用户需求、网络现状、成本等因素，可根据整个系统的控制粒度来确定。

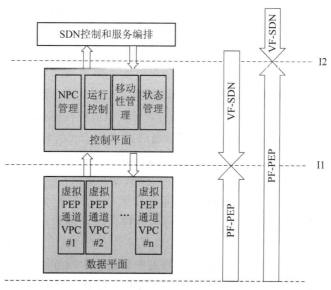

图 2　接入 SDN 体系结构的两种方式

2）应用场景

多通道虚拟化 PEP 应用场景如图 3 所示。

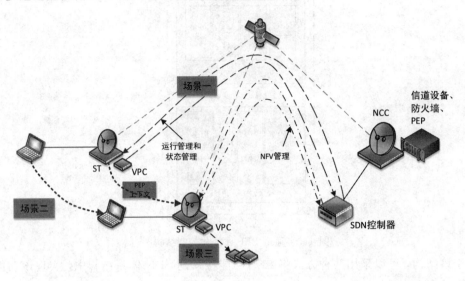

图 3　多通道虚拟化 PEP 应用场景

具有上述控制结构的 PEP 设备可应用于多种场景，其中包括：① 集中控制实现虚拟化设备通道自适应运行，实现灵活、可扩展的配置及资源的高效利用；② 用户处于移动状态，接入的卫星终端发生变化，作用于数据流的性能增强处理和参数保持不变，且连接不间断；③ 网络流量突然发生变化，需要对通道数量进行调整。

图 3 中采用 I1 接口方式，多通道 PEP 的控制部分置于 SDN 控制器内实现集中控制，每个卫星终端(Satellite Terminal，ST)处可部署一个或多个虚拟 PEP 通道 VNC。

3. 双通道 PEP 的虚拟化实现

在上述多通道虚拟化 PEP 控制结构的基础上，利用 Linux 系统实现了一个双通道虚拟化 PEP，两个通道可完全独立地处理数据报文。该实现方式可为中间节点虚拟化实现提供参考。

这里采用操作系统中的虚拟网络设备，如果要实现多通道并发处理，需要在设备中运行多个增强进程，这些进程同时访问同一个虚拟网络设备。然而目前的操作系统无法支持对虚拟网络设备的多进程并发复用和隔离能力，当一个进程在使用虚拟设备时，其他进程将无法正常使用该虚拟设备。为此，利用轻量级的虚拟化 Linux 软件容器(LXC)在设备中构建一个虚拟执行环境，可以绑定特定的处理器和内存节点，分配特定比例的处理器时间、接口访问时间，限制可以使用的内存大小，提供设备访问控制和独立的命名空间(如网络、进程号等)。利用这种方法，一台物理设备可以运行很多"小"虚拟机，以极小的虚拟化开销提供与本地环境相同的运行速度，通过虚拟软件实现设备的并发复用，如图 4 所示。

由于完全独立的 PEP 模块对数据的处理涉及不同的物理接口，该模块中的通道 2 因其在驻留的轻量级虚拟容器中运行，因此在容器中创建两个网桥设备 b1、b2，分别绑定对应通道的物理网口 LAN3、LAN4。同时，增强处理可随着容器的开启和关闭进行任意增减，有利于实现通道的扩展配置。此外，当增强处理关闭时，可以通过系统内创建的网桥

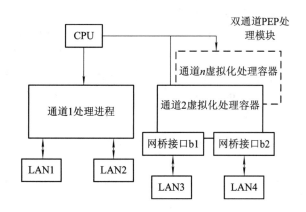

图 4　双通道 PEP 模块实现

绑定相关物理接口,向用户屏蔽增强处理,保证对用户数据流处理的连续性。

最后,对这种实现方式采用如图 5 所示的拓扑结构进行了测试。

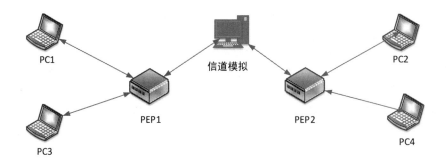

图 5　测试环境

其中,卫星信道模拟为时延 270 ms,带宽 2 Mb/s。信道两端设置 PEP1 和 PEP2,对数据流进行增强处理。PC1 和 PC2 是通道 1 的数据源端和目的端,PC3 和 PC4 是通道 2 的数据源端和目的端。分别测试两个通道的传输性能,结果见表 1。

表 1　测试结果

多通道		单通道
通道 1	通道 2	
235.4 kb/s	241.13 kb/s	240.25 kb/s
235.2 kb/s	241.91 kb/s	239.97 kb/s
235.2 kb/s	241.91 kb/s	240.17 kb/s

测试结果显示,两个通道数据传输性能接近,且分别与单通道时的性能相当,因此,该方法在实现通道有效扩展方面是可行的,而且两个通道可独立运行和配置,实现了 PEP 功能的虚拟化。当然,单个设备上运行的虚拟通道数量将取决于设备的硬件配置。

4. 结束语

软件定义网络体系结构是解决天地一体化网络融合问题的有效方法,而网络功能虚拟化是实现软件定义网络的基础。对于卫星网络中存在的大量中间节点而言，如何有效实现虚拟化是需要探讨的重要问题。本文在软件定义网络的体系结构下，讨论卫星网络中间节点的虚拟化设计和实现方法，并提供了多通道 PEP 的虚拟化控制结构和实现方法，为卫星网络中间节点的功能虚拟化提供参考。通过实际网络环境测试验证了该方法的可行性。本文还提供了两种接入 SDN 体系的方式，后续工作还需考虑标准化南向接口的问题。

参 考 文 献

[1] STALLINGS W. Foundations of Modern Networking：SDN, NFV, QoE, IoT, and Cloud, Pearson Education, Inc, 2016.

[2] THOMAS D, NADEAU K G, SDN：Software Defined Networks, O'Reilly, 2013.

[3] BOUTABA N, CHOWDHURY R. Network Virtualization：State of the Art and Research Challenges. IEEE Communications Magazine, 47(7), 20 - 26. 2009.

[4] AHMED T, FERRUS R, et al. SDN/NFV-enabled Satellite Communications：Ground Segment Network Architecture for 5G Integration, IEEE International Conference on Communications Workshops (ICC Workshops), 2017.

[5] GARDIKIS G, COSTICOGLOU S, KOUMARAS H, et al. NFV Applicability and Use Cases in Satellite Networks. European Conference on Networks and Communications (EuCNC), Athens, pp. 47 - 51. 2016.

[6] FERRUS R, KOUMARAS H, SALLENT O, et al. SDN/NFV-enabled Satellite Communications Networks：Opportunities, Scenarios and Challenges. Physical Communication, 18(2), 95 - 112. 2016.

[7] SHREE K, SYMEON C, PANTELIS D. Satellite Communications in the 5G Era, CPI Group(UK), 2018.

[8] AHMED T, DUBOIS E, et al. Software Defined Satellite Cloud RAN, International Journal of Satellite Communications and networking, 2018.

[9] BERTAUX L, MEDJIAH S, BERTHOU P. Software Defined Networking and Virtualization for Broadband Satellite Networks, IEEE Communications Magazine , Volume：53 Issue：3, 18 March 2015.

[10] PIROVANO A, GARCIA F. A New Survey onImproving TCP Performances over Geostationary Satellite Link, Network and Communication Technologies：Vol. 2, No. 1；2013.

[11] CAPONI A, DETTI A, LUGLIO M, et al. Mobile-PEP：satellite terminal handover preserving service continuity, Wireless Communication Systems (ISWCS), 2015 International Symposium on, Aug. 2015.

[12] http：//linuxcontainers.org.

基于软件无线电及资源共享的载荷平台设计

王磊[1]，王瑛[1]，刘潇[1]，陶晓霞[1]

（1 中国空间技术研究院西安分院，西安 710100）

摘　要：以通信、导航卫星有效载荷为目标，提出了一种基于软件无线电及资源共享的载荷平台设计方案。该方案以通用化的硬件模块、软件驱动、分层总线与交换网络体系结构为基本，采用分布式的协同和并行处理设计方式，可以灵活地实现卫星有效载荷产品之间的资源共享、任务迁移和重构、冗余备份等设计目标且可以极大地提升卫星有效载荷的业务处理能力及可靠性，有效降低卫星有效载荷的研制周期与成本，为未来卫星有效载荷的标准化、网络化、智能化发展提供技术支撑。

关键词：软件无线电；资源共享；有效载荷；任务迁移；冗余备份

1. 软件无线电及资源共享载荷平台的设计

1）基本概念

（1）软件无线电。软件无线电的基本思想是以开放性、可扩展、结构精简的硬件为通用平台，通过可重构和可升级的构件化软件实现尽可能多的无线电功能、性能。随着卫星有效载荷集成化、平台化、可重构、功能软件化的特点，采用软件无线电的设计理念实现卫星有效载荷，更适于满足未来各类业务卫星有效载荷的需求发展。

（2）分布式资源。分布式资源是以系统网络为基础，将其内独立分散的资源条件通过有序的调度机制，构建成一个系统可共享的虚拟资源环境。

2）载荷平台的体系结构

传统的卫星载荷以定制化的方式开展研制，造成载荷产品构架、形态等设计各不相同，载荷产品中的资源无法充分共享。一个显著的特征表现为，单一载荷产品的硬件设计资源，直接决定了该载荷产品甚至是该卫星对功能、性能等需求提升的空间。

软件化的载荷是近些年提出的星上设备架构，其灵活性为通用化、共享化提供了可能。本文设计了一种软件无线电及资源共享的载荷平台方案，以数字化、模块化、开放式、资源虚拟化的网络体系结构为特点，以导航卫星载荷为例，通过对该卫星载荷的各项功能进行规划分析与抽象综合，形成少量几种（一般少于 3 种）标准通用硬件状态产品与一系列对应的软件构件，将其作为卫星载荷产品的基本底层基础。以标准总线或网络为框架结构，通过功能、服务软件化开发的方式，形成具有特定功能的卫星载荷设备。对于无法通过几种通用产品实现的特殊需求，可以通过设计专用的扩展模块，并通过载荷内部总线或网络实现与标准通用硬件产品的互联互通。

软件无线电及资源共享的载荷平台体系结构如图 1 所示。

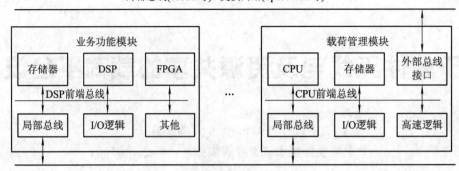

图 1   软件无线电及资源共享的载荷平台体系结构

综合考虑无线电及资源共享的载荷平台中几种不同硬件模块的特性功能、通信速率、重构能力以及容错设计对总线的需求，设计形成处理器（CPU（Central Processing Unit）/DSP（Digital Signal Processor））前端总线、局部总线或网络、外部总线或交换网络组成的 3 级总线网络结构。

（1）处理器前端总线：用于实现各硬件模块内部处理器（CPU/DSP）与外围电路之间的数据通信，在载荷平台内部各硬件模块中构建统一的总线地址空间。

（2）局部总线或网络：用于实现无线电及资源共享的载荷平台内业务功能模块之间的相互通信。采用标准化的总线或网络形式，支持高速数据的传输以及时频的同步处理，同时也包含自定义的 I/O（Input/Output）信号，用于支持设备的容错、扩展等设计。

（3）外部总线或交换网络：用于无线电及资源共享的载荷平台与卫星平台或其他载荷外部设备之间的相互通信。采用标准的外总线或网络交换方式，将载荷内部的各设备连接与外部互联，或统一采用对外的接口与外部互联。

采用统一的总线或网络体系结构及标准的硬件模块物理层接口，无线电及资源共享的载荷平台可以高效的在通用硬件模块与软件构件模块的基础上，配置专用的软件，形成具有特定功能的卫星载荷。载荷内部的各模块之间再通过总线或交换网络连接在一起，各模块既能够并行、独立自主地工作，也可以通过总线或交换网络形成计算、存储、通信等资源的共享。

3）载荷平台的层次模型

软件无线电及资源共享载荷平台在总线或交换网络的体系构架下，内部各载荷模块类型根据其承担的任务、可靠性要求、冗余备份方式等，进行了层次结构划分，如图 2 所示。

载荷管理模块是载荷平台对卫星平台的统一接口，同时其负责软件无线电及资源共享载荷平台的载荷任务与虚拟化资源的调度，属于载荷平台的第一层。

业务处理载荷模块与定制载荷模块属于软件无线电及资源共享载荷平台的第二层，是载荷业务功能、性能设计的直接实现载体。具有通用硬件设计的业务载荷模块之间，可以通过安装不同的软件形成卫星载荷特定功能。定制载荷模块是在通用硬件设计无法满足的条件下，根据不同卫星载荷具体需求专用设计的，无法与业务载荷模块之间替换，虽然其与业务处理载荷模块之间无法通过软件重构的方式相互替换，但它们都是各自独立或联试

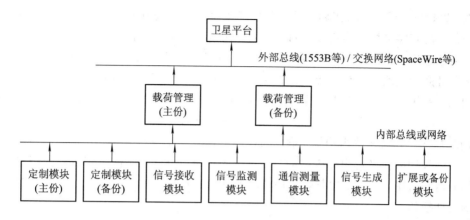

图2 载荷平台层次结构模型

实现具体卫星载荷业务的，不存在层次之分。

4）载荷平台总线

根据软件无线电及资源共享载荷平台的体系设计，只有采用先进的标准总线结构，才能发挥其通用性广、升级换代简便的特点。

目前，主流标准总线有 VME（Versa Module Eurocard）系列和 PCI（Peripheral Component Interconnect）系列两类。针对嵌入式高性能的信号与信息处理应用领域，VME 和 PCI 两大系列目前最新一代的标准总线分别是 VPX 和 CPCI express，其最主要的特点都是基于交换结构，都支持多种高速互联技术，如 SRapidIO、PCI‑E 等。

卫星系统工作在非常复杂恶劣的空间环境中，故要求其具有很高的可靠性。VPX 总线在制定标准时，充分考虑了严酷的应用环境，因此更适合载荷平台的应用。

软件无线电及资源共享载荷平台通过总线构建成数字全交换网络，可以实现：

（1）运算资源集中控制、统一调度、并行/串行同步工作。

（2）系统资源按需分配、有效共享。

（3）原始数据/中间数据/结果数据从源地址无障碍实时传输到目标地址。

（4）数据的高速输入、输出。

通过高速数字交换技术，载荷平台内部各模块的数字信号处理器，包括FPGA（Field Programmable Gate Array）、DSP 等都连接到高速数字传输网络上，在有序的管理下，处理器之间可高速通信。通过处理数据及程序文件的交换，达成运算资源的统一调度和利用，如图3所示。

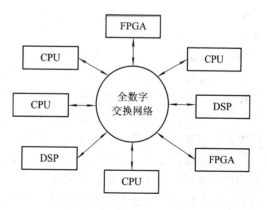

5）业务载荷模块的设计

（1）业务处理载荷模块的设计。业务处理载荷模块是卫星载荷的核心，主要实现卫星系统业务的星上信号与信息的处理，是实

图3 载荷平台总线模型

现卫星系统制定功能、性能的关键产品，直接影响卫星对用户的服务。

以卫星为例，通过梳理分析信号产生、处理、发射、接收等多个业务功能对载荷的设计需求,以软件无线电设计思路,采用全数字化通用业务处理载荷分布式设计,分别实现对射频信号的直接采样与转换以及对应业务信号与信息数字化的处理。各通用的业务处理载荷模块通过配置不同功能的软件,使卫星实现其所要求的各项功能、性能。同时,通用的业务处理载荷模块的设计资源可以在载荷平台内部形成资源的共享。

如图 4 所示,业务处理载荷模块设计采用高性能的 DSP、FPGA、射频 ADC(Analog to digital converter)和 DAC(Digital to Analog Converter)以及大容量的数据存储器等,以 DSP 前端局部总线为模块内构架,形成高性能的信号与信息处理能力。同时,业务处理载荷模块设计采用载荷平台内部统一的总线或交换网络,可以直接嵌入到软件无线电及资源共享的载荷平台中。业务处理载荷模块中的业务信号接口是软件无线电及资源共享的载荷平台的对外接口。

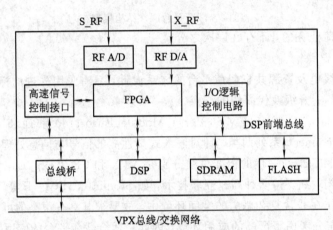

图 4　业务处理载荷模块设计

（2）载荷管理模块的设计。载荷管理模块主要实现基于软件无线电及资源共享载荷内部各功能业务模块间精确的时间同步管理、载荷内部各功能业务模块进行自主故障检测及恢复,以及载荷内部通用模块间进行动态资源、任务、关键参数等的配置,最大程度满足用户对卫星载荷功能、性能等方面不断提升的需求。同时,载荷管理模块可实现载荷对卫星平台的统一接口,通过外部总线或网络系统实时与卫星平台交互遥控、遥测、通信协议等重要的状态信息。载荷管理模块要求可靠性高、实时性强,并行多任务处理能力,是软件无线电及资源共享载荷平台的中枢系统。

载荷管理模块设计以高性能多核处理器为基础,在多任务操作系统的环境下,通过驱动程序 API(Application Programming Interface)实现载荷各业务功能模块状态配置与链路信号层的建立,并在用户应用层通过 APP(Application)应用软件实现载荷各业务功能模块集中或分布式多线程的任务分配与处理。载荷管理模块的设计如图 5 所示。

（3）定制载荷模块的设计。定制载荷模块是根据不同类型卫星的功能需求,专门设计的功能模块产品。该载荷模块硬件电路设计与通用型载荷模块不同,但其硬件设计需要符合载荷平台内部的总线或交换网络体系规范,包括总线、协议、产品尺寸等。同时,根据上述内容,定制载荷模块属于层次架构中的第二层,载荷管理模块也直接对其管理控制,包括软件功能配置与重构、故障检测及恢复、主备切换等。这些通用化的体系规范,使得定制载荷可以非常容易地潜入到软件无线电及资源共享载荷平台中,形成可以即插即用的载

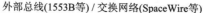

外部总线(1553B等) / 交换网络(SpaceWire等)

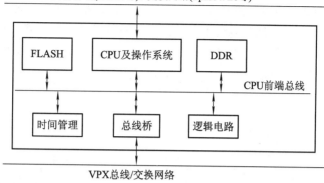

图5 载荷管理模块的设计

荷产品。

6) 载荷平台的备份的设计

根据卫星载荷产品硬件无法修复的特点,卫星中关键的有效载荷产品一般都会通过增加冗余备份,以提高其设计的可靠性。备份的方式有冷备份、热备份、温备份等。如前所述,传统卫星中载荷产品的备份,一般都是与主份相同的定制专用形式,不同载荷产品的备份之间无法相互替代。很多卫星到寿命末期,载荷产品的备份也可能从未使用,形成了一种设计的资源浪费。

(1) 载荷模块之间的备份设计。采用软件无线电及资源共享的载荷平台中,通用型的载荷产品由于其硬件状态相同,业务功能可以通过软件直接定义,因此,通用型载荷产品之间自然形成相互的产品备份关系。同时,受益于载荷平台的资源虚拟化共享方式,通用型载荷产品除整体之间形成备份外,各载荷产品内部的功能模块之间也可以通过任务迁移的方式形成备份。

以前述某卫星载荷为例,载荷管理模块属于载荷平台层次结构的顶层,是载荷平台运行的中枢,起到承上启下的重要作用,其设计要求的可靠性最高。同时,根据其功能需求,载荷管理模块与通用型的业务处理载荷模块的硬件设计不一致,因此,对载荷管理模块备份设计采取冷备份方式。

业务处理载荷模块属于载荷平台层次结构的底层,是卫星业务功能最直接的载体,其通用型的硬件设计以及载荷平台实现的资源共享,更适合采用同设计资源迁移配置的备份方式,无需再对每个固定的载荷模块进行一一冗余备份,并且载荷模块也不受平台内部具体安装位置的限制。

(2) 载荷平台对外接口的设计。如前所述,载荷平台与卫星平台的遥控、遥测以及通信协议等重要信息均统一由载荷管理模块负责实现,而载荷平台的无线电信号接口分别分布在各业务处理载荷模块上。

基于软件无线电及资源共享的载荷平台的备份方式,对于与卫星平台的接口仅需要主/备载荷管理模块间相互交叉,对于采用外部总线或交换网络这一点非常容易实现。但对于无线电信号接口而言,需要适应通用载荷模块可以通过软件进行任意配置,因此无法对应固定的信号定义,这点不利于载荷平台与卫星系统内其他设备间的交叉备份。

针对该问题，软件无线电及资源共享的载荷平台需要设计配置可以进行路由控制的信号矩阵单元，具体如图6所示。通过业务信号路由控制，可以有效地将载荷平台内部的无线电信号通过有序配置，合理与载荷平台外的卫星系统其他相关设备进行交叉备份。对于载荷业务信号路由矩阵可以设计在载荷平台内部，也可以以独立的设备配置使用。

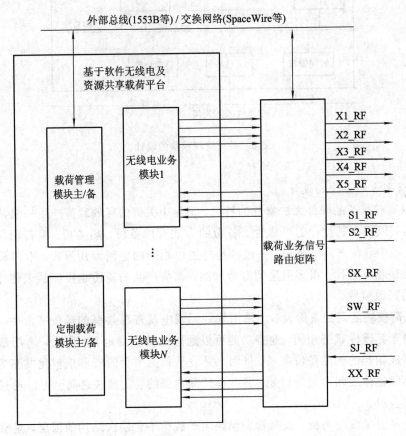

图6　软件无线电及资源共享的载荷平台外部信号接口模型

2. 关键技术研究

1）资源共享及任务迁移

　　随着卫星载荷需求的不断提高，传统依赖一个处理器、一片FPGA或某一个单元的信号与信息处理能力，是无法满足任务处理的需求的，更无法适应因需求变化带来的载荷设计资源不足的风险。采用虚拟化的资源共享，在以统一时间基准及总线或网络体系构架下，将计算、存储甚至接口通过合理的调度与配置，形成模块间处理器并行计算、信号处理资源动态可分配、关键数据参数分布式备份的方式，从而缓解因用户需求不断提升带来的处理能力不足的情况。

　　传统的卫星载荷设计时，业务载荷模块硬件设计状态确认后，其相应的信号信息处理能力也基本确定。在面对载荷任务不断提升的情况下，即使是水平较高的设计人员，通过某些优化方法能节省出少量可用的设计资源，那也是极其有限的。以上述卫星载荷为例，通过载荷平台内部的总线体系以及统一的时间基准，一方面由载荷管理模块将某一个业务载荷模块突发产生的大量计算量，分配给其他模块的处理器或其自己进行并行计算；另一方面，载荷管理模块可以通过对闲置或备份的业务载荷进行重构，将原本集中复杂的信号处理任务分布式地分别配置在载荷平台不同的业务载荷模块中，使其更易实现，同时有效的冗余资源也有助于可靠性的提升。

2）载荷模块的通用化设计

通用化要求基于软件无线电及共享资源的载荷平台设计，功能可重构、灵活性好，性能先进、适应性强，可以满足多类卫星载荷的需求，如通信载荷、雷达载荷、导航载荷等。通过载荷平台的应用、推广以及逐渐成熟，可逐步形成载荷模块产品化及相关设计架构标准化。

为实现通用化设计，软件无线电及共享资源的载荷平台通过对组成各载荷模块的基本硬件电路、信号传输链路、载荷模块空间配置、底层驱动软件以及调测接口等形成了一系列的设计通用标准。依靠载荷平台内部总线或网络体系，使通用化的各载荷模块资源形成了设计可共享的虚拟资源，通过安装不同的软件架构，形成具有特定功能的卫星载荷，进而实现载荷平台的通用化。

以上述卫星载荷为例，通过对其功能、性能的详细分析、比较和综合，梳理出了3种基本的功能载荷硬件模块，对3种载荷模块中底层基础的共性设计进行统一及规范，形成了载荷平台内部总线协议、接口控制标准、统一的时间基准、通用的空间地址、标准的刷新与重构等基本设计规范（如图2所示）。在此基础上，将3种硬件模块的设计划分为通用功能模块和特定功能模块，其中业务处理载荷模块即为通用功能模块，通过安装不同的软件构件，可以轻松地实现卫星的多项功能，同时通用功能模块之间可以相互备份。载荷管理模块和定制模块是特定功能模块，虽然它们的硬件设计与通用功能模块不一致，但以基本设计规范为基础框架，特定功能模块与通用功能模块之间可以方便地实现互相匹配，同时又可以保证各自独立地工作。

3. 优势分析

随着卫星技术的不断发展和对卫星载荷需求的不断增加，对卫星载荷的软件功能、硬件性能、灵活性、可靠性的要求也会不断增强，传统的卫星载荷设计越来越难以适应这些变化。相较于传统的卫星载荷产品，基于软件无线电及资源共享载荷平台具有以下优势：

（1）更灵活、更充分地分配共享硬件资源，减少硬件资源的浪费。宇航级的元器件相比于商业级的元器件普遍具有价格昂贵、性能相对较弱等缺点，极大地限制了载荷功能的发展。对硬件资源更高的利用率意味着更低的成本和更高的性能，对突破硬件限制有较大意义。

（2）具备优秀的灵活性和可扩展能力。卫星的生产和发射都要耗费巨大的成本，卫星在轨运行后，传统卫星的载荷产品不易变化，容易造成资源和成本的浪费。面对日益递增的需求，通过软件重新对载荷进行定义，这种优秀的可扩展性和灵活性很大程度地满足了用户不断增加的功能和性能需求变化，使卫星在轨升级换代甚至替换卫星类型都可以得到满足。

（3）具备更高的可靠性。传统的卫星载荷产品一般是通过配置对应的冗余备份以提高其可靠性，但是却极大地增加了卫星的成本和重量，若核心用户服务载荷单元主备份在轨均遭受损坏，则整个卫星都将面临报废。软件无线电及资源共享载荷平台中的各业务载荷模块的通用化硬件设计及软件化定义载荷，使得每个业务载荷模块既发挥了作用，同时又可作为其他模块的备份。这种互相备份的设计使得整个载荷平台具有更高的可靠性。

（4）增强了载荷产品化能力。软件无线电及资源共享载荷平台中的各载荷硬件模块遵循统一的设计构架，具有独立的设计、测试和投产能力，生产工艺及质量保证可更加成熟。同时，各载荷模块具有规范的基础底层设计，通过安装不同的软件可广泛应用于不同领域的卫星载荷，大大缩短了载荷产品的研制周期，显著提升了卫星载荷的产品化能力。

4. 结束语

本文所提出的一种基于软件无线电及资源共享的载荷平台设计，以通用、统一的硬件模块构建物理层，以标准总线或交换网络架构构建平台通信系统，以软件化的方式定义载荷功能，具有分布式架构、并行计算能力、虚拟化资源共享等特点。与传统的卫星载荷设计相比，本平台设计更快、更强、更灵活、更智能。基于软件无线电及资源共享的载荷平台设计具有更强的通用性，为后续航天器的快、智、廉的发展奠定了基础，为未来航天器标准化、网络化、智能化发展提供了技术支撑。

参 考 文 献

[1] 刘伟伟，程博文，汪路元，等. 一种分布式航天器综合电子系统设计[J]. 航天器工程，2016，25(6)：86-93.

[2] 软件定义卫星项目组. 软件定义卫星：商业航天发展的助推器[J]. 卫星与网络，2017，9：36-38.

[3] 赵军锁，吴凤鸽，刘光明. 软件定义卫星技术发展与展望[J]. 卫星与网络，2017，12：23-19.

[4] 颜凯，张军. 软件定义服务架构研究[J]. 信息技术与标准化，2016，8：28-89.

[5] 楼才义，徐建良，杨小牛. 软件无线电原理与应用[M]. 2版. 北京：电子工业出版社，2014.

[6] 邓星魁. 基于VPX总线的可重构通用处理平台技术研究[D]. 西安：西安电子科技大学，2017.

[7] 张芳，邓畅霖，王之，等. 软件定义卫星网络的链路故障检测与恢复方案[J]. 计算机科学，2017，44(6)：63-67.

[8] 高扬. 数据交换结构信号处理平台的设计与实现[D]. 西安：西安电子科技大学，2014.

[9] 王兴龙，董云峰. 即插即用模块化卫星体系结构研究[J]. 航天器工程，2012，21(5)：124-129.

基于 SPA 技术的即插即用卫星体系架构研究

高兰志[1]，牟文秀[1]，董莹[1]，杨江利[1]

（1 山东航天电子技术研究所，烟台 264670）

摘　要：随着空间任务日益复杂化，空间即插即用电子系统成为卫星实现"通用化、系列化、模块化"的标准化技术途径，卫星系统由原有的单一载荷逐渐变为多载荷系统，同时，航天任务又朝着高发射任务和低成本方向发展，要求卫星具备支持有效载荷设备的快速互换、装配、综合、测试和运作的能力。亟须提高卫星构件化程度，通过统一载荷接口，为不同功能、不同数据率、不同传输特征的载荷数据设计符合卫星标准化需求的载荷数据传输通道，实现载荷设备、存储设备和数传设备间数据的灵活传递。为实现卫星系统在轨维修和维护、部组件在轨更换的任务需求，卫星系统具备空间即插即用能力，实现统一高速网络传输、统一信号电气接口、统一通信协议规范，具备新入网设备热接入和识别配置等功能。以实现面向在轨服务领域的卫星平台综合电子信息系统及机构的组件即插即用及高速数据网络通信、网络发现、网络管理等功能，实现卫星数据模型和嵌入式传感器接口模块，未来即插即用技术将按照从低级到高级、从简单到复杂的规律，发展成"星与星"之间的即插即用，即在实现卫星内部综合电子系统的基础上，可以将即插即用关系扩展到卫星编队或者"自由飞"系统中，使得单个卫星可以方便地"无线即插即用"到卫星群落中。

关键词：空间即插即用电子系统；即插即用；综合管控计算机；卫星数据模型

为保障未来战争中能及时补充和维护失效军用卫星，美国启动了作战及时响应空间（Operationally Responsive Space，ORS）计划，通过快速装配、集成和测试（Aircraft Interface Tester，AIT），部署小型低成本卫星，完成响应性的开发，提升或补充空间力量，增强利用空间和控制空间能力。因此，支持卫星的快速组装以及模块的在轨更换已经成为未来天基平台发展的一个主要方向。美国空军实验研究所针对这个问题，提出用"即插即用"理念制造卫星。即插即用（Plug-and-Play，PnP）是指不需要跳线和软件配置过程，当系统插入一个即插即用设备时，可以在运行过程中动态地进行检测和配置。能够即插即用的卫星功能部件相对传统的固定硬件模式，具有更好的灵活性和可扩展性，通过在具备即插即用功能的综合电子平台上简单地"插入"这些功能部件，就可以在短时间内实现卫星电子系统的总集成。

为实现空间即插即用电子系统，使现有卫星电子系统具备高速化、通用化，需要一种高速、高可靠、低功耗、长寿命的通用总线结构，以满足星上电子设备及分系统一级的互联。空间专用标准总线 Space Wire 具有高速、低功耗的节点和灵活、可靠的网络功能，以解决卫星平台和卫星数据处理部分有效载荷系统和子系统结构的灵活配置，数据的可靠、快速传输问题。Space Wire 总线已经逐渐取代传统航天飞行器总线，成为各国关键航天任务的首选总线接口方案。而为了应对繁重的航天任务，Space Wire 网络总线即插即用技术已在国外航天领域得到广泛应用，真正实现了缩短研发周期、快速部署卫星、促进系统级模块可重用性。Space Wire 总线作为网络型总线，可以实现即插即用技术，而网络管理器是网络中的主动控制设备，是即插即用核心技术所在。因此本文所设计的 Space Wire 空间即插即用电子系统，使卫星平台具备了更好的设备资源管理能力，SPA 可以理解成是以快速开发航天器总线和有效载荷接口为目的的一套接口驱动标准，SPA 使得卫星内部更像一种拓扑结构的网络。

1. SPA 系统组成及工作原理

SPA 系统是一个即插即用的系统架构，典型的 SPA 系统由 3 个部分组成（如图 1 所示）：第一部分是综合管控计算机，上面运行了 SPA 软件；第二部分是由 SPA-x 及路由器等构成的 SPA-S 网络；第三个部分，则是二者之间的桥梁，针对于特定 SPA-x 网络的子网络管理器 SM-x(Subnet Manager)。

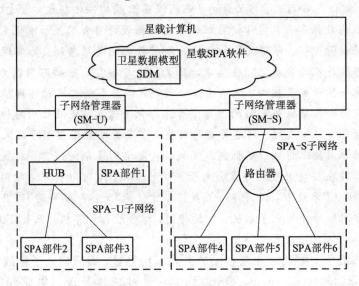

图 1   典型的 SPA 系统架构

图 1 展示的 SPA 系统中，只给出了 SPA-U(USB) 和 SPA-S(Space Wire) 子网络的示意图。SPA 的子网络由 SPA-x 的部件和路由器等组成，每一个 SPA-x 的部件都是一个即插即用的部件，其中不同的子网络其内部结构也有所不同，这种不同是由于不同的子网络是在不同的传统总线的基础上形成的。例如，对于一个 SPA-S 的子网络，其部件是由 SPA-S 部件组成，而网络进行扩展的方式则是由 SPA-S 的路由器来实现。但是对于 SPA-U 的子网络，其部件就是 SPA-U 部件，网络的进一步扩展则是由集线器完成的。因此，对于不同的子网络，其拓扑结构的形式也有所不同。

在 SPA 系统中，管理 SPA-x 的网络的部件称之为 SPA-x 子网络管理器（Subnet Manager），简称 SM-x，其主要功能是管理其子网络，负责发现下辖的子网络中的部件，对子网络进行拓扑刷新，并给其分配逻辑地址。对于任何的子网络管理器其功能都是相同的，但是针对于不同类型的子网络，由于不同的子网络其总线拓扑方式有所不同，子网络管理器的子网络管理器运行的机制则有所不同，不同的子网络管理器通过不同的网络拓扑算法，实现对其网络内部部件的发现，并构建相应的子网络的路由表。一个子网络管理器最多可以构建 65536 个部件的路由表，进而可以实现最多对 65536 个部件的发现和访问，最终实现对即插即用部件的拓扑发现。

在 SPA 系统中，甚至在整个航天器系统之中，最重要的部分就是综合管控计算机，综合管控计算机可以看作整个 SPA 系统的一个大脑，他是整个 SPA 系统工作的核心。之所以综合管控计算机是整个 SPA 系统的大脑，那是由于综合管控计算机上面运行了 SPA 软件，SPA 软件负责完成整个 SPA 系统的调度工作。SPA 软件是一个即插即用的软件，其中最核心的部分就是卫星数据模型（Satellite Data Model，简称 SDM），它也是 SPA 系统的关键创新点，它负责完成对每一个子网络分配一个逻辑地址区域，解析 SPA 的部件信息，根据信息来为 SPA 部件动态配置服务。最终 SPA 软件配合 SM－x 以及 SPA－x 的网络实现了整个系统的即插即用。

2. 基于 Space Wire 即插即用卫星电子系统概述

基于 Space Wire 的即插即用卫星电子系统的主要目标是，在平台设备软硬件不改变的情况下，卫星平台和载荷设备类型的改变和数据量的增减不会影响到卫星整体性能，从而达到卫星部件的快速互换、装配、综合、测试和运作的能力。在本方案中采用 Space Wire 总线构建星载数据网络，通过研究载荷及其相关设备的即插即用协议，设计载荷数据管理软件平台，实现对各个 Space Wire 节点载荷设备（载荷、固存和数传设备）的动态管理。具体而言，采用 Space Wire 总线作为传输通道，Space Wire 提供的路由方法实现多设备间通信路径的动态选择，并且依据空间数据系统咨询委员会（Consultative Committee for Space Data Systems，CCSDS）建议的高级在轨系统（Advanced Orbiting System，AOS）协议，实现不同数据类型、不同码速率的多载荷数据传输需求，同时按照 AOS 协议完成载荷数据的格式编排、数据复接。Space Wire 标准的上层协议由自定义即插即用协议设计完成，通过设计载荷数据管理软件，实现对各个 Space Wire 节点设备的动态管理，最终完成具备在轨应用的工程演示系统的研制和关键技术的验证。

1）即插即用电子系统架构设计

即插即用卫星电子系统 Space Wire 网络，构建采用双冗余的星型网络结构，如图 2 所示，每条链路均有备份链路，备份链路通过另外一个路由器达到目的节点，两个路由器同时工作。

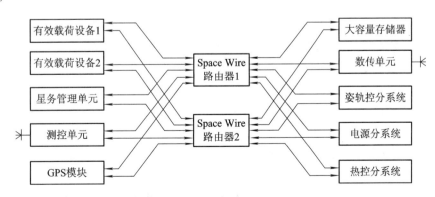

图 2　即插即用卫星电子系统 Space Wire 网络结构图

不同于总线式网络，即插即用卫星电子系统 Space Wire 网络的所有链路相互独立，每个设备有两个相互独立的链路接口，完全多主式通信，单个路由器可同时对多条 Space Wire 链路进行寻址导向，对路由器来说，总线带宽为所有链路的加和。

2）即插即用软件及卫星数据模型

SPA 系统的另外一项关键技术就是空间即插即用电子系统自描述技术。SPA 系统之所以能够具备即插即用的功能，是因为 SPA 系统定义了一个数据电子表单（extensible Transducer Electronic Data Sheet，简称 xTEDS）。在 SPA 系统中，无论是一个实际的物理部件，还是运行在 SPA 软件中的 App，都可以用 xTEDS 来描述其自身的信息。xTEDS 包含了所有部件的信息：命令数据、通知数据以及服务请求数据等数据，部件的 xTEDS 描述了部件可以提供什么数据以及部件需要获取什么数据。

卫星数据模型通过即插即用启动软件实现，其首要工作是沿着部组件和应用软件在 SPA 系统中定位进行系统启动—注册，并通过 xTEDS 获取 ASIM 设备属性、指令和遥测参数。这样可以使得 SDM 建立并控制部组件与应用软件之间并要的连接，如图 3 所示。举例而言，如果一个模数转换器需要磁力计遥测，SDM 就会在模数转换器软件和磁力计 ASIM 软件之间建立连接，一旦这种连接在启动时已经建立，那么 SDM 很大程度上是处于休息状态，直到收到另一个连接请求。

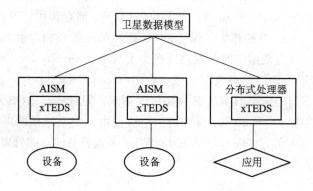

图 3　卫星数据模型、部组件和应用软件的相互作用

3. 基于 Space Wire 即插即用电子系统架构设计

1）基于 Space Wire 即插即用总线实现方案

（1）两种技术支持。本方案基于 Space Wire 载荷总线的即插即用支持，需主要通过以下两种技术来支持，一为总线监听技术，二为驱动自举技术。其中，总线监听技术由标准的 Space Wire 协议支持，驱动自举技术通过自定义协议支持。

① 总线监听技术。总线监听技术可以完成对载荷网络的总线监听，动态监控当前的设备运行状态，当有新设备插入时能进行显示提醒，当设备去除时能显示设备不启用。

② 驱动自举技术。仅仅识别了设备插入和移除动作还不能实现星载设备的即插即用，还需要具有可以动态的更新、调用和移除的设备驱动程序库。基于 Space Wire 总线的驱动自举技术，从本质上说就是系统上电工作后，在 Space Wire 接口程序引导下，通过 Space Wire 协议以及初始定义的标准握手协议，各 Space Wire 节点设备和综合管控计算机间经过握手交换信息，最终使综合管控计算机获取各节点设备的应用控制驱动程序并开始运行的过程。

以上两种技术是基于 Space Wire 总线和自定义协议来完成的。基于五层网络协议划分，Space Wire 协议和握手协议所处的位置，以及各自对即插即用的支持情况，如图 4 所示。

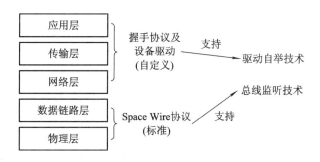

图 4　即插即用技术的协议支持

采用总线监听技术可以完成对载荷网络总线监听，动态监控当前的设备运行状态，由标准的 Space Wire 协议来支持。

（2）即插即用功能。综合管控计算机模块作为 Space Wire 即插即用网络架构的控制设备，即网络管理器，需通过内置的通信协议栈遍历整个网络获取网络拓扑，实现网络发现、网络配置、服务发现、服务配置的功能，即插即用功能由网络发现和服务配置实现。

① 网络发现功能：网络发现包括静态发现和动态发现，使网络能够获悉设备的拔插事件。

网络拓扑初始化，网络管理模块一上电，需要根据深度或广度优先搜索算法全面的检测网络中所有接入的节点，确定它们的组件类型（是普通节点还是路由器），并确定它们的拓扑关系。该过程也可以称为静态网络发现（Static Discovery）。

网络拓扑变化监测，在网络运行过程中，综合管控计算机需要及时获知原有设备的断开情况和新设备的接入情况。该过程也可以称为动态网络发现（Dynamic Discovery）。其具体过程是：综合管控计算机模块每 500 ms 取一次路由模块遥测数据包，与遥测请求信息一起发送路由端口状态查询信息，发生插入或拔出情况下，消息内容主要是发生状态改变的端口号，综合管控计算机模块根据此信息，更新网络拓扑，对于拔出的节点，删除保存的设备配置信息；对于新插入的节点，发出查询指令信息，查询节点的类型、链路配置等状态信息。

② 服务配置：网络发现的目的在于配置网络，以实现网络性能自动优化。网络发现完成以后，网络中的所有节点类型均已被综合管控软件识别。服务配置主要就是获取网内节点能够提供的服务，并配置这些服务。服务配置主要包括路由配置、设备识别、链路配置等。

设备识别：综合管控软件获取普通节点和路由器需要提供设备信息，以即插即用设备的 xTEDS 文件形式实现，这些信息保存在节点存储器中，综合管控计算机使用 RMAP 读命令进行读取。节点需要提供的信息包括：网络发现标识符和逻辑地址、节点类型（是普通节点还是路由器）、设备厂商名称、产品类型（例如加速度传感器、路由器）、版本号、端口数量、读写命令包的最大长度等。可选的信息包括：设备在网络中的角色（热设备或冗余设备）。

链路配置：链路配置服务允许网络中的不同链路处于不同的状态，具体包括：读取当前个端口的运行状态、禁用链路、使能链路的自启动功能、读取链路当前波特率、配置链路波特率、读取各端口仲裁优先级、读取设备的最大允许波特率和最小允许波特率。配置选项可以通过 RMAP 写命令或读—修改—写命令实现，读取选项可以通过 RMAP 读命令实现。

③ 广播（或组播）功能：单个节点发送一个数据包，所有（或特定）节点接收到该数据包。

2）基于 Space Wire 即插即用总线路由方案

即插即用载荷网络管理系统的核心是实现增强型 Space Wire 路由器，增强型 Space Wire 路由器可分成 LVDS - SpW 模块、带有 Space Wire 接口的 AOS 数据复接器、Space Wire 路由器，以及时钟管理、电源管理和测控模块等部分，其组成框图如图 5 所示。数据流程如下：接收相机、电子探测等载荷设备的数据，负责把传统的载荷接口（LVDS、RS422 等）转换成 Space Wire 接口，通过 SpW 路由器把载荷数据转发到 AOS 数据复接器，在 AOS 数据复接器内部把载荷数据进行数据缓冲、AOS 格式编排、数据复接处理。然后，在外部指令的控制下，把复接后的载荷数据路由到数传设备、固存设备或其他设备。SpW 路由器的路径由其内部路由表的内容决定，路由表的内容可以事先设定或通过遥控指令更新。

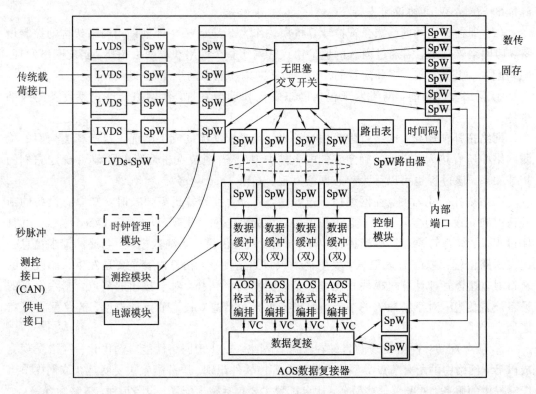

图 5　增强型 Space Wire 路由器方案

通过 Space Wire 通信技术实现 RMAP 可方便管理远程节点，SPA 协议的制定目的在于支持 Space Wire 网络中的节点通过链路对远程节点的存储器进行读写访问。这里的存储器是广义的，包括各种寄存器、存储器和缓存；RMAP 可以用于配置网络、控制节点，节点间的收发数据等。

RMAP 是广谱设计的，可以支持 Space Wire 很多种应用，但最主要的目的还是配置网络、控制节点、集散数据和获取状态信息。RMAP 协议可以和其他协议共存，共享 Space Wire 网络，其具体的应用包括：RMAP 可用于配置 Space Wire 路由器，设置它的运行参数和路由表信息；可以用来监视路由器的运行状态；可以用来配置和读取 Space Wire 网络节点的状态，例如，可用来设置节点运行在 100 Mb/s 速率及自动使能链路；RMAP 还可以用于远程处理器的软件下载和调试。RMAP 的基本机制是基于命令响应式的，命令类型总体分为三种：读、写、读—修改—写。进一步还可以细分为是否带应答、是否需校验、是否增址访问等。在 RMAP 给出的 Space Wire 网络中，节点可以分为两类：一类是命令的发起者，称为发起节点，通常是带有嵌入式处理器和操作系统的，因此也称为智能节点或者主动节点；另一类是命令的接收者，称为目标节点，一般是不带操作系统的，因此也称为非智能节点或被动节点。对于 Space Wire 网络中的非智能节点，RMAP 可用于设置其应用配置寄存器、读取状态信息，以及对其存储器的数据进行读写；对于智能节点，RMAP 提供了对通信服务的足够支持，包括远程配置、网络节点状态汇总、远程存储器间数据收发、邮箱服务。

典型的读命令/应答过程如图 6 所示。读命令/应答的全过程，从发起节点应用程序欲发动一次读命令开始，到发起节点应用程序收到来自目标节点返回的应答包结束。

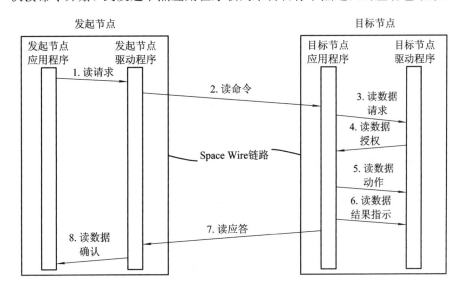

图 6 RMAP 读命令/应答的全过程

4. 基于 Space Wire 即插即用载荷系统的软件设计

1）空间即插即用软件架构设计

即插即用软件技术是空间即插即用电子系统的核心，具有自动发现识别部件、自动注册部件和为部件自动配置及订阅服务等功能。它是整个卫星系统的"大脑"，负责实现部件的数据信息管理，完成卫星的各项特定任务（导航、轨道控制等）和综合信息处理工作。SPA 软件的工程模型遵循垂直分层结构。

最基本的 SPA 软件分为 4 层：最底部是部件层，由 SPA－x 子网络中的部件组成；部件层之上是中间层，中间层又叫作卫星数据模型（Satellite Data Model，SDM），它也是 SPA 软件的核心创新；应用层在中间层之上，通过应用层接口来访问 SDM 中的即插即用部件；SPA 软件的最顶层为任务层，通过调用应用程序实现特定的任务，如导航、遥感等。SPA 软件的分层结构如图 7 所示。

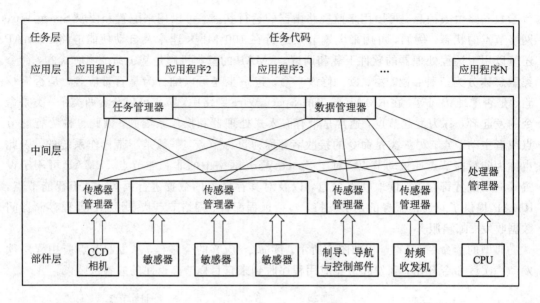

图 7　SPA 软件体系结构示意图

（1）部件层。部件层是 SPA 软件的最低级别的一层，它由 SPA 的部件如 CCD 相机、各种敏感器、射频收发器等卫星真实的物理器件构成。

（2）中间层。在 SPA 软件中，最关键的创新就是中间层，即卫星数据模型（SDM）。SDM 可以在部件事先并不知道其他部件的物理参数的情况下，为部件提供数据与资源分享的能力。SDM 允许部件进行注册，将 xTEDS 上传到软件之中，根据部件上传的 xTEDS，自主地为部件进行服务的配置和获取。

（3）应用层。应用层由各种应用程序组成，这种应用程序的功能相对比较单一。在 SPA 系统中，应用层中的应用程序也可以是部件，这种应用程序部件可以作为数据生产者或者消费者将自己的信息注册到 SDM 中。

（4）任务层。任务层是 SPA 系统中最高的一层，任务层通过调用相关应用层的应用程序完成特定的任务，如导航任务、遥感任务以及轨道控制任务等。

2）卫星数据模型 SDM 的架构设计

卫星数据模型 SDM 是 SPA 软件的最关键的创新，SDM 为部件（包括部件层的物理部件和应用层的应用程序）提供了资源的共享能力，SDM 允许部件注册其自身的 xTEDS，公布部件本身的信息，而 SDM 根据解析这些注册的 xTEDS，最终实现对部件的自主服务配置和获取功能。SDM 主要由 4 个管理器组成，分别是数据管理器、任务管理器、传感器管理器和处理器管理器。每个管理器的功能如下：

（1）数据管理器。SDM 中的数据管理器是其核心，负责在系统中维护数据生产者和消费者的信息，并负责 xTEDS 信息的注册、查询以及存储功能，处理应用程序的一些请求，包括注册信息请求、数据订阅请求等。

（2）任务管理器。任务管理器可以调度和分发系统内运行的任务，任务管理器管理所有 SPA 系统中的计算单元，任务管理器和处理器管理器协作，保持系统内运算单元间的平衡。任务管理器还可以改变系统运行的模式，例如关闭某些非关键性的应用，使系统进入到省电模式等。

（3）处理器管理器。处理器管理器是和任务管理器合作来完成特定任务的，在一个SPA系统中，可以拥有很多个计算单元，而处理器管理器就是管理这些运算单元合理有效的执行一些特定的任务，每一个运算单元具体执行的任务都是由任务管理器和处理器管理器共同协作根据需求进行分配的。

（4）传感器管理器。传感器管理器作用和子网络管理器类似，它属于SPA系统软件和硬件设备的桥梁，可以配合子网络管理器实现部件的发现、注册等操作，传感器管理器最核心的功能就是为硬件的SPA子网络提供了一个简单的接口，使设备规避了SDM的复杂性。

通过上述四个组成部分，最终构建了SPA软件的核心SDM，实现了部件的发现、注册、查询和访问功能。在整个SDM中，最为核心的就是数据管理器，它可以看作SPA系统的请求处理终端，它完成了所有SPA部件的注册、部件的请求等功能，所有核心的处理都是由数据管理器完成的。SDM中另外一个比较重要的组成就是传感器管理器，它和子网络管理器共同合作最终实现了整个系统内部件的发现，构建了整个系统的路由信息，另外传感器管理器还是SPA系统软件与物理硬件间的桥梁，通过这个桥梁的构建使得一个SPA的物理设备可以很便捷地同SDM进行数据的交互。

3）即插即用载荷系统软件运行机制

基于即插即用体系架构的载荷系统软件运行机制实现设备层的可更换模块、数据服务层设备通信协议、数据订阅列表以及数据池的维护，应用层软件只需通过数据请求和订阅请求/取消等操作即可获取到相应的数据，并根据不同载荷的功能配置进行配置和控制。

数据服务层实现对即插即用可更换载荷模块的设备监测、数据包接口，通过获取xTEDS对载荷模块进行配置，同时通过数据包接口对载荷模块进行数据读和命令读写操作，如图8所示。

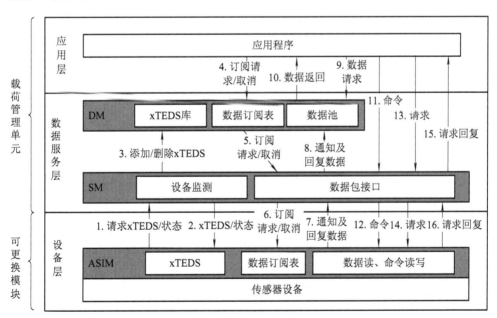

图8　即插即用载荷系统软件运行机制

5. 结束语

本文针对航天系统快速响应、快速构建的需求，给出了一种 Space Wire 总线即插即用空间电子系统的实现方案。设计了基于 Space Wire 总线即插即用电子系统架构，通过由综合管理设备控制不同电子设备（相机、数传、大容量存储等），实现了即插即用智能网络架构设计，使其具备即插即用设备的插入、功能界定、静态发现、动态发现能力。基于卫星数据模型，实现了设备服务配置机制、信息获取、速率优化、服务使能和资源匹配等功能，实现了航天软件的即插即用功能，很好地验证了电子系统的即插即用功能及电子系统可在轨重构的功能。通过 Space Wire 即插即用技术，实现卫星系统的快速组装、测试和在轨验证，对占领核心总线技术制高点具有重要意义，并为我国空间系统在轨可更换、提高系统可靠性奠定了理论和技术基础。

参 考 文 献

[1] M. or phopoulos T, Pollack J, Lyke J, et al. Plug and play—an enabling capability for responsive space mission[C]. AIAA 2nd Responsivepace Conf. Los Angeles, 2004.

[2] 卢波. 21 世纪空间探测的发展趋势及微小型化技术研究[C]. 中国空间科学学会空间探测专业委员会第十五次学术会议，九华山，2002：1-28.

[3] 田华. Space Wire 总线在遥感卫星数传系统中的设计应用[J]. 电脑知识及技术. 2007，14：323-325.

[4] NEFF J M, SOME R, LYKE J. Lessons Learned in building a Spacecraft XML Taxonomy and Ontology [C]. California，AIAA Infotech@Aerospace 2007 Conference and Exhibit，2007：1-6.

[5] 王兴龙，董云峰. 即插即用模块化卫星体系结构研究[J]. 航天器工程，2012，05：124-129.

[6] 郝大功，芦小宇，卢栋. 美国即插即用卫星分析与研究[J]. 科技和产业，2011，11(09)：143-146.

[7] HANSEN L J, LANZA D, PASKO S. Developing an ontology for standardizing space systems data exchange[C]//Aerospace Conference，2012 IEEE. IEEE，2012：1-11.

[8] 李轩. 基于一体化卫星体系结构的星载软件快速开发环境的研究与实现[D]. 长沙：国防科技大学，2010.

软件平台化技术

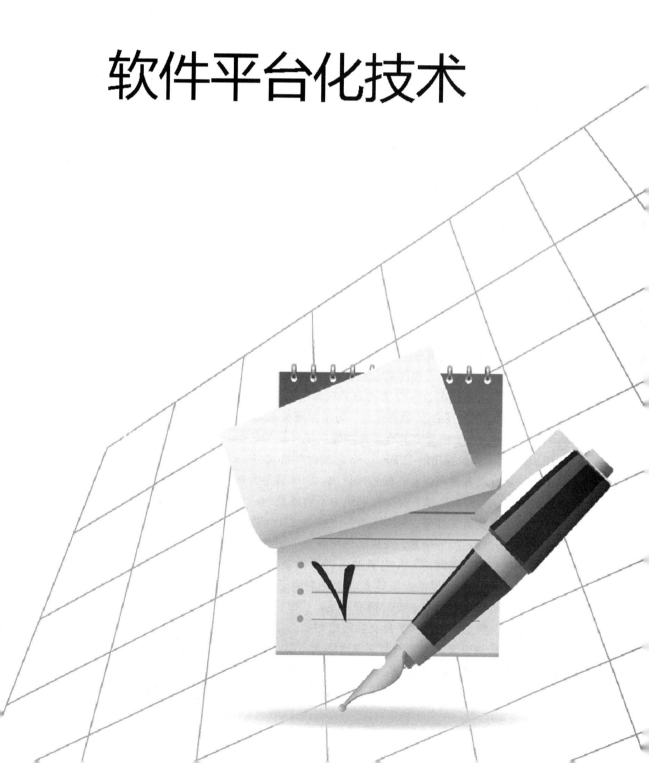

ePTP 一种天基超算平台交换网络状态监测机制

杨毅[1]，孙志刚[1]，陈洪义[1]，全巍[1]

（1 国防科技大学，长沙 410073）

摘　要：天基超算平台是支撑软件定义卫星实现按需重构、为众多用户提供不同服务的内部基础设施，其主要由交换网络连接的数十甚至上百个 CPU、FPGA 和 I/O 等节点组成。实时准确地获取交换网络状态是保证多样化、时间敏感和动态生成的应用数据在天基超算平台交换网络中高效交换的前提。基于 IEEE 1588 的精确时钟同步协议（PTP），借鉴数据中心网络中的带内网络遥测（INT）思想，本文提出了一种新的网络状态监测机制——ePTP。该机制通过对透明时钟信息进行统计分析，采用扩展 Beacon 帧对参与 PTP 同步节点进行管理等方法，能够实现实时监测链路故障、发现交换机失效、确定网络拥塞和时间同步误差等网络状态变化。

关键词：天基超算平台；状态监测；带内网络遥测；ePTP

随着空间信息技术的发展，以硬件为主、软件为辅的传统卫星存在研制周期长、成本高以及通用性差等问题，严重制约了卫星技术的发展。针对上述问题，以天基超算平台和星载通用环境为核心，以软件定义技术为基础的软件定义卫星成为现今航空航天领域的研究热点。天基超算平台内部含有大量基于 FPGA＋CPU 的异构计算设备和 I/O 端口，这些设备相互连接构成天机超算平台交换网络。

在软件定义卫星中，天线阵列、相机阵列和动量轮等卫星载荷以及大量用户开发的 App 产生的数据流通过 I/O 接口接入天基超算平台交换网络，这些数据流具有三个特点：① 多样化；② 时间敏感；③ 动态生成。为了保证天基超算平台交换网络中的大量动态实时数据流的高效交换，需要实时准确地获取交换网络的状态。

IEEE 802 工作组提出的 IEEE 1588 精确时钟协议（Precise Time Protocol，PTP）可控制网络中的所有设备时间误差在微秒级以内，能够满足天基超算平台交换网络的确定性时延需求，逐渐成为天基超算平台交互网络中不可或缺的一部分。PTP 协议作为天基超算平台交换网络的重要组成部分，在网络中各个模块之间产生大量的交互信息，但是 PTP 协议只利用其中与时间相关的信息，造成了网络带宽的浪费。

为了实时监测网络状态，人们通过各种手段获取网络中的细粒度信息。目前常用的 NetFlow、sFlow 和带内网络遥测等方法主要应用于数据中心网络或者局域网的监测。这些监测方法有的实时性不够，有的精度不足，且都难以发现网络中时间同步精度不满足需求的情况，难以满足天基超算平台交换网络的状态监测需求。

为了进一步解决天基超算平台交换网络状态实时监测问题，本文提出了一种基于 PTP 协议的天基超算平台状态监测机制——扩展精确时钟协议机制（Extended Precise Time Protocol Mechanism，ePTP）。ePTP 在借鉴带内网络遥测技术设计思路的基础上，基于

PTP 协议扩展了 Beacon 帧，在帧中携带透明时钟、交换机内部丢包率等信息，设置监控节点收集 Beacon 帧，并提取携带的信息对其进行计算分析，获取对状态监测有用的数据。ePTP 利用这些网络中的细粒度数据实时监测网络的状态，在天基超算平台交换网络出现设备故障、网络拥塞以及时间同步误差过大等状态时，及时发现并进行快速定位。

1. 研究背景

1）天基超算平台

软件定义卫星以天基超算平台为核心，通过接入不同的载荷和加载相应的 App，离解了传统卫星的软硬件耦合关系。

区别于传统以太网，天基超算平台交换网络是一个相对封闭的网络系统，网络拓扑稳定，其网络架构如图 1 所示。天基超算平台交换网络分为外部接口层、数据交换层和数据处理层。外部接口层由大量 I/O 端口组成，为卫星载荷和 App 产生的数据提供通信接口；数据交换层由交换节点组成，实现 I/O 端口、CPU 和 FPGA 之间的数据交互；数据处理层主要由 CPU 和 FPGA 组成，为卫星提供强大的计算环境。

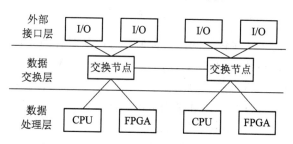

图 1　天基超算平台交换网络架构

2）相关技术背景

虽然天基超算平台交换网络区别于传统的互联网和数据中心网络，但是传统网络中的 PTP 协议等技术可以很好地应用于天基超算平台交换网络。类似带内网络遥测技术可能难以直接应用于天基超算平台交换网络，但是其设计理念和思路也可以充分应用于天基超算平台交换网络的设计中。

（1）PTP 协议。IEEE 1588 精确时钟同步协议（PTP）时间同步精度可达亚微秒级别，有效解决了天基超算平台交换网络中时间同步、精度不足的问题。PTP 同步网络将节点划分为主从时钟节点，提供参考时钟的是主时钟，其余节点是从时钟节点。PTP 协议通过主从时钟之间的信息交互和透明时钟机制实现网络系统的精确时钟同步。

透明时钟表示时钟数据帧经过网络传输的延时。在 PTP 机制中，透明时钟机制完全基于硬件实现，其通过在 MAC 层添加时间戳信息，记录 PTP 报文在网络传输过程中在中间节点上的滞留时间。

主从时钟节点通过三类 PTP 同步报文（Sync、Delay_req、Delay_resq 三类报文）实现时钟同步。具体过程如下：

① 主时钟节点发送 Sync 报文给从时钟，Sync 报文从主时钟节点到从时钟节点经过中间节点产生的延迟即透明时钟信息 R1。

② 主时钟节点发送 Follow_Up 报文给从时钟节点，报文中携带 Sync 报文的发送时间 t1。

③ 从时钟节点接收到 Sync 报文之后，构造并返回 Delay_req 报文，Delay_req 报文携

带从时钟节点到主时钟节点经过中间节点产生的延迟即透明时钟信息 R2，从时钟记录从时钟节点发送 Delay_req 报文的时间戳 $t3$。

④ 主时钟节点接收到 Delay_req 报文后，构造并返回的 Delay_resq 报文中携带 Delay_req 报文的接收时间戳 $t4$。

⑤ 从时钟节点接收到 Delay_resq 报文后从中提取时间戳 $t4$。

经过上述五个步骤之后，从时钟节点获得数据 $t1$、$t2$、$t3$、$t4$、R1 和 R2。在天基超算平台中节点之间的路径基本是对称的，故此可以认为接收报文和发送报文的链路延迟是相等的。假定主从时钟节点之间的时钟偏差为 offset，链路延迟为 delay，则 Sync 报文从主时钟节点到从时钟节点有：

$$t2 - t1 = \text{delay} + \text{offset} + \text{R1} \tag{1}$$

根据从时钟节点发送 Delay_req 报文到主时钟节点有：

$$t4 - t3 = \text{delay} - \text{offset} + \text{R1} \tag{2}$$

根据式(1)和式(2)可以求出主从时钟节点之间的时钟偏差 offset 的值为

$$\text{offset} = \frac{(t2 - t1 - \text{R1}) - (t4 - t3 - \text{R2})}{2} \tag{3}$$

根据式(3)计算出的主从时钟之间的时钟偏差修改从时钟的时钟值。

(2) 网络遥测技术。网络遥测技术(NT)是一种快速故障定位监测技术，主要应用于数据中心网络。NT 通过网络内部的数据交互，收集网络状态整合数据，实现实时监测故障和隔离故障。NT 分为带外网络遥测和带内网络遥测。

带外网络遥测(Out-band Network Telemetry, ONT)：是最早使用的 NT 技术，其通过监控服务器发送探测报文，收集网络状态信息，从而判断网络节点是否可达。ONT 虽然在一定程度上实现了网络监控，但是其精度不高，随着数据中心网络技术的发展，带内网络遥测(In-band Network Telemetry, INT)出现并迅速得到了广泛的应用。INT 通过数据流在经过网络设备时添加报文进出端口时间等信息，并在报文到达端系统的最后一台网络交换设备时，将所有的 INT 信息提取并发送给监控服务器，监控服务器根据信息报告网络状态。

2. ePTP 机制

1) ePTP 设计思路

基于 Beacon 报文的周期性上报机制、PTP 协议和状态列表设计的 ePTP 机制的主要思路如图 2 所示。

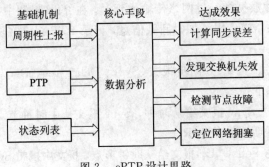

图 2　ePTP 设计思路

ePTP 使用 PTP 协议实现网络节点的高精度时间同步。针对 PTP 报文有效载荷仅有透明时钟域等少量信息的特点，ePTP 增加了 PTP 报文的载荷，并基于 Beacon 机制定义一种新的 PTP 报文——Beacon‐PTP，简写成 Beacon 报文。Beacon 报文在保留透明时钟信息的基础上，额外增加交换节点的 ID、交换节点中队列利用率以及检测周期内的丢包率等信息。Beacon 报文每经过一个交换节点之后在报文的数据域内添加上述信息，最后由网络设计时期确定的主节点提取信息，并利用这些信息分析网络拥塞和节点失效等情况。

状态列表是记录网络状态的重要数据结构。针对确定性交换网络具有网络拓扑已知的特点，主节点可以提前获取整个网络的网络拓扑，所有的节点和链路都可以分配唯一的 ID。以此为基础，主节点维护一个全网的状态列表，列表中主要记录网络节点的 ID、网络节点的状态、链路的 ID 和链路的状态。

网络中从节点周期性上报机制主要用来在保证监测的实时性的基础上降低主时钟轮询产生的通信开销。同时，将周期性上报机制与时间同步机制结合实现网络时间同步误差的检测。

2）ePTP 执行流程

ePTP 执行流程如图 3 所示，根据时钟偏移速率和天基超算平台交换网络的需求确定时钟同步的时钟周期 T。每个时钟同步周期划分为三个阶段：时钟同步阶段、监测初始化阶段和多个监测阶段。

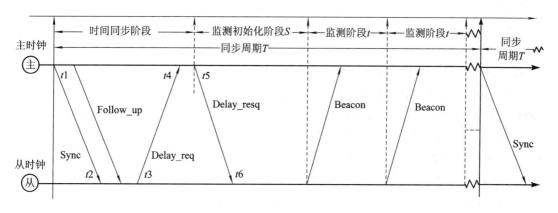

图 3 ePTP 执行流程

在时间同步阶段，ePTP 机制根据 PTP 协议进行主从节点之间的信息交互，从时钟获取相应的主时钟信息，具体过程见前述内容。监测初始化阶段用来协调主从时钟节点同步进入监测阶段。主时钟节点在发送 Delay_resq 报文时，进入初始化阶段，经过时间 S 之后进入监测阶段；从时钟节点在时刻 $t6$ 接收到 Delay_resq 报文，根据接收到的报文信息按照前面内容描述的时钟同步流程修改本地时钟，并根据透明时钟的信息计算出主时钟节点发送 Delay_resq 报文的时刻 $t5$，即从时钟在时刻 $t5+S$ 时进入监测阶段。监测周期用来监测网络状态的变化，并及时更新网络状态列表。在同步周期的剩余时间内划分多个监测周期，每个监测周期开始的时候，从节点向主节点发送 Beacon 报文，在 Beacon 报文经过交换节点时添加透明时钟、丢包率和队列利用率等相关信息。主时钟节点在接收到 Beacon 报文根据之后，根据携带的信息分析网络状态，在每个监测周期结束时，主时钟节点根据信息更新状态列表。

3. 基于 ePTP 的网络状态监测

1）监测数据收集技术

如图 4 是 ePTP 机制在天基超算平台网络中的监测示意图。图 4 中，计算节点 M 是主时钟节点，计算节点 S1、S2 和 S3 以及交换节点 SW1 和 SW2 是从时钟节点。基于 ePTP 的网络状态监测数据收集主要分为两个步骤：① 全网实现时钟同步；② 从时钟节点（包括交换节点）周期性发送 Beacon 报文。基于 ePTP 的网络状态监测数据收集的具体过程以图 3 和图 4 为例进行说明。

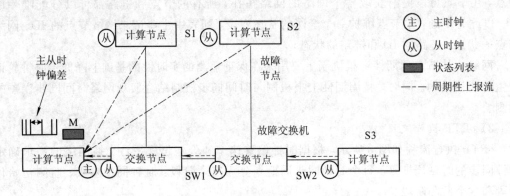

图 4　ePTP 监测示意图

第一步，全网时钟同步。网络中所有节点执行 BMC 算法，选择节点 M 作为主时钟，S1、S2、S3、SW1 和 SW2 作为从时钟。在主时钟到达时间同步周期的起始时刻 0 时，M 发送 Sync 报文开始进入时间同步过程，详细的时间同步过程见前面内容描述。

第二步，所有从时钟节点周期性发送 Beacon 报文给节点 M。ePTP 执行过程中，交换网络从时钟同步阶段经过监测初始化阶段进入监测阶段。在监测初始化阶段，M 发送 Delay_resq 报文给所有从时钟节点。Delay_resq 报文携带 M 接收 Delay_req 报文的时刻 $t4$，从时钟结合时钟同步阶段收集的信息计算时钟偏差并修改本地时钟。M 在 $t5$ 时刻发送 Delay_resq 报文，经过时间 S 后进入监测周期的起始时刻 1。从时钟在时刻 $t6$ 接收 Delay_resq 报文，设 Delay_resq 报文从主时钟到从时钟的透明时钟值为 R，则从时钟在 $(t6-R+S)$ 时刻到达从时钟的时刻 1 处。通过上述计算，主从节点在各自时钟的时刻 1 时进入监测周期起始时刻，网络中的所有从时钟周期性发送 Beacon 报文给主时钟。监测周期满足确保主时钟可以在周期内接收到 Beacon 报文。

2）状态列表更新方法

周期性上报的 Beacon 报文携带了大量的信息，M 节点利用数据信息进行分析得出网络状态变化情况，并根据情况更新状态列表。ePTP 机制中状态列表更新主要分为三个阶段：准备阶段、监测阶段和更新阶段。其中，初始阶段是在网络设置初期设定的，检测阶段和更新阶段都是在监测周期内完成。

初始阶段是阈值设定阶段。阈值主要包括两个方面：① 根据软件定义卫星时间敏感应用的要求，设置时间同步的精度，并根据精度设置合适的同步周期和监测周期；② 设置评估拥塞的阈值，主要包括丢包率阈值和队列利用率阈值等阈值数据。

检测阶段检测网络状态，在监测周期内执行，主要达成图 4 中的四种效果。① 定位网络拥塞。图 4 中的 S1、S2 和 S3 节点发送的 Beacon 报文在经过交换节点 SW1 或 SW2 时，交换节点会在 Beacon 报文中增加载荷，主要包括丢包率、队列利用率以及端口带宽。丢包率是指在监测周期开始到 Beacon 报文到达交换节点这段时间内，交换节点丢弃报文的数量占这段时间转发报文数量的比例；队列利用率具体指 Beacon 报文到达交换节点时，设置的队列的实际使用占队列总长度的比例；端口带宽具体指监测周期开始到 Beacon 报文到达交换节点这段时间内，交换端口转发数据的平均带宽。如图 4 中 Beacon 报文经过 SW2 时，若 SW2 在本次检测周期丢包率超过初始阶段设置的阈值，则判定 SW2 处于拥塞状态。② 检测节点故障和交换机失效。初始阶段设置的检测周期需要满足周期内主时钟节点可以接收到所有的 Beacon 报文，如图 4 中，若节点 M 在监测周期结束时，未接收到节点 S2 发送的 Beacon 报文，则认定 S2 节点不可达；如果节点 M 在监测周期结束时，未接收到节点 S2 和 S3 发送的 Beacon 报文，则认定 SW2 不可达。③ 计算同步误差。所有的从时钟节点会在每个监测周期的起始时刻发送 Beacon 报文，如果主时钟接收某个节点发送 Beacon 报文的时刻为 time1，Beacon 机制在中间节点的滞留时间即透明时钟值为 R，则主时钟认定从时钟在主时钟的 time1 − R 时刻发送 Beacon 报文。理论上所有从节点都应该在主节点的 T0 时刻，即在监测周期开始的时刻发送 Beacon 报文，现在主时钟根据上述方法计算所有从时钟发送 Beacon 报文的时间如图 5 所示。从图中可以看到，网络中的最大时钟误差即 T4 与 T5 的差值。如果差值比时钟同步精度大，则说明时钟同步为满足需求，误差过大。

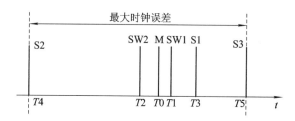

图 5　同步偏差分析

更新阶段主要用来更新状态列表。根据监测阶段获取的信息，主节点可在每个监测周期结束的时候修改状态列表。同时，根据节点之间的最大时钟误差判断时钟同步精度是否满足天基超算平台交换网络需求。如果满足，则可正常进入下一个监测周期；如果不满足，则须重新进入时间同步阶段。借助更新机制，ePTP 机制可以实时监测整个天基超算平台交换网络的状态变化。

3）原型实验

在基于 FAST 的 TSN 网络中，基于 ePTP 机制，设计了状态监测控制器原型——ePTP 控制器，它主要由 PTP 报文管理模块、数据处理模块、状态列表管理模块和时间同步精度管理模块等模块组成，目前已经在特定的交换场景中展开实验。

4. 结束语

在这篇文章中，对 PTP 同步过程进行了深入研究和分析，提出了一种基于精确测量的故障监测定位机制。ePTP 机制应用网络遥测技术的思想，使用较小的通信资源，在不增加额外硬件的基础上，实现了网络节点时间同步误差的测量，并实现了实时监测天基超算平台交换网络中的节点故障、网络拥塞等状态变化。

探测各种不同流量在天基超算平台交换网络中的丢包情况，提升探测交换网络拥塞情况的精确性是下一步研究的主要方向。天基超算平台交换网络存在优先级不同的流量，探测各种不同流量特别是背景流量在交换节点的拥塞情况，可以进一步提高网络拥塞监测的精确。

参 考 文 献

[1] 任勃，张明昆，刘建平，等. 软件定义卫星公共服务平台的设计与实现[J]. 卫星与网络，2018(05)：52-55.

[2] 王玮，吉彦超，陈有梅，等. 软件定义卫星硬件模块化设计研究[J]. 卫星与网络，2018(05)：46-51.

[3] 赵军锁，吴凤鸽，刘光明. 软件定义卫星技术发展与展望[J]. 卫星与网络，2017(12)：46-50.

[4] KACPURA T, et al. Software Defined Radio Architecture Contributions to Next Generation Space Communications [R]. National Aeronautics and Space Administration John H. Glenn.

[5] 胡雷钧，陈乃刚，李健，等. FPGA 异构计算平台及其应用[J]. 电力信息与通信技术，2016，14(07)：6-11.

[6] 唐路. 软件定义高可用网络(SD-HAN)体系结构、关键技术及应用[A]. 中国科学院软件研究所、天基综合信息系统重点实验室、软件定义卫星技术联盟. 2018 软件定义卫星高峰论坛会议摘要集[C]. 中国科学院软件研究所、天基综合信息系统重点实验室、软件定义卫星技术联盟：软件定义卫星技术联盟，北京，2018：1.

[7] IEEE Standard for a Precision ClockSynchronization Protocol for Networked Measurement and Control Systems. 2002.

[8] CLAIZE B. "Cisco system netflow services export version 9," RFC 3954 (Information), Internet Engineering Task Force, 2004.

[9] WANG M, LI B, LI Z. sFlow：Towards resource-efficient and agile service federation in service overlay networks [C]//24th International Conference on Distributed Computing Systems，2004. Proceedings. IEEE，2004：628-635.

[10] In-band network telemetry via programmable dataplanes[C]//ACM SIGCOMM. 2015.

[11] 赵军锁，吴凤鸽，刘光明，等. 发展软件定义卫星的总体思路与技术实践[J]. 卫星与网络，2018(04)：44-49.

[12] 陈建光，王聪，梁晓莉. 国外软件定义卫星技术进展[J]. 卫星与网络，2018(04)：50-53.

[13] YANG X R, SUN Z G, LI J N, et al. FAST：Enabling Fast Software/Hardware Prototype for Network Experimentation[C]. IWQoS 2019(32)：1-10.

SBCModel：一种基于 TSN 的天基超算平台异构计算模型

全巍[1]，孙志刚[1]，刘嘉豪[1]

（1 国防科技大学 计算机学院，长沙 410073）

摘　要：与传统卫星系统相比，软件定义卫星天基超算平台需要具备强大的计算能力、支持功能动态重构和应用按需部署，并保障多种流量模式下时间敏感流量的高可靠确定性通信，但目前已有的计算模型都无法同时满足上述需求。本文提出了一种基于时间敏感网络的天基超算平台异构计算模型 SBCModel，该模型采用 CPU＋FPGA 软硬件协同处理方式实现应用加速、功能扩展以及确定性网络处理等能力的融合。基于该计算模型可以有效地构建同时具备高效能、灵活性、确定性特征的软件定义卫星天基超算平台。

关键词：异构计算；软件定义卫星；天基计算；软硬件协同

软件定义卫星是一种开放架构的卫星系统，将传统卫星上由分系统实现的通信、载荷等功能软件化，便于通过软件实现卫星的在轨重构，以适应不同的任务需求。天基超算平台作为软件定义卫星的核心，近年来得到了广泛关注与深入研究。

区别于传统卫星系统，软件定义卫星天基超算平台由于需要同时承载多种功能或应用，因而需要具备强大的计算性能来实现大量载荷数据在轨处理，以提高卫星自主能力并减少星地传输的带宽需求。同时，软件定义卫星作为卫星智能化主要技术手段，需要天基超算平台具备灵活重构卫星功能以及部署各种智能化应用的能力，例如各类基于人工智能算法的目标识别应用。此外，软件定义卫星天基超算平台各子系统之间需要传输包括时延确定性流量、带宽预约流量以及尽力转发流量等不同类型的流量，由于无法为每一种载荷的每种流量都设计单独的通信通道，因此需要在同一通信介质上保障各类流量的服务质量，尤其是具有时延确定性需求的时间敏感流量。面向软件定义卫星天基超算平台的上述需求，目前在计算模型方面的研究相对缺乏，尤其是考虑确定性转发需求方面，已有的各类计算模型都无法直接使用。

针对上述问题，本文提出一种基于时间敏感网络（Time Sensitive Network，TSN）的天基超算平台异构计算模型 SBCModel（Space-Borne Computing Model）。该模型采用数据流驱动的软硬件协同执行方式，数据从网络接口进入天基超算平台后，根据数据处理需求流经不同软硬件处理逻辑（包含对应的冗余备份软硬件逻辑）上进行处理，数据流在天基超算平台节点之间通过确定性转发保障时间敏感数据的节点传输时延确定性。SBCModel 可以有效应用于软件定义卫星天基超算平台，使之具备高效能、灵活性、确定性等对应其需求的特性。首先 SBCModel 充分利用 CPU（Central Processing Unit）的编程灵活性和 FPGA（Field Programmable Gate Array）的可重构性以及接近专用集成电路的性能，可极大提升天基超算平台的计算效能以及应用按需定制的灵活性，同时该计算模型采用将时间敏感网络作为天基超算平台的节点互联网络，可以保障在多流量模式下时间敏感数据交换的时延确定性。

1. 研究动机

与传统卫星面向单一任务定制开发、自成封闭体系不同，软件定义卫星作为卫星智能化发展的重要方向，对天基超算平台具有如下几个方面的新需求。

(1) 急剧增加的计算性能需求：随着对空间观测、通信等功能的性能要求不断提高，软件定义卫星多样化的载荷所获取数据的复杂程度不断提高，数据量也呈现大规模的增长。对各类载荷收集的数据进行在轨计算，不仅可以增强有价值情报和数据生成的实时性，提高航天器在空间的自主程度，还可以极大地减少星地控制频次，减轻星地传输带宽压力。

(2) 功能和应用按需部署：软件定义卫星的目标是实现卫星智能化，使卫星成为太空中的开放信息处理平台，能根据需要重构整个卫星的软硬件系统，灵活响应多种不同的空间任务需求，实现卫星功能多样化。针对同一卫星功能，也可以部署不同的应用来满足各类用户的需求。其中，最为典型的场景为针对卫星载荷采集的各类数据部署不同的人工智能算法进行实时的数据分析，例如遥感图像目标识别。

(3) 流量模式及通信需求动态变化：传统面向特定任务定制的卫星系统由于目标单一，其各子系统的控制以及子系统之间的数据通信采用总线(分时共享)或者单独的交换网络，从而避免因通信介质访问冲突无法保障关键信息的传输。然而软件定义卫星由于目标任务众多，需要传输各种不同类型流量，包括具有时延确定性需求的时间敏感流量(如具有高度时间同步需求的遥感卫星相机阵列控制信息和并行同步遥感图像计算数据等)、带宽预约流量(通信卫星载荷传输的语音、图像等数据)以及尽力转发流量等，且软件定义卫星的流量具有很高的动态性和带宽需求，无法为每一种载荷的每种流量都设计独占式通信通道来保障关键数据传输，因此急需新的卫星数据交换方法应对上述需求变化。

然而现有的各类计算模型都无法同时满足上述软件定义卫星发展需求，相比各种同构、异构计算模型，基于 CPU＋FPGA 架构的异构计算模型更贴近上述需求，但是现有的 CPU＋FPGA 计算模型在分布式计算环境中大多采用基于优先级的数据传输方式实现多种应用数据的统一传输，而这一方式无法保障软件定义卫星子系统之间时间敏感流量传输的时延确定性。因而急需研究具备确定性网络转发处理功能的新异构计算模型来适应软件定义卫星天基计算的特殊需求。

2. SBCModel－天基超算平台异构计算模型

面向软件定义卫星天基超算平台的异构计算模型 SBCModel 如图 1 所示，该计算模型基于 CPU＋FPGA 架构，采用数据流驱动的软硬件协同执行方式，将应用加速、功能扩展、网络处理等能力融合在一起。在 SBCModel 中，星载应用的通信和计算功能被拆分成多个协同运行于 CPU 和 FPGA 上的软硬件构件(构件是指按标准接口定义的可替换功能模块)，实现星载应用细粒度并行，提高系统计算能效。软构件运行于 CPU 之上，是以进程形式存在的软件处理逻辑，硬构件则是硬件流水线上的各个 FPGA 功能模块。数据流从 I/O 节点进入天基超算平台后，根据应用处理需求，通过具备时延确定性交换能力的时间敏感网络传输到对应计算节点的软硬件构件中进行处理。为提高天基超算系统的可靠性，数据被复制到多条冗余备份路径上进行相同处理，数据处理完成后，在输出节点进行容错处理后输出。数据流在天基超算平台的处理路径是根据应用控制逻辑配置到各节点，配置信息包括数据流下一节点标识、本节点参与计算的软硬件构件标识以及处理流程等。整个天基超算平台可以在远程节点的控制下实现每个节点的软硬件逻辑重构，远程节点可根据超算平台当前运行状态进行全局重构、节点重构、节点部分软硬件重构等多种模式的远程重构操作。

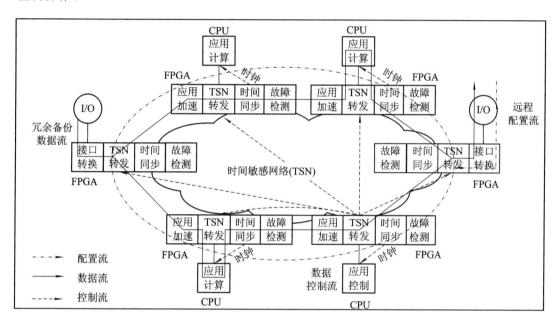

图 1　天基超算平台异构计算模型

SBCModel 通过故障检测以及计算、通信的多冗余备份机制，保障了天基计算所需的高可靠性，除了这一基础能力外，SBCModel 还具有与软件定义卫星天基超算平台的特殊需求所对应的能力。

（1）计算的高效能：SBCModel 所采用的 CPU＋FPGA 架构，可以保障大基超算平台良好的单位功耗性能和响应时延。

（2）按需定制的灵活性：基于 SBCModel 的天基超算平台，通过节点 FPGA 硬件资源的重构可以支持丰富的接口形式和各类有效载荷的即插即用，并可以根据任务需求进行有效载荷、计算资源、交换资源、存储资源的重组；通过 CPU 软件功能的重配置，可以提供丰富的应用软件支撑，根据任务需求动态配置和执行不同的 App，完成不同的任务；通过接入不同的硬件、加载不同的软件，可以快速重构出不同的功能，有效支持软件定义卫星中星载 App 按需定制的灵活性需求。

（3）数据交换的确定性：SBCModel 将数据计算和网络处理融合在一起，通过对输出数据进行基于全局精确时钟同步的确定性转发处理，实现天基超算平台各节点之间的确定性数据交换，从而保障软件定义卫星多种类型流量混合传输场景下时间敏感流量的传输延迟确定性。

3. 基于 SBCModel 的天基超算平台原型系统及其应用

基于 SBCModel 异构计算模型，本研究在 FAST(Fpga Accelerated Switch plaTform)平台 Openbox - S4 上设计了天基超算平台节点原型系统，其实现架构如图 2 所示。数据流从以太网接口进入节点后在分组处理构件中根据对应软构件配置的规则表进行分流，其中规则表包含了分组匹配字段和需要经过处理的构件流水线，分组数据根据匹配结果(附带在分组控制信息中)进入不同的构件流水线中进行深度处理，每个构件通过比对分组控制信息的当前构件 ID(图中标注的 CID，Component IDentification)是否与本构件 ID 相同，来决定是否在本地进行处理还是旁路到下一构件中。对于需要软件处理的分组数据，则通过转发构件上传到运行与 CPU 的软构件上进行相应计算处理，软构件可以采用并发执行(进程级并行)和流水化执行两种方式，处理完成后再次将数据下发到硬构件流水线中。已经完成软硬构件计算的分组数据，最终通过 TSN 转发构件，按照分组类型(即流量类型)进行确定性的数据转发。

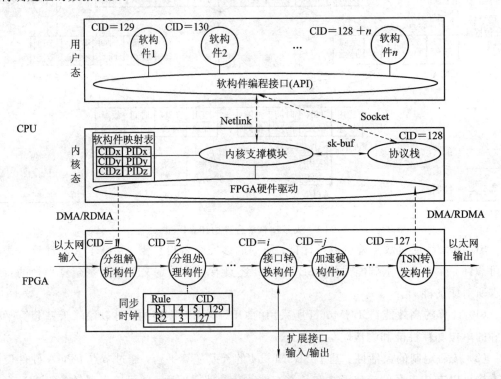

图 2　基于 FAST 平台的 SBCModel 节点原型实现

将多个天基超算平台 Openbox - S4 原型节点互联形成如图 3 所示的基于 SBCModel 的天基超算平台原型演示系统，并在该系统上构建了包含 TSN 流量、视频流量以及背景流量的多流量模式确定性交换应用场景。该场景中包含了 8 台 OpenBox - S4 设备、1 个摄像头和 1 台终端显示设备。其中，6 台 OpenBox - S4 设备运行 TSN 转发硬构件组成时间敏感网络(TSN 交换机)，1 台 OpenBox - S4 设备运行通用转发硬构件和 TSN 控制软构件(Centralized Network Configuration，CNC)来管理和配置时间敏感环形网络(TSN_CNC)、1 台 OpenBox - S4 运行 TSN 转发硬构件和时间敏感流量仿真软构件作为 TSN 测试仪(TSN 测试仪)。摄像头所产生的流量通过 TSN 网络进入天基超算系统流经不同计算节点，最终发送到终端主机进行输出显示。在上述应用场景中，摄像头采集的数据可以在流经的每一个 OpenBox 设备上通过对应的软硬构件进行视频图像的深度处理，例如人工智能图像识别算法加速等。在上述应用场景下，本研究验证了天基超算平台在多流量模式下时间敏感流量的确定性交换能力。

图 3　天基超算平台原型演示系统

4. 总结

本文针对软件定义卫星天基超算平台的特殊需求，提出了天基超算平台异构计算模型 SBCModel，该模型采用 CPU＋FPGA 构架，通过软硬件协同处理技术来提升系统计算能效；利用 CPU 的编程灵活性以及 FPGA 的可重构特征来提升卫星应用按需定制的灵活性；将确定性网络处理与应用计算相结合，实现软件定义卫星多流量模式下时间敏感流量的确定性交换；同时提供故障检测、冗余备份机制保障天基计算所需的高可靠性基础能力。基于 SBCModel 实现的天基超算平台原型系统，验证了该模型是软件定义卫星天基超算平台的一种有效方案。

（致谢：感谢国家自然科学基金 61802417，国防科技大学科研计划项目 ZK18－03－40 对本研究的支持。）

参 考 文 献

［1］　王玮，吉彦超，陈有梅，等. 软件定义卫星硬件模块化设计研究［J］. 卫星与网络，2018，No. 182（05）：48－53.

［2］　陈建光，王聪，梁晓莉. 国外软件定义卫星技术进展［J］. 卫星与网络，2018，No. 181(04)：50－53.

［3］　赵军锁，吴凤鸽，刘光明. 软件定义卫星技术发展与展望［J］. 卫星与网络，2017.

［4］　LI Y，ZHAO X，CHENT T．Heterogeneous Computing Platform Based on CPU＋FPGA and Working Modes［C］. International Conference on Computational Intelligence ＆ Security. IEEE，2017.

［5］　HUONG G N T，KIM S W．Support of cross calls between a microprocessor and FPGA in CPU-

FPGA coupling architecture［C］. IEEE International Symposium on Parallel & Distributed Processing. IEEE, 2010.

［6］ VANDERBAUWHEDE W, FROLOV A , CHALAMALASETTI S R , et al. A hybrid CPU-FPGA system for high throughput （10Gb/s） streaming document classification［J］. ACM SIGARCH Computer Architecture News，2014，41(5)：53－58.

［7］ 郑凌. 基于 CPU－FPGA 的异构多核系统设计及并行编程模型研究[D]. 西安：西安电子科技大学，2014.

［8］ 马吉军. CPU/FPGA 混合架构上硬件线程执行机制的研究[D]. 杭州：浙江大学，2008.

［9］ CAULFIELD A M, CHUNG E S, PUTNAM A , et al. A cloud-scale acceleration architecture[J]. international symposium on microarchitecture, 2016：1－13.

［10］ https：//www. analog. com/en/products/fido5100. html

［11］ https：//standards. ieee. org/standard/1588－2008. html

［12］ EIDSON J C, LEE K. IEEE 1588 standard for a precision clock synchronization protocol for networked measurement and control systems[C]. ieee sensors, 2002：98－105.

［13］ https：//www. sae. org/standards/content/as6802/

［14］ YANG X R, SUN Z G, LI J N, et al. FAST：Enabling Fast Software/Hardware Prototype for Network Experimentation[C]. IWQoS 2019(32)：1－10.

［15］ 孙宝三，章宇兵，岳兆娟，等. 面向服务的天基计算技术架构研究[J]. 中国电子科学研究院学报，2018(4)：427－432.

［16］ https：//1. ieee802. org/tsn/

［17］ 曾海瑞，孙华燕，杨彪，等. 相机阵列在空间目标观测中的应用综述[J]. 激光与红外，2018，48(11)：5－11.

［18］ 刘涛，张晔，李亮，等. "高分四号"卫星大面阵红外相机视频处理电路的 FPGA 设计[J]. 航天返回与遥感，2017(3).

［19］ 刘凯，晏坚，陆建华. 星载互连并行 Clos 网络[J]. 清华大学学报：自然科学版，2015(8)：838－843.

基于多方法融合检测的星上重点环节监测研究

许静文[1,2]，王巧[1]，张炎[1]，张天昱[1,2]

（1 宇航动力学国家重点实验室，西安 710043）

（2 西安卫星测控中心，西安 710043）

摘　要：当前卫星结构复杂，组成部件繁多且连接紧密，星上异常报警时排查故障困难。针对该类问题，本文建立基于复杂网络理论的星上结构网络模型。首先将星上结构解析成仅包括节点与路径的无向网络，证明网络的小世界特性和幂律特性，从而将复杂网络理论应用于星上结构网络模型。通过高度数节点检测、高聚类节点检测及节点相似度检测三种方法获取关键节点并进行故障模拟，综合评估网络中的重点环节，最终提供高效的重点环节监测方案。以某星上结构部件为例，通过试验最终找到 22 个影响模型特性及连通性的节点，仅占模型总部件数的 9.28%，为星上日常监测提供了更为快捷的方案。

关键词：复杂网络理论；星上网络模型；重点环节检测；方法融合

随着近年来科学技术的快速发展，复杂系统正在各类任务中承担着越来越重要的作用。复杂网络系统服务于社会的各个行业，承载各个领域的快速建设和发展。在军事科技方面，复杂网络系统也得到了较为广泛的应用。由于对星上系统的依赖程度逐渐提高，使得对星上故障的持续监测要求越来越高。在发生故障后，人工诊断技术已无法及时将故障诊断出来，以便在地面调试与替换，而自动故障诊断技术能够克服这一不足。

复杂网络研究兴起于 1959 年，至今已有大量高价值研究成果引起国内外学术界的广泛关注。1998 年，物理学家 Watts 和 Stongatz 在《自然》杂志发表了题为《"小世界"网络的群体动力学》论文，提出"六度分离"科学假设，从而提出小世界网络模型，推动了复杂网络的研究。网络作为表征系统整体性能的一种有效工具，可以同时考虑个体属性和个体间的关系，并将个体间的关系放入认识问题的范畴，网络模型表达直观，具有代表性的网络模型包括规则网络、随机网络、小世界网络和无标度网络。近年来复杂网络的理论研究的主要研究方向是探索各类系统的内在结构与形成机理，如复杂网络建模、动力学性质、网络涌现行为、复杂网络的鲁棒性与脆弱性等。在应用方面，搜索引擎、交通网络、通信网络、大型设备网络及电力网络也取得了大量研究成果。参考文献[5]对手机社交网络进行了分析，得出了该复杂网络系统的拓扑结构，证明了小世界性及无标度性。参考文献[6]利用偏相关系数确定复杂变量间的网络模型，通过对比节点度值的变化寻找故障点。参考文献[7]将化工流程抽象为网络，从网络拓扑结构出发研究系统故障，找到影响整个系统功能的关键节点。这些文献从不同角度、不同专业出发，利用复杂网络理论对现实问题进行建模求解，能够较好地分析网络中存在的故障节点。

本文使用复杂网络理论作为理论基础，对星上结构网络进行建模。通过证明模型的小世界特征及幂律特征，确保星上结构网络故障分析的正确性。在模型基础上分析重点环节，为星上日常监测提供方案。

1. 复杂网络理论

网络是一个由若干网络节点以及连接网络节点之间的边组成的集合。可以用一个图 $G=(V, E)$ 来抽象表示一个具体的网络，这里 V 为图 G 中节点的集合，E 为图 G 中边的集合。图 G 中节点的个数记为 $N=|V|$，边的个数记为 $M=|E|$。边集 E 中的每条边都连接着节点集 V 中的 2 个节点。若任意 2 个节点组成的节点对 (i, j) 与 (j, i) 对应用一条边，则该图称为无向图(Undirected Graph)，对应的网络称为无向网络(Undirected Network)。复杂网络可以用来描述社会各类开放复杂系统的框架，是研究其拓扑结构和动力学性质的有力工具，其主要表现为结构复杂、网络进化、联通多样性、动力学复杂、节点多样化和多重复杂性融合等特征。

1) 节点度

节点度为节点的一个重要特征参数，在图论中，节点 v_i 的度定义为与其相邻的节点的个数，对于有向网络，度又分为入度和出度：

$$\left.\begin{array}{l} k_i^{\text{out}} = \sum_{j=1}^{N} e_{ij} \\ k_i^{\text{in}} = \sum_{j=1}^{N} e_{ji} \end{array}\right\} \tag{1}$$

式中：k_i^{in} 为入度，是指连接到该节点的边的数量；k_i^{out} 为出度，是指从该节点出发指向其他节点的边的数量。节点的度数越大，说明这个节点在整个网络中的影响和重要性就越大。网络中所有节点的度的平均值为网络的平均度，用 $\langle k \rangle$ 表示。

2) 平均路径长度

图 G 中，2 个节点 i 和 j 之间的距离表示为 d_{ij}，d_{ij} 的定义为连接节点 i 和 j 的最短路径上边的个数。将图 G 中任意 2 个节点之间的距离的最大值定义为图 G 的直径，用 D 表示为

$$D = \max_{i, j} d_{ij} \tag{2}$$

而图 G 中任意 2 个节点之间的距离的平均值定义为平均路径长度，记为

$$\zeta = \frac{1}{\frac{1}{2} N(N+1)} \sum_{i \geqslant j} d_{ij} \tag{3}$$

式中：N 为图 G 中节点的个数。若不考虑节点自身距离的情况，则可将式(3)乘以因子 $(N+1)/(N-1)$，转换为

$$\zeta = \frac{1}{\frac{1}{2} N(N-1)} \sum_{i \geqslant j} d_{ij} \tag{4}$$

3) 聚集系数及节点度数累积概率分布

聚集系数描述网络聚集性。假设节点 v_i 有 k_i 个邻居节点，那么 k_i 个节点之间最多可能存在 $k_i(k_i-1)/2$ 条边，若实际存在边数为 M_i，则聚集系数 C_i 为

$$C_i = \frac{2M_i}{k_i(k_i-1)} \tag{5}$$

网络平均聚集系数为

$$C = \frac{1}{N} \sum_{i=1}^{n} C_i \tag{6}$$

所有最短路中必须经过的节点的次数，定义为节点的介数。用 $p(s')$ 表示介数为 s' 的节点个数占节点总数的百分比，节点介数的累积概率为

$$p_{\text{cum}}(s) = \sum_{s' \geqslant s} p(s') \tag{7}$$

节点度数分布为不同度数的节点个数占节点总数的比率。按节点度数从大到小依次排序，将不同度数的节点个数占节点总数的比率累积，最后得到度数为 1 的节点，其累积分布为 1。用 $p(k')$ 表示度数为 k' 的节点个数占总节点数的百分比，则节点度数的累积概率分布为

$$p_{\text{cum}}(k) = \sum_{k' \geqslant k} p(k') \tag{8}$$

4）小世界特征及幂律特征

小世界模型是由 Watts 和 Stongatz 提出的，采用介于完全规则网络和完全随机网络之间的小世界网络模型，来刻画庞大网络中大多节点间有较短的连接的性质。小世界模型具有规则网的大平均集群系数和随机网络的小平均距离特征，即小世界特征。

小世界特征又被称为六度空间理论或六度分割理论。小世界特征指出，在网络中的任何 1 个节点和任何 1 个陌生节点之间的间隔不会超过 6 个。小世界网络特性成立的条件为：随机网络平均路径长度小于该节点组成的全连接网络平均路径长度，随机网络的聚类系数小于全连接网络的聚类系数，即

$$\left.\begin{array}{l} L_{\text{rand}} < L_{\text{regular}} \Rightarrow \dfrac{\ln n}{\ln k} < \dfrac{n(n+k-2)}{2k(n-1)} \\[3mm] C_{\text{rand}} < C_{\text{regular}} \Rightarrow \dfrac{k-1}{n} < \dfrac{3(k-2)}{4(k-1)} \end{array}\right\} \tag{9}$$

式中：$k = 2l/n$ 是节点的平均度数，其中 l 为边数，n 为节点数。

现实网络大部分都不是随机网络，少数节点往往拥有大量的连接，而大部分节点却具有少量连接，节点的度数分布符合幂律分布，又称为网络的无标度特性。

无标度特性反映了复杂网络具有严重的异质性，其各节点之间的连接状况（度数）具有严重的不均匀分布性：网络中少数称之为枢纽点的节点拥有极其多的连接，而大多数节点只有很少量的连接。少数枢纽点对无标度网络的运行起着主导的作用。从广义上说，无标度网络的无标度性是描述大量复杂系统整体上严重不均匀分布的一种内在性质。

通过证明构建网络的小世界特征和幂律特征，能够确定当前网络是否为小世界网络。在确定后，可根据节点参数确定密集节点与稀疏节点，再通过进一步筛选与试验，可以寻找重要节点，确定检测环节。

2. 多方法混合检测

在进行网络重要节点检测过程中，单方法检测的评估风险较大，存在片面性，需要从多角度思考构建多方法混合检测，从而确保重要节点在选取过程中要考虑全面，节点选取要精准。

在复杂网络中选取重要节点，一般的方法主要是针对高度数节点和高聚类节点，这两类节点具有的重要性及其意义不言而喻，但有时会受制于系统复杂性、获取系统结构较为

困难等原因，需要在较少网络结构的基础上快速寻找重要节点，此时可使用节点相似度分析方法寻找重要节点。该算法只需获取节点两跳内的邻居节点信息情况，通过计算邻居节点对之间的相似度，即可表征其在复杂网络系统中的结构重要性。选取了重要度待评价节点后，再分析其后续节点连接的相似性，具体领域重合情况如图1所示。

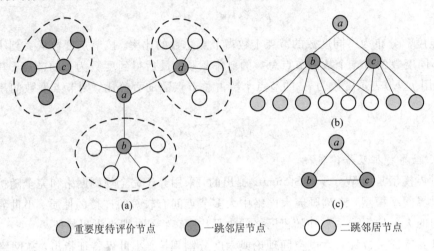

○ 重要度待评价节点　● 一跳邻居节点　○○ 二跳邻居节点

图1　节点 a 的领域重合情况

1）节点相似度

如图1所示，当 a 邻居节点 b 与 c 之间不存在边时，相似度定义为 Jaccard 指标值；若 a 邻居节点 b 与 c 之间存在边，则定义相似度为1，即

$$\mathrm{sim}(b,\,c) = \begin{cases} \dfrac{\left| n(b) \bigcap n(c) \right|}{\left| n(b) \bigcup n(c) \right|} & \text{（如果节点 } b \text{ 与 } c \text{ 之间无连接）} \\ 1 & \text{（如果节点 } b \text{ 与 } c \text{ 之间有连接）} \end{cases}$$

2）重要度评估指标

节点的邻居数目越多且邻居间的网络拓扑重合度越低，节点的重要度越高。$n(i)$ 表示节点 i 的邻居节点，重要度指标（Local Link Similarity, LLS）为

$$\mathrm{LLS}(i) = \sum_{b,\,c \in n(i)} (1 - \mathrm{sim}(b,\,c))$$

本文在高度数节点、高聚类系数节点进行故障模拟的基础上，建立高相似度节点分析，通过重要度评估指标获取重要节点，进行高相似度节点故障模拟，并从多角度出发，构建重要节点检测方案。

3. 复杂设备网络构建及故障模拟

星上系统目前具有技术性能先进、集成度高、工作模式多等特点，且具有较多的工作模块，各个工作模块中包含较多电路元件。若将各类元器件看作系统中的节点，工作链路为节点之间的路径，则天线设备完全符合复杂网络的要求。本文以某卫星相关部件为例，构建基于复杂网络的星上结构网络模型。

1）星上某分系统模块建模分析

该系统的组成结构框图如图2所示。

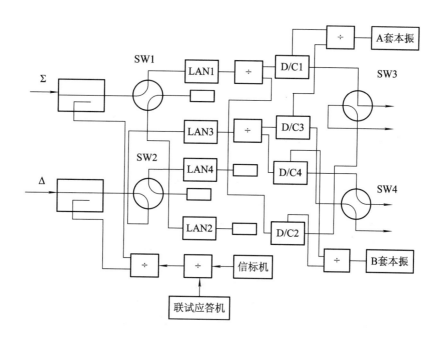

SW：开关；LNA：高功放

图 2　某分系统模块结构框图

由图 2 可见：该系统由 24 个基本元器件组成，其中包括 A 套本振、B 套本振、联试应答机、信标机等。使用 Gephi（一款开源免费跨平台基于 JVM 的复杂网络分析软件，其主要用于各种网络和复杂系统，动态和分层图的交互可视化与探测开源工具）可得到网络模型图，如图 3 所示。

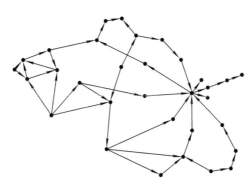

图 3　某分系统模块网络模型

通过计算可得

$$\left.\begin{aligned} L_{\text{rand}} &= \frac{\ln n}{\ln k} = \frac{\ln 24}{\ln 2.75} = 3.426 \\ L_{\text{regular}} &= \frac{n(n+k-2)}{2k(n-1)} = \frac{24 \times (24+2.75-2)}{2 \times 2.75 \times (24-1)} = 6.146\,6 \end{aligned}\right\} \tag{10}$$

可知 $L_{\text{rand}} < L_{\text{regular}}$。

$$C_{rand} = \frac{k-1}{n} = \frac{2.75-1}{24} = 0.054\ 7$$
$$C_{regular} = \frac{3(k-2)}{4(k-1)} = \frac{3(2.75-2)}{4(2.75-1)} = 0.321\ 4$$

$$(11)$$

可知 $C_{rand} < C_{regular}$。

由上述计算结果可知,该模型符合小世界特性判断条件,所以具有小世界特性,故可以该模型为例来分析重点环节监测方案。

2)某分系统模块故障模拟

为验证整体系统在进行故障模拟过程中能够快速、明确反馈网络的变化情况,可在该分系统模块上针对高度数节点进行故障仿真模拟。

表1列出了某分系统网络模型的节点及度数。由表1可知,网络中存在稀疏节点及密集节点,稀疏节点的节点度数相对较少,它与其他节点之间的边也较少,而密集节点的节点度数较大,与其他节点之间存在的边数较多。

表1 某分系统网络模型节点及度数

节点	度数	节点	度数	节点	度数	节点	度数	节点	度数	节点	度数	节点	度数
1	4	6	3	11	2	16	4	21	4	26	10	31	2
2	3	7	5	12	3	17	2	22	2	27	1	32	1
3	4	8	2	13	2	18	2	23	2	28	1		
4	4	9	3	14	2	19	2	24	2	29	1		
5	3	10	2	15	2	20	2	25	2	30	2		

本文选择的分系统重点环节监测方法为:以统计出的稀疏节点和密集节点为例,计算以上节点在故障情况下的特征参数值,将该情况下的参数与正常情况相比,从而得到故障情况下的模型参数特点。

以密集节点26、7和稀疏节点27、28、29、32为例,分析在这些节点故障情况下的特征参数变化情况。本文假设故障时节点呈断路状态,从而对该情况下的特征参数进行计算,如表2所示。

表2 某分系统网络模型重要节点特征参数

	节点	n	l	k	L_{rand}	$L_{regular}$	C_{rand}	$C_{regular}$
	正常	32	44	2.75	3.426	6.146 6	0.054 7	0.321 4
	26	31	34	2.193 5	4.371 6	7.347 3	0.038 5	0.121 6
	7	30	29	1.933 3	5.159 2	8.008 3	0.031 1	−0.053 6
	27	31	43	2.774 2	3.365 5	5.917 6	0.057 2	0.327 3
	28	30	42	2.8	3.303 4	5.689 7	0.06	0.333 3
断路	29	29	41	2.827 6	3.239 6	5.462 8	0.063	0.339 6
	32	28	40	2.857 1	3.174 1	5.237	0.066 3	0.346 2

通过与正常情况下特征参数的对比可知,当密集节点断路时,网络的平均节点度数 k

变小,且特征路径 L 长度变大,聚类系数变小。而稀疏节点发生故障变化时,对各类参数影响较小,但只要发生故障,L 的变化情况就与 C 的变化相反。

通过对某分系统进行故障模拟可以看出,构建的网络模型能够快速反馈故障情况,所以能够构建整体网络模型并使用多方法混合检测获取重要节点。

3)建立总系统模型并分析

本文模拟建立总体系统模型,将系统中各个元件作为节点,抽象模型如图 4 所示。

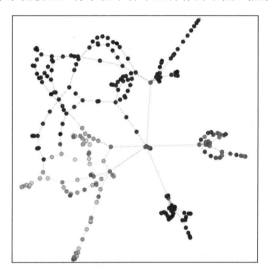

图 4　设备网络抽象模型

由图 4 可见,系统中存在几大分模块,各模块之间具有一定的联系。其中各模块中也存在密集元件节点,而某些模块连接节点也是模块之间的重要节点。

该系统模型中节点数为 237 个,边数为 325,由此可得:

$$L_{rand} = 5.4198; \qquad L_{regular} = 43.526$$
$$C_{rand} = 0.0074; \qquad C_{regular} = 0.3196$$

则该系统符合小世界特性判断条件。

该模型的平均度数为 2.743,度数分布情况如图 5 所示。

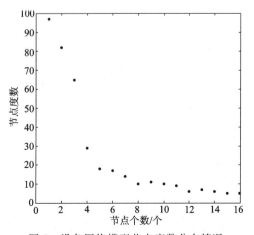

图 5　设备网络模型节点度数分布情况

由图 5 可见,高度数节点较少,低度数节点较多,符合幂律分布特性。

4. 星上元件故障模拟及网络结构分析

在总系统模型的基础上,能够分析出活跃度高的节点位置。下面针对高度数节点及高聚集系数节点进行故障模拟,分析故障出现后网络的连通性,从而确定高危节点,制订重点环节的检测方案。

1) 基于高度数节点的连续故障模拟

由系统模型可知,其高度数节点有 9 个,见表 3。

表 3　高度数节点

节点编号	度数	节点编号	度数	节点编号	度数
137	9	101	8	140	8
148	7	100	7	122	7
124	7	125	7	126	7

137 号节点为连接中的重要节点,所以先选择该节点作为故障节点,模拟故障情况。当该节点为故障节点时,网络重新构建,节点数为 236,边数为 314,可得到特征参数为

$$L_{rand} = 5.5827 ; \quad L_{regular} = 44.6574$$
$$C_{rand} = 0.007 ; \quad C_{regular} = 0.2985$$

从数据分析结果可知,网络仍旧符合小世界特性,能够达到网络连通。之后选择 101 号节点为故障节点,再次模拟故障情况。此时节点数为 235,边数为 305,可得到特征参数为

$$L_{rand} = 5.7236 ; \quad L_{regular} = 45.5751$$
$$C_{rand} = 0.0068 ; \quad C_{regular} = 0.28$$

按照此种模拟方法,继续模拟故障情况,当故障模拟至 126 号节点时,节点数为 228,边数为 219,此时特征参数为

$$C_{rand} = 0.004 ; \quad C_{regular} = -0.0643$$

此时,系统不再符合小世界特性,说明当前 8 个节点故障后,网络模型发生了较大变化,连通性降低。

2) 基于高聚类系数节点的连续故障模拟

由系统模型可知,其高聚类系数节点有 10 个,见表 4。

表 4　高聚类系数节点

节点编号	聚类系数	节点编号	聚类系数	节点编号	聚类系数
121	1.0000	123	1.0000	143	1.0000
26	1.0000	28	1.0000	L1	1.0000
SB1	1.0000	122	0.7142	124	0.7142
125	0.7142				

首先选择 121 作为第 1 个故障节点,当选择该节点后,能够从图 6 中直接看出,网络已经出现断路,连通性快速下降,平均聚类系数从 0.121 降至 0.0847。

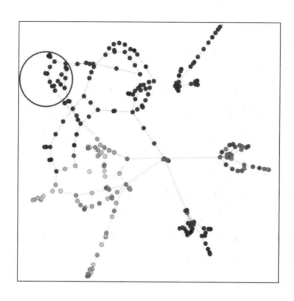

图 6 模拟设备网络模型故障情况

从图 6 所示的圈内可以看出,该节点故障后,圈内部分系统与整体系统断开,导致系统连通性快速下降。之后选择 123 节点测试,效果相同。而节点 143、26、28、L1 单独故障时,分系统内部出现部分网络断开故障,大幅降低了平均聚类系数。

3)基于高相似度节点的连续故障模拟

首先对所有节点进行基于相似度评判的重要度评估指标 LLS 计算,最终可获取 LLS 值较高的节点,如表 5 所示。

表 5 高相似度节点

节点编号	LLS	节点编号	LLS	节点编号	LLS
12	2.6667	L1	2.6345	SB1	2.3654
20	2.3654	18	2.1789	17	2.1789
10	1.7889	19	1.7889		

对以上高 LLS 节点进行静态故障模拟,从而分析网络参数的变化情况。在未进行故障模拟前,定义网络连通参数为剩余部分节点数与总节点数之比。首先选择 12 作为第一个故障节点,当选择该节点后,网络连通性快速下降,连通参数从 1 降至 0.633。按照表格节点顺序不断进行故障模拟,当断路至节点 18 时,网络连通参数迅速下降为 0.166,此时 80% 网络已经瘫痪。由此可见,选取的节点具有重要性,应将其列入监测方案中。

统计多方法混合检测的重要节点并进行筛选,最终获取重要节点 22 个,仅占模型网络的 9.28%,大大降低了检测成本。

由此本文可提出重点环节检测的列表方案,主要针对高度数节点、高聚类系数节点及高相似度节点。从工作经验中也能够粗略分析,高度数节点的使用率较高,出现故障的概率比同等较少使用器件高。本文通过构架星上结构网络模型,从理论角度证明了该原理。同时,对分系统间连接节点部件的重要性也进行了证明,初步建立了具有一定理论基础的重点监测环节方案。

5. 总结

本文首先对复杂网络理论进行了介绍，尤其针对小世界特性和幂律特性做出了详细的阐释。之后建立基于复杂网络理论的某星上分系统网络模型，在该模型建立中详细叙述了系统结构化过程，并对分系统的小世界特性和幂律特性进行了验证。通过多方法混合检测获取节点进行故障模拟，能够提供有效的分系统重点环节检测方案。在此基础上，本文将网络进行扩大，构建并得到基于复杂网络理论的星上结构网络模型。针对大模型的复杂性、特殊性和模块化，在故障模拟中进行了基于多方法混合检测节点的连续故障模拟，提供了更为贴合实际的重点环节检测方案。

本文从理论出发，使用实际数据进行验证，从而为星上故障检测工作提供了有力的检测方案，但该方案主要从静态结构出发，未考虑星上开始工作后的动态网络情况，同时在故障模拟环节，默认故障为断路情况，但在现实工作中故障种类多样，例如短路、错路等，所以模拟情况不够完善。下一步将在以上两个方面进行改进，提高重点环节检测方案的有效性。

参 考 文 献

[1] DUNCAN J, STEVEN H. Collective Dynamics of Small-World Networks [J]. Nature, 1998, 393 (6684): 440 – 442.

[2] BARABASI A, ALBERT R. Emergency of Scaling in Random Networks [J]. Science, 1999, 286 (5439): 509 – 511.

[3] NEWMAN M. The Structure and Function of Complex Networks [J]. Society for Industrial and Applied Mathematics Review, 2003, 45(2): 167 – 171.

[4] KURANT M, THIRAN P. Trainspotting: Extraction and Analysis of Traffic and Topologies of Transportation Networks [J]. Physical Review E, 2006, 74(3): 36 – 40.

[5] SEATON K, STATIONS H L. Trains and Small-World Networks [J]. Physica A, 2004, 339(3): 635 – 637.

[6] SIENKIEWICZ J, JANUSZ A. Statistical Analysis of 22 Public Transport Networks in Poland [J]. Physical Review E, 2005, 72(4): 46 – 50.

[7] 陈秀真, 郑庆华, 管晓宏, 等. 层次化网络安全威胁态势量化评估方法 [J]. 软件学报, 2006, 17(4): 885 – 897.

[8] 汪小帆. 复杂网络理论及其应用 [M]. 北京: 清华大学出版社, 2006.

[9] 刘涛, 陈忠, 陈晓荣. 复杂网络理论及其应用研究概述 [J]. 系统工程, 2005, 23(6): 1 – 7.

[10] 孙启明, 王浩宇. 基于复杂网络的京津冀产业关联对比 [J]. 经济管理, 2016(4): 24 – 35.

[11] 阮逸润, 老松杨, 王竣德, 等. 基于领域相似度的复杂网络节点重要度评估算法 [J]. 物理学报, 2017, 66(3): 365 – 373.

[12] 谭跃进, 吴俊, 邓宏钟. 复杂网络中节点重要度评估的节点收缩方法[J]. 系统工程理论与实践, 2006, 26(11): 79.

一种提升全数字平台运行效率的技术研究

孟其琛[1,2] 向坤[1,2] 沈怡飚[1,2] 陈银河[1,2]

（1 上海航天控制技术研究所，上海 201109）

（2 上海市空间智能控制技术重点实验室，上海 201109）

摘　要：根据在轨自主导航制导任务特点及其对仿真快速性的要求，提出了一种提升全数字平台运行倍数的方法。基于此方法在原有全数字平台的基础上进行了改进，通过优化硬件接口访问速度和提升动力学模块运行速度，提高了全数字平台在自主导航制导任务过程中的仿真运行效率，能够满足试验快速性要求。

关键词：超实时；数学仿真；信号处理；自主导航制导；超实时倍率（仿真加速比）

空间卫星数量日益攀升，空间碎片、失效卫星等在轨目标飞行器数量也随之增加，已经危及空间安全，因此对飞行器目标的自主导航制导任务需求也越来越迫切。对飞行器目标的自主导航制导任务一般分为两个阶段：第一阶段通过星载设备测量与目标的相对运动状态，为保证制导精度，常对测量数值采用滤波算法进行相对导航，导航收敛需要一定时间；第二个阶段根据滤波结果计算制导律，并实施制导喷气，经过长时间的轨道转移后再次制导喷气，完成对飞行器目标的制导任务。由于该过程由星上自主完成，出于安全性考虑，要求软件具有较强的鲁棒性和健壮性，因此需要在多种工况下进行测试，而整个制导任务周期较长，仿真测试需要花费大量的时间和人力。目前使用较多的方法是利用大步长轨道递推的方式实现快速仿真，但该方法无法适用于卫星自主完成制导任务的全过程，加速倍率有限，仍无法满足测试要求。

数学仿真测试是卫星研制初期常使用的测试方式。数学仿真测试系统使用星载计算机作为星载软件的测试载体，与模拟的数学单机进行通信。动力学模型中的执行机构响应星载计算机输出的控制信号，并对卫星的姿态动力学和轨道动力学状态进行同步计算，动力学模型将更新后的姿态敏感器信息反馈给计算机，形成闭环迭代循环运行。

仿真时，依据星载计算机运行的时间（星上时钟）与仿真时间的比值 k，可将数字仿真分为实时仿真（$k=1$）、亚实时仿真（$k<1$）和超实时仿真（$k>1$）。由于数学仿真需要接入真实的星载计算机作为软件的测试平台，因此数学仿真为实时仿真系统。

全数字仿真系统具备上述实时仿真系统具备的功能，为动力学软件和星载软件提供运行环境和二者的桥接方案，通过软件技术将二者结合起来，一方面完成星载计算机的读写、运算、中断响应等行为的模拟，另一方面为动力学软件提供运行环境。

1. 系统设计思路

基于全数字平台的运行特性，将平台分为硬件超实时模块和软件超实时模块两个功能模块。硬件超实时模块主要为星载软件和动力学模块提供运行场所，并建立两者的通信机制；软件超实时模块的主要作用是在卫星特定状态下加速完成仿真进程。如果将两种超实时方式结合起来，将可以很好地解决制导任务中的仿真用时过长问题，进一步提升全数字系统的运行效率。

硬件超实时模块内包含 GNC 计算机内的 CPU、SRAM、EEPROM、PROM 以及 I/O 外设口，在 X86 计算机中开辟一片内存区域用于星载软件的运行，具体结构如图 1 所示。与真实计算机功能相同，星载软件运行在 SRAM 中，CPU 通过访问 SRAM 完成指令读取，I/O 区域用于数据采集和发送，EEPROM 用于存放备份程序。

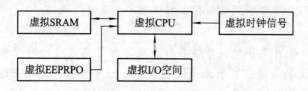

图 1　虚拟计算机组成及原理

软件超实时需要解决快速递推后动力学模型时间与星上时间的同步问题。其工作原理是进入软件超实时操作流程后，星上计算机按照正常时序运行，动力学模型中的敏感器和执行器时刻与星上时序保持同步，只有轨道动力学通过加大递推步长的方式进行快速递推，递推到设定的时间点后，动力学模型系统钟、姿态信息、轨道信息和星上系统钟同时更新到新的状态，才能实现星载软件的连续运行，如图 2 所示。这需要在动力学仿真模块与虚拟计算机模块之间建立一条信息交互通道，通过状态同步机对两者之间的时序与状态进行同步切换。

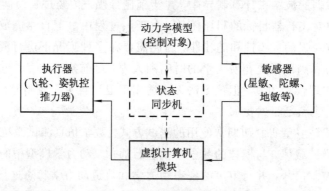

图 2　软件超实时时间同步原理

2. 系统实现

全数字系统仿真系统设计如图 3 所示。

图 3　双重超实时仿真测试系统的系统组成

全数字平台主要由 4 个部分组成：虚拟计算机、动力学模型、数据总线、协同仿真模块。其中，数据总线(含状态同步机功能)用于动力学模型与虚拟计算机的数据交互，包括动力学模型输出的姿态敏感器信息、系统钟等及星载计算机输出的控制量等。协同仿真模块用于协同每个控制周期内星载软件与动力学的时序问题。以字母 T 表示仿真用时(以真实的秒进行积数)，字母 t 表示仿真系统里的时间(以虚拟晶振脉冲/步长进行积数)，其中 t_X 为星上控制周期，t_D 为动力学仿真步长，t_S 为协同仿真周期。一般 $t_X \gg t_D$，取 $n = t_X/t_D$，其中 n 为正整数。在第 i 个协同仿真周期(t_{Si})，以星上软件运行一个控制周期(t_{Xi})且动力学完成 n 个步长仿真(t_{in})为判断条件，即 $t_{Si} = \max(t_{Xi}, t_{in})$，$i = 1, 2, 3, \cdots$。

协同仿真的具体工作原理如图 4 所示，在 T_0 时刻(即 t_{S0} 时刻)，协同仿真模块向虚拟计算机和动力学模型发出启动信号，虚拟计算机开始姿态测量、导航滤波等软件运算。运行到 $t_{11} = t_D$ 时，动力学模型完成一个步长的仿真，将输出信息存放在数据总线的特定存储区域，动力学模型进入下一个仿真周期。运行到 $t_{1l} = lt_D$ 时，虚拟计算机读取姿态信息并进行计算。运行到 $t_{1m} = mt_D$ 时，虚拟计算机输出控制信息存储到特定区域，在 $m+1$ 个周期，动力学模型读取控制量并作出相应的状态模拟。虚拟计算机运行一个控制周期后向协同仿真软件发出结束信号，动力学模型运行 n 个仿真步长后同样发出结束信号，协同仿真软件在接收到两个结束信号后，会向两个模块发出下一个协同仿真周期的启动信号，两个模块一旦有一方先运行结束，即会停止运行等待下一个启动信号。

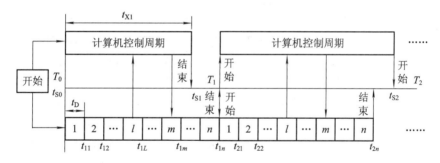

图 4　协同仿真工作原理

星载软件是以星载计算机的晶振周期作为时钟周期的，1 个机器周期包含 12 个时钟周期，执行 1 条指令需要若干机器周期。假如星载计算机以 12 MHz 晶振为时钟周期，那么执行 1 条单周期指令需要用时 1 μs(即星上系统钟增加 1 μs)，而宿主计算机的晶振远大于 12 MHz，如 3 GHz，执行 1 条单周期指令只需要用时 0.004 μs(即 $T_X = 0.004$ μs，而 t_X 仍然是按照 1 μs 累加)，虽然宿主计算机还要运行系统、平台等软件，因而需要分配 CPU 资源，但是依然足以实现超实时仿真，使 T_1 小于 t_{S1}，即实现 $k > 1$。

由上文分析可以得出结论：超实时平台的运行速度取决于虚拟计算机和动力学软件的运行效率，在协同仿真机制下，需要同时加速两者的运行速度才能有效提升全数字平台的运行效率。下面分别从两方面来介绍提升虚拟计算机运行速度和提升动力学运行速度的方法。

1) 提升虚拟计算机的运行速度

以某航天型号卫星的计算机架构为例，计算机由 CPU、SRAM、EEPROM、PROM 以及通信协处理芯片组成，其中 CPU 内部不带存储空间。计算机上电后，引导软件将星载软件搬场至 SRAM 中运行。基于任务需求，星载软件需完成 SRAM、I/O 空间、EEPROM 的数据读写操作。在真实的 GNC 计算机中，CPU 完成一次读写操作需要经过 CPU、FPGA、存储芯片的共同参与，各单元间通过电平信号完成握手，具体通信过程如图 5 所示。

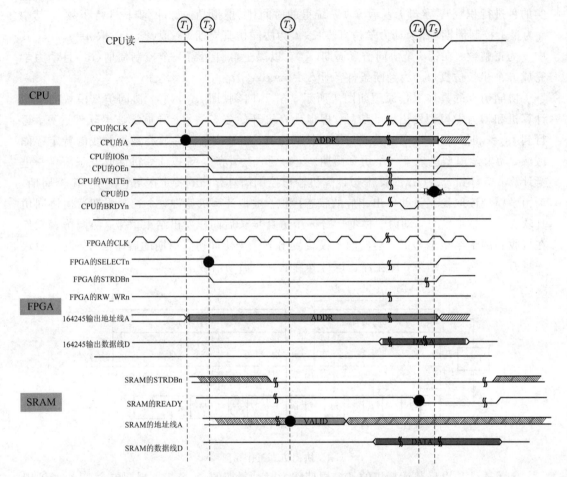

图 5　嵌入式计算机真实读写数据流程图

(1) 具体通信过程如下：

① CPU 在晶振方波的上升沿向地址总线输出读取地址（T_1 时刻）。

② 由 FPGA 根据地址线上信号完成相应区域的片选操作，输出片选信号（T_2 时刻）。

③ 在 SRAM 芯片采集到片选信号后，将地址线上数据锁存，SRAM 芯片内部进行取数操作后，将地址内存放的数据发送到数据总线上（T_3 时刻）。

④ FPGA 检测到 SRAM 输出的数据准备好信号后，通知 CPU 完成读数操作（T_4 时刻）。

⑤ CPU 将数据线上的数据取回（T_5 时刻）。

对于嵌入式系统而言，完成一次数据读操作需要经过 CPU 输出、FPGA 识别、存储芯片响应、FPGA 检测、CPU 取数五个步骤；完成一次写操作需要经过 CPU 输出、FPGA 识别、存储芯片响应、FPGA 检测、CPU 检测五个步骤。

结合卫星平台 CPU 的特性，CPU 内部无存储空间，所有的数据均存储在外设存储器上，具体存储器类型包括 PROM、EEPROM、SRAM、I/O 空间，不同的存储器之间的区别在于存储芯片响应外部读写操作的步骤不尽相同。卫星平台软件在运行过程中，CPU 存在大量对 SRAM 和 I/O 空间的读写操作，同时周期性地对 EEPROM 内的数据进行维护。CPU 完成一次 SRAM 内的数据读取操作，一部分时间消耗在电信号的转换处理上，以图 5 为例，等待 FPGA 完成信号处理$(T_1 \sim T_2)$以及 SRAM 芯片完成响应$(T_2 \sim T_4)$。在全数字系统中，SRAM 与 FPGA 均由软件接口进行功能模拟，具备在软件层面对通信握手机制进行优化的前提，先在此基础上针对 CPU 读写时序进行优化，具体优化方案如图 6 所示。

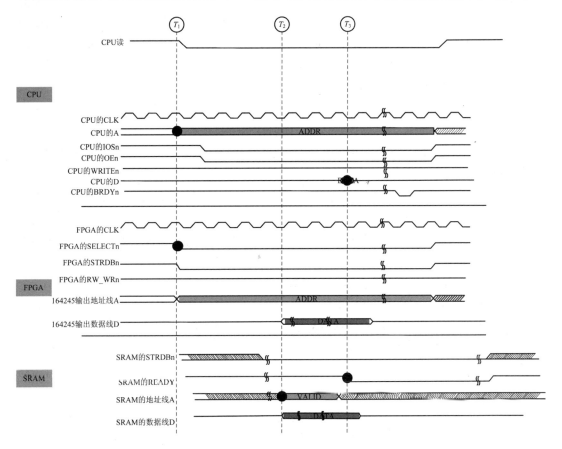

图 6　优化后的虚拟 CPU 读写时序图

（2）优化方案主要体现在以下三个方面：

① 优化 CPU 外设访问软件模块。在原有的全数字系统中，CPU 外设访问软件模块需完成真实嵌入式系统中根据地址输出片选信号到响应存储器的操作。在本优化方案中，这一步骤被取消，即修改后的 CPU 外设访问软件模块在读写操作上更简洁高效。在 CPU 进行读操作时，只需将读信号和地址信号给出；在 CPU 进行写操作时，只需将写信号、地址信号和数据信号给出。

② 优化外设存储芯片软件模块。在原有的全数字系统中，外设存储芯片软件模块需根据片选信号来完成真实嵌入式系统中存储芯片操作地址总线和数据总线的功能。在本优化方案中，这一步骤被取消，即修改后的外设存储芯片软件模块在完成读写操作时，不再依

赖于 FPGA 给出的片选信号。在 CPU 进行读操作时，修改后的外设存储芯片软件模块在检测到 CPU 输出的读信号后，直接完成对地址线的读数操作；在 CPU 进行写操作时，修改后的外设存储芯片软件模块在检测到 CPU 输出的写信号后，直接完成对地址线和数据线的读数操作。

③ CPU 内核读写处理软件模块，即修改 CPU 内核读写处理软件模块。在原有的全数字系统中，CPU 内核读写处理模块需在读写操作发出后持续查询 FPGA 辅助给出的读写操作结束标志。在本文设计的全数字系统中，这一步骤被取消，即修改后的 CPU 内核读写处理模块在完成读写操作时，不再依赖于 FPGA 给出的结束信号，由于时序上外设存储芯片读写过程已处于精简后的状态，CPU 内核读写处理模块只需在固定指令周期后继续执行下一条指令即可。在 CPU 进行读操作时，修改后的 CPU 内核读写处理模块在固定等待周期后，去数据总线采集数据即可；在 CPU 进行写操作时，修改后的 CPU 内核读写处理模块在固定等待周期后即可继续执行下一条指令。

(3) 根据更改后的时序，CPU 完成一次读操作需要经过以下四个步骤：

① CPU 向地址线输出目标读取地址，同时读信号置位。

② 模拟接口软件(代替真实的 FPGA)检测到读信号被置位后，立即完成地址译码并输出片选信号。

③ SRAM(以此为例)检测到读信号后，完成地址线锁存，并将目标地址内的数据发送至数据线。

④ 模拟接口软件(代替真实的 FPGA)不是根据 SRAM 的数据准备好信号来通知 CPU 取数，而是在固定时间(ΔT，表示等待时间)后通知 CPU 取数。

优化方案节省的时间主要在第②步和第④步，第②步中真实的时间为 150 ns 左右，而在本全数字系统中，这个时间实际运行不到 10 ns(由固定等待周期数决定)；第④步中真实的 SRAM 数据准备好信号发出需要经过 200 ns 左右，而在本全数字系统中，这个时间实际运行不到 10 ns(由固定等待周期数决定)。

2) 提升动力学软件模块的运行速度

动力学模型中含两套轨道动力学模型，每套又有两个独立运算的模块，分别用于卫星和目标的轨道递推。无论是否启动软件超实时，第一套模型均按照步长 t_D 进行实时轨道递推。当启动软件超实时后，第二套模型按照大步长(如 1000 倍 t_D)进行快速递推，递推完成后进行状态同步，即将递推后的轨道信息更新到第一套模型中，并对卫星的姿态信息和时间同步更新。状态更新后第一套模型从新状态开始实时递推，系统恢复实时仿真，以此方式实现两种状态的切换。

如图 7 所示，根据卫星工作模式的不同，将整个测试过程可分为超实时快速测试段和实时测试段。对于关键环节采用实时测试方法，测试轨道控制点火过程 GNC 策略的控制效果以及敏感器、执行器的匹配情况；对于非关键环节采用高精度轨道外推的方法，快速连续给出弧段中间的轨道、光照、地影、跟瞄的角度、距离等信息，并给出下一次切换到关键环节的轨道预报值。两个过程的合理分配及无缝衔接，能够使卫星在其设定的测试时间和空间上保持连贯。

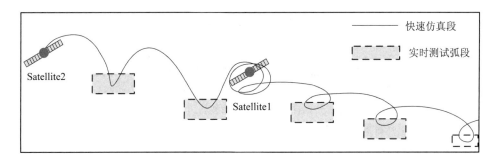

图 7　动力学分频运行弧段

3. 应用实例

以在某卫星上的应用场景予以介绍。如图 8 所示，卫星整个启动机动与返回机动过程完整高效，控制效果达到预期。

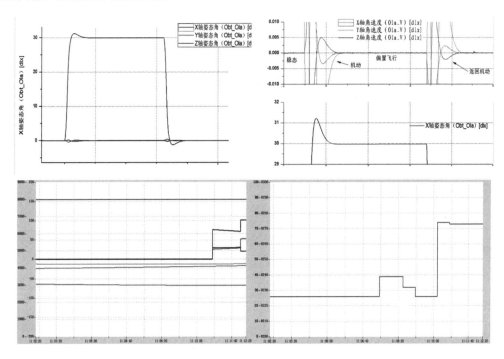

图 8　全数字平台运行效果展示图

4. 结论

自主导航是为了保障制导任务的准确性，需要对测量数据进行长时间滤波计算，同时在数次制导喷气过程中有长时间的漂飞过程。基于以上运行特点，在硬件平台模拟和动力学模块运行两个方面对全数字系统的实现方案进行了优化。通过优化 CPU 访问存储器和协议芯片的时序，缩短了指令运行周期；通过长漂过程中动力学积分步长调整，实现了高倍数运行能力。从试验结果来看，优化后的全数字平台与真实 GNC 计算机的功能相同，不会对测量、计算和制导精度产生影响，运行速度提升显著，可在后续型号中推广使用。

参 考 文 献

[1] 李华山，闫野，周英. 基于 LSM 和 SRUKF 联合滤波算法空间飞行器目标相对状态自主确定[C].
Proceedings of the 30th Chinese Control Conference，烟台，2011：1467 - 1471.

[2] 张艾，李勇. 考虑星间测量的航天器自主导航并行滤波器[J]. 控制理论与应用，2018，35(6).

[3] 阎海峰，魏文辉，赵雪华，等. 随机加权自适应滤波及其在组合导航中的应用[J]. 弹箭与制导学报，
2017，37(5)：1 - 10.

[4] 崔乃刚，张立佳. 微型航天器与空间飞行器目标交会制导方法[J]. 航空学报，2009，30(8)：1466 -
1471.

[5] 任仙海，杨乐平，朱彦伟. 空间飞行器目标贴近扫描观测的制导方法研究[J]. 国防科技大学学报，
2010，32(6)：71 - 75.

[6] 张大伟，宋申民，裴润，等. 飞行器目标自主交会对接的椭圆蔓叶线势函数制导[J]. 宇航学报，
2010，31(10)：2259 - 2268.

[7] 高薇，张强，孙军. 通过超实时仿真验证轨控策略方法研究[J]. 航天控制，2008，26(2)：71 - 74.

[8] 沈二建，张涛，宋靖雁，等. 基于 VxWorks 的卫星实时数学仿真平台[J]. 系统仿真学报，2010，
22(1)：199 - 206.

[9] 张小伟，王静吉，袁彦红，等. 用于长周期高精度轨道控制任务的快速半实物仿真系统[J]. 空间控
制技术与应用，2016，42(4)：42 - 47.

基于 MBD 的开放式星务软件设计方法研究

李翔[1]，韩笑冬[1]，宫江雷[1]，王雷[1]，邢川[1]，邓兵[1]

（1 中国空间技术研究院，北京 100094）

摘　要：软件定义卫星，硬件是基础，软件是灵魂，航天器多数功能由硬件支撑，靠软件实现。随着航天器软件规模越来越大、功能愈来愈复杂，软件研制周期紧、难度大的问题愈来愈凸显。传统的靠文档传递需求，依赖人工进行编码的开发模式越来越难适配大型软件规模不断增大、质量要不断提高的需求。必须采用更先进的工具及方法，以解决软件工程发展到目前所面临的诸多问题。本文研究如何将 MBD(Model Based Design)设计方法应用到星载软件设计中，以解决大规模复杂软件系统的前期需求设计与验证问题，减少无效迭代，提升软件产品的质量。文末以星务管理软件温度控制模块作为实施案例，基于 SCADE(Safety Critical Application Development Environment)工具完成软件模型建立、优化、仿真、评估等工作，验证了 MBD 方法在星载软件设计上应用的可行性。

关键词：MBD；大规模复杂软件；星载软件设计；SCADE

当前在航天器设计领域，随着飞控、导航、通信等系统所需要承载的任务日益强大，其所包含的子系统的功能以及各个子系统之间的交互关系势必越来越复杂，从而对系统及其所包含软硬件的要求也是越来越高，尤其是各个厂家在获得同等硬件资源的条件下，软件通常起着决定性的作用，能够快速地开发出运行正确、安全可靠以及易于维护的软件是研制单位产品开发成败的关键。而随着航天器软件规模越来越大、功能越来越复杂，软件系统的复杂度也越来越高。传统基于文档的软件开发方法的弊端日益凸显，诸如需求定义不清晰容易引起二义性、手写代码验证不全面等都会极大的影响产品的质量，从而增大软件的开发成本。

为了解决复杂系统的问题，基于模型的系统工程设计方法（Model Based System Engineering，MBSE）应运而生，并已成为国内外工程界解决复杂系统分析和设计问题的研究与应用热点，致力于有效解决传统系统工程方法面临的挑战。

软件工程隶属于系统工程，基于模型的软件设计方法（MBD）是 MBSE 方法论的重要组成部分，本文开展以模型为设计载体的星务软件开发方法研究，是以星务软件热控模块为例，基于 SCADE 工具，完成热控模块典型功能的设计，包括模型建立、仿真、评估等工作，验证 MBD 方法在星载软件设计上应用的可行性。

1. 研究现状

1）MBSE 概述

系统工程是 20 世纪 60 年代以来国内外国防领域所重视和推行的研制管理方法。然而，随着系统规模及复杂性的显著增加和装备信息化水平的提高，传统的、基于文本的系统工程方法（Texted System Engineering，TSE）已经不能满足需求。因此，传统的系统工程实践正在向基于模型的系统工程发展演进，实现从以文档为中心向以模型为中心的转变。

根据国际系统工程学会（International Councilon Systems Engineering，INCOSE）在《系统工程 2020 年愿景》中给出的定义，基于模型的系统工程（Model-Based Systems Engineering，MBSE）是"从概念性设计阶段开始对建模的正式应用，以支持系统需求、设计、分析、校核与验证等活动，持续贯穿到开发以及后来的寿命周期阶段"。

MBSE 的定义强调了建模（modeling）的应用问题。模型是对系统的简化和描述，建模就是建立系统的模型。传统的系统工程用各种文本文档构建系统架构模型；基于模型的系统工程用系统建模语言构建系统架构模型。实际上，各专业学科及系统工程一直在使用建模与仿真方法，也就是说，MBSE 与传统系统工程的根本区别并不在于是否建模，而在于是否形式化（formalized）的建模，即建模的过程和方法是否有规范和标准。

基于模型的系统工程一般采用与传统系统工程相同的 V 模型开发方式，不同之处在于MBSE 强调以模型为核心，代替传统的文档，需求、开发、验证活动一切都围绕模型进行，重视模型仿真在系统开发早期需求、设计端的验证作用，其系统开发流程如图 1 所示。

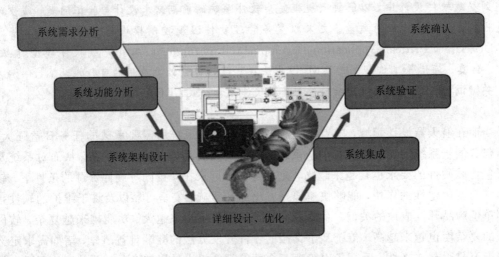

图 1　基于模型的系统开发流程

2）MBD 概述

MBD 是 MBSE 的重要组成部分，通过使用模型来定义需求保证了系统开发不同团队间对需求理解的一致性，通过在设计阶段引入模型仿真能及时地发现需求错误及设计错误，通过自动生成代码能极大地减少软件工程师繁重的编码工作及人为引入的错误。

基于模型的软件设计技术已日趋成熟，越来越多系统的软件已经采用了基于模型的软件设计方法和流程，尤其是对安全性、可靠性要求极高的系统。

较典型的案例是空客的 A380 飞机，该产品在飞控、自动驾驶仪、飞行告警、座舱显示、起落架、刹车等软件研制中广泛使用了模型开发技术，取得了较好的成果。

空中客车工业公司从 1990 年起就致力于代码自动生成方面的研究和实践。经过二十多年的经验积累，他们形成了一套以模型驱动主体的开发流程，很大程度提高了开发效率。空中客车工业公司第一次使用模型驱动开发是在 A340/500 - 600 机型的飞行控制系统中，且取得了非常满意的结果：

（1）利用工具自动生成了 17 万行的代码，占总代码的 70％以上；

（2）在生成的代码中没有发现错误；

（3）对生成的代码没有做修改和做测试就直接放到产品中使用；

（4）总体开发成本节约了 50％；

（5）该软件通过了 DO－178B 国际标准的 A 级质量认证；

（6）模型开发改善了需求的可追踪性，大大缩短了飞行测试和参数调整的时间。

3）SCADE 工具概述

随着模型驱动设计技术的发展，业界的关注度越来越大，同时也催生了很多自动化的设计工具及建模语言，以适应不同阶段对模型描述的需求。其中以美国 ANSYS 公司的 SCADE 集成开发工具及美国的 MathWorks 公司的 Matlab/Simulink 设计验证工具为典型代表。Simulink 在控制仿真领域耕耘多年，有很强的受众基础，但在描述逻辑分支和层次结构较多的软件系统时存在一定的局限性，并且其代码生成器 KCG(Key Code Generator) 生成的代码可读性稍差。因此面向星务软件的功能特点及使用需求，本文选取 SCADE 集成开发软件作为 MBD 方法实施的目标工具。

SCADE 主要是为开发高安全关键性的软件系统提供一套快速便捷的基于模型的软件开发环境。SCADE 包括一个工具家族，拥有 SCADE Architect、SCADE Suite、SCADE Display、SCADE Test 等家庭成员，分别为基于模型的软件开发的各个阶段提供解决方案，各个成员之间基于相同的开发环境，操作类似且简单易学。

（1）SCADE Architect 是基于 SysML(System Model Language)系统建模语言的系统建模和验证工具，可用于系统需求行为分析、功能分解及架构设计、数据管理及接口文件输出等功能，并提供比标准 SysML 工具更加友好和直观的系统模型，为 MBSE 流程和最佳实践提供了坚实的基础。

（2）SCADE Suite 提供基于模型的控制软件建模，模型验证和支持自动代码生成的软件开发环境，SCADE Suite 基于形式化同步语言——scade 语言，具备严谨的数据基础，从根本上保证了 Scade 软件模型具备精确性、一致性、可验证性、无二义性，以及模型行为的确定性。

（3）SCADE Display 支持"所见即所得"的人机交互界面设计，它提供基本控件库和行业相关的控件库，设计人员可以使用这些控件库设计显示画面。

（4）SCADE Test 模型测试环境使得模型测试从主机端到目标机端形成完整的自动化测试流程，相对于手动流程大大地节省了工作量。可用于为模型创建和管理测试用例。

更重要的是，各个成员之间可以很好的同步并联合仿真，保证了设计开发的一致性。除此之外，SCADE 开发环境也展现了很好地开放性和扩展性，可以通过其提供的桥接工具，方便快捷地与第三方的需求管理工具、构型管理工具和建模仿真工具进行互联，而且与外提供了 TCL、JAVA 以及 Python 的 API 接口，便于定制和扩展。其自带的文档生成功能，能够快速地生成设计和测试文档，并且可以基于客户的需求进行定制，节省了开发者大量人力投入成本。

2. 基于 MBD 的星务软件开发案例实施

1）MBD 软件开发流程

基于模型的软件设计任务一般开始于由系统分配过来的软件需求，然后进行需求分析明确需求定义，细化需求种类，在此基础上基于分析后的需求进行功能概要设计，概要设计完成后进入详细设计阶段，完成编码、软件单元测试、软件集成测试以及软硬件集成测试。这是个迭代过程，随着迭代的深入，功能逐步完善，错误逐渐收敛。基于这些活动和以往基于传统模式开发总结的经验教训，笔者希望采用的基于模型的软件开发流程如图 2 所示。

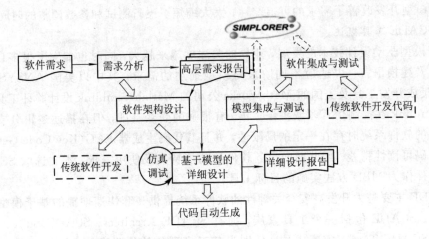

图 2　基于模型的软件开发流程

2）基于 MBD 的星务软件设计典型案例实施

星务软件作为综合电子系统的功能载体，主要完成整星能源、热控、程控、FDIR、内务、总线、遥测、遥控等功能。在上述功能中，热控模块逻辑清晰，无复杂数值计算要求，较适合采用 MBD 设计方法来实现，因此本文中以热控模块核心的自动控温功能为试点功能，开展 MBD 设计工作。

3）需求设计

软件需求分析阶段的活动由一般软件总体来承担，主要是为了通过操作分析、功能分析以及功能分解，对输入的用户需求和系统需求综合分析并进行理解以及细化，为下一阶段的概要设计以及详细设计提供完整、正确的软件需求。该阶段一般包括需求分析、行为分析和功能分解三个活动，当然这些活动不是硬性规定，可以根据获得输入需求的完整性以及对输入需求理解的清晰度酌情进行裁剪。

（1）需求分析。根据 MBSE 的思路，软件需求来源于用户需求的逐级分解，在 SCADE 的建模环境中一般以需求表和需求图的形式来表示。相对于传统的文档传递需求的形式，SCADE 提供的形式化建模手段将需求条目化，并提供自动追溯功能。

热控自控模块主要分三大需求：自动控制温度、热敏电阻自主切换以及性能需求，图 3、图 4 分别是以需求图和需求表表示的软件需求。

软件需求建立完成，利用需求映射矩阵工具（Requirement Distribution Matrix，RDM）建立软件需求与用户需求之间的映射关系，完成需求逐级分解的追踪关系，如图 5 所示。

（2）行为分析。在系统软件的整体需求明确后，需要进一步分析如何实现相关的功能需求，即对软件系统的行为功能进行分析。行为分析的输入是操作分析过程所设计的系统用例图和条目化的用户需求。

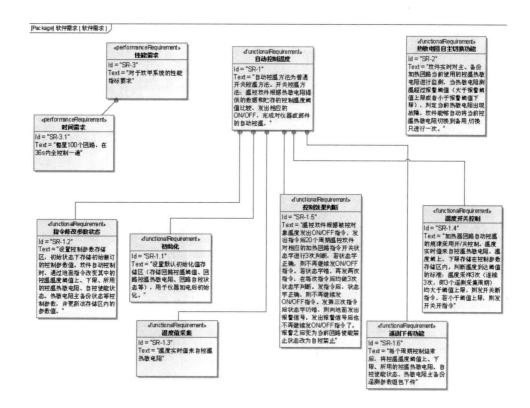

图 3　基于需求图表示的软件需求

#	Name	Text
1	⊟ SR-1 自动控制温度	自动控温方法为普通开关控温方法。开关控温方法：温控软件根据热敏电阻提供的数据和贮存的控制温度阈值比较，发出相应的ON/OFF对仪器或部件的自动控温。
2	SR-1.1 初始化	设置默认初始值存储区（存储回路控温阈值、回路控温热敏电阻、回路自控状态等），用于仪器加电后初始化。
3	SR-1.2 指令修改参数状态	设置控制参数存储区，初始状态下存储初始装订的控制参数值。软件自动控制时，通过地面指令改变其中的控温温度阈值上限、下限、所温热敏电阻、自控使能状态、热敏电阻主备份状态等控制参数，并更新该存储区内的参数值。
4	SR-1.3 温度值采集	温度实时值来自控温热敏电阻
5	SR-1.4 温度开关控制	加热器回路自动控温的规律采用开/关控制。温度实时值来自控温热敏电阻，温度阈上、下限存储在控制参数存储区内。判断温度到达阈值标准：温度采样3次（连续3次，即3个遥测采集周期）均大于阈值上限，则发开关断指令，若小于阈值上限，则发开关开指令
6	SR-1.5 控制效果判断	温控软件根据被控对象温度发出ON/OFF指令，发出指令后20个周期温控软件对相应的加热回路指令开关状态字进行3次判断，若状态字正确，则不再继续发ON/OFF指令。若状态字错，再发两次指令，在每次指令后均做3次状态字判断。发出指令后，状态字正确，则不再继续发ON/OFF指令。发第三次指令后状态字仍错，则向地面发出报警信号。发出报警信号后也不再继续发ON/OFF指令了。报警之后变为当前回路使能禁止状态改为自控禁止
7	SR-1.6 遥测下传功能	每个周期控制结束后，将控温温度阈值上限、下限、所用的控温热敏电阻、自控使能状态、热敏电阻主备份遥测参数组包下传
8	SR-2 热敏电阻自主切换功能	软件实时对主、备份加热回路当前使用的控温热敏电阻进行监测，当热敏电阻测温超过报警阈值（大于报警阈值上限或者小于报警阈值下限），判定当前热敏电阻出现故障，软件能够自动将当前控温热敏电阻切换至备用，切换只进行一次。
9	⊟ SR-3 性能需求	对于软甲系统的性能指标要求
10	SR-3.1 时间需求	整星100个回路，在36s内全控制一遍

图 4　基于需求表表示的软件需求

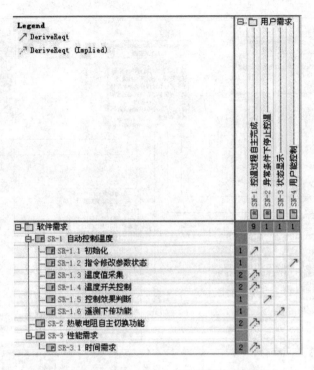

图 5　软件需求与用户需求的映射追踪关系

热控软件典型用例包括用户、地面总控、自控模块、加热器开关四部分，四方控制关系可以用内部控制图表示，如图 6 所示。

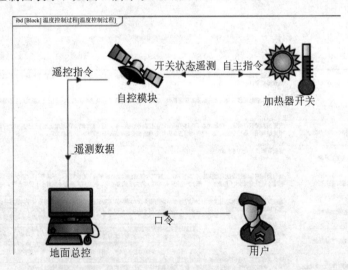

图 6　热控软件自动控温功能典型用例示意图

同时，将典型用例场景进一步细化，可以得到星务软件热控模块自动控温功能详细操作流程示意图，如图 7 所示。

行为分析是对软件需求的进一步细化，通过直观的用例图或活动图展现软件功能的动态效果，其与软件需求也存在映射关系。利用 SCADE 提供的需求解释矩阵工具（Requirement Refine Matrix，RRM），来描述软件需求和行为分析之间的追溯关系，如图 8 所示。

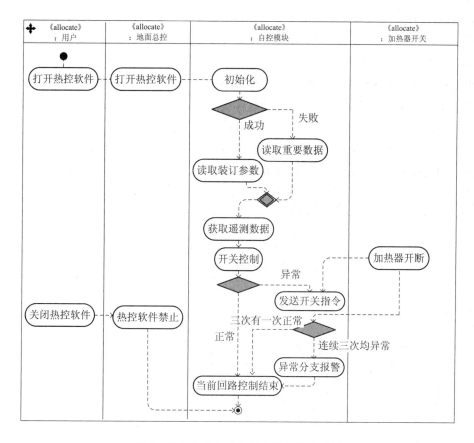

图 7   热控软件自动控温功能操作示意图

自主控温(context 温度控制过程) [2用例场景::自主控温]	SR-1 自动控制温度	SR-1.1 初始化	SR-1.2 指令修改参数状态	SR-1.3 温度值采集	SR-1.4 温变开关控制	SR-1.5 控制效果判断	SR-1.6 遥测下传功能	SR-2 热敏电阻自主切换功能	SR-3 性能需求	SR-3.1 时间需求
	3	3	1	1	1	1	1	1		1
初始化	1	↗								
当前回路控制结束	1		↗							
读取重要数据	1		↗							
读取装订参数	1		↗							
获取遥测数据	1				↗					
开关控制	4				↗	↗		↗		↗
热控软件禁止	1		↗							
热控软件使能	1		↗							
异常分支报警	1						↗			

Legend
↗ Refine

🗀 软件需求

图 8   行为分析与软件需求追溯关系图

4）概要设计

需求设计完成后，我们需要将精细化的需求转化为可实现的软件模块，该过程充分考虑现有的资源，包括技术基础、产品的实现架构等因素，重点考虑实现系统所需的功能单元及组成关系等。最终将系统的每一个功能依附于某个软件模块来实现。概要设计阶段的主要工作是将各个功能单元映射到对应的软件模块上，这些软件模块必须满足它是可获得的、可实现的、可测试和验证的模块等特性，这是软件设计的一个重要原则。

根据需求分析的结果进行功能分解，得到用于详细设计实现的功能基本单元，并且给出各模块间的接口关系，分解示意结构图如图9所示。

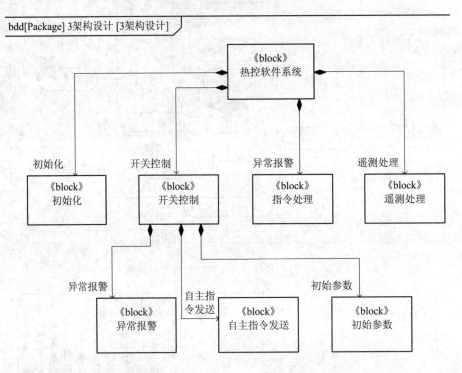

图 9　概要设计阶段模块分解示意图

5）详细设计

详细设计是根据前面阶段输出的需求和功能进行详细设计，详细设计主要是围绕模型来进行，要求建模快捷方便，编码能自动生成，并且能够提供模型仿真功能，在设计时就可以进行模型的功能验证，把需求设计错误识别在研制初期。

对于不能采用模型设计自动生成的代码，比如与实时操作操作系统的调度和管理以及驱动相关的软件模块，仍然可以采用手动编码的方式。具体到该实施案例中，温度自动控制功能由 MBD 方法实现，任务调度框架及驱动相关代码仍采用原有手动编写代码，MBD 自动生成代码集成至原有手动编码代码框架中联合编译、调试、验证。

详细设计阶段借助形式化的建模方法对数据结构、宏定义及核心功能进行建模，建模结果如图10～图12所示。

Constant	Type	Value	Comments
Cmd_But_Init	uint8 ^4		
0	uint8	0	
1	uint8	0	
2	uint8	0	
3	uint8	0	
loop_Cmd_Off_Buf	uint8 ^4 ^TCS_LOOP_CNT	<Imported>	自主指令缓存区，存放回路关指令码字，指令缓存…
loop_Cmd_On_Buf	uint8 ^4 ^TCS_LOOP_CNT	<Imported>	自主指令缓存区，存放回路开指令码字，指令缓存…
Task_ID	uint8	0x25	温控软件对应的任务ID
TCS_ACSW_Enable	uint16	1	回路开关接通
TCS_ACSW_Unable	uint16	0	回路开关关闭
TCS_LOOP_CNT	uint16	363	需要处理的回路总数
TCS_LOOPNUM_PE...	uint16	5	每周期需要处理的回路数
TCS_LOOPS_INITS	A_AllLoopParas	<Imported>	所有回路初始化参数
TCS_PK	S_TCS_PK ^TCS_LOOP_CNT	<Imported>	所有回路PK包信息
TCS_PK_OneLoop...	S_TCS_PK		每一回路PK包初始化
TCS_ACS_PK	uint8 ^4	[0, 0, 0, 0]	
TCS_ACSW_R_PK	uint8 ^4	[0, 0, 0, 0]	
TCS_ACSW_W_PK	uint8 ^4	[0, 0, 0, 0]	
TCS_THMAX_PK	uint8 ^4	[0, 0, 0, 0]	
TCS_THMIN_PK	uint8 ^4	[0, 0, 0, 0]	
TCS_THS_PK	uint8 ^4	[0, 0, 0, 0]	
TCS_THV_W_PK	uint8 ^4	[0, 0, 0, 0]	
TCS_THV1_PK	uint8 ^4	[0, 0, 0, 0]	
TCS_THV2_PK	uint8 ^4	[0, 0, 0, 0]	
TCS_State_Init	uint16	0xFFFF	温控软件自主控制初始化状态，初始化为0xFFFF，…
TempAutoContro...	uint16	0x4511	温控软件自控指令码
TempAutoManageCmd	uint16	0x4500	温控自主管理指令码
TempThreshlodCmd	uint16	0x4544	温控阈值设置指令码
ThermistorSetCmd	uint16	0x4533	温控热敏电阻设置指令码
ThermistorSetTH1	uint16	0x0000	热敏电阻状态为TH1
ThermistorSetTH2	uint16	0xFFFF	热敏电阻状态为TH1

图 10　数据结构建模示意图

Type	Definition	Comments
A_AllLoopParas	<array>	所有回路相关参数，是一个数据类型为S_OneLoopPa…
^TCS_LOOP_CNT	S_OneLoopParams	
A_Uint8_4	<array>	数据类型为uint8的一维数组，长度是4
^4	uint8	
E_Loop_State	<enumeration>	温控回路状态
Normal		温度正常
Upper		已控，且高于温度阈值上限
Lower		已控，且低于温度阈值下限
S_OneLoopParams	<structure>	温控系统每一个回路相关参数
TCS_ACS	uint16	温控每一回路自控使能禁止状态
TCS_ACSW	uint16	温控每一回路自控开关使能禁止状态
TCS_THMAX1	uint16	温控每一回路主份热敏电阻阈值上限
TCS_THMAX2	uint16	温控每一回路备份热敏电阻阈值上限
TCS_THMIN1	uint16	温控每一回路主份热敏电阻阈值下限
TCS_THMIN2	uint16	温控每一回路备份热敏电阻阈值下限
TCS_THS	uint16	温控每一回路热敏电阻状态（主份or备份）
SendOnOffCmdCnt	uint8	温控每一回路发送开关通断指令次数
TempOutLowLimitCnt	uint8	温控每一回路超出阈值下限的次数
TempOutUpLimitCnt	uint8	温控每一回路超出阈值上限的次数
ValidOnOffCmdCnt	uint8	温控每一回路超出阈值后验证指令发送正确的次数
WaitCycleCnt	uint8	温控每一回路超出阈值发送通断指令后等待的周期数
Loop_State	E_Loop_State	温控每一回路当前自控所处状态
S_TCS_PK	<structure>	温控系统一回路PK包位置信息TCS: temperature …
TCS_ACS_PK	uint8 ^4	温控回路使能禁止状态PK包信息
TCS_ACSW_R_PK	uint8 ^4	温控回路自控开关状态（读）PK包信息
TCS_ACSW_W_PK	uint8 ^4	温控回路自控开关状态（写）PK包信息
TCS_THMAX_PK	uint8 ^4	温控热敏电阻阈值上限（写）PK包信息
TCS_THMIN_PK	uint8 ^4	温控热敏电阻阈值下限（写）PK包信息
TCS_THS_PK	uint8 ^4	温控热敏电阻状态（写）PK包信息
TCS_THV_W_PK	uint8 ^4	温控回路热敏电阻遥测值（写）PK包信息
TCS_THV1_PK	uint8 ^4	温控回路主份热敏电阻遥测值（读）PK包信息
TCS_THV2_PK	uint8 ^4	温控回路备份热敏电阻遥测值（读）PK包信息

图 11　宏定义常量建模示意图

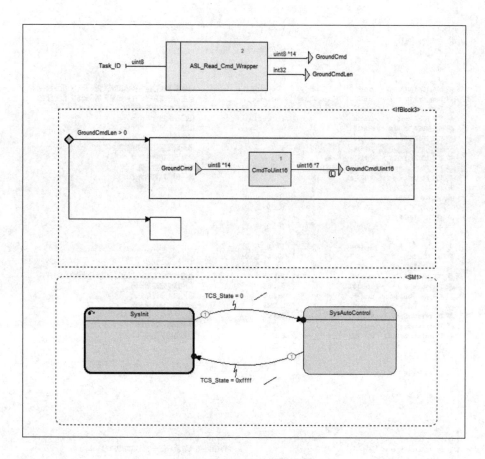

图 12　核心功能建模示意图

6）模型确认及验证

为了保证研制软件的安全性和可靠性，软件确认和验证的工作要贯穿软件研制生命周期始终。确认活动是为了保证软件需求的完整性和正确性，验证活动是为了保证软件设计实现的正确性。其中，基于需求的测试是高安全关键性软件研制过程确认和验证阶段所包含的主要活动，强调一切测试的设计是基于需求，而不是基于代码。由于基于模型的软件代码是由模型自动生成的，而采用基于模型的测试很好地避免了传统软件测试中常遇到的基于代码测试的问题。同时，由于代码的自动生成，只要保证模型设计的可靠和正确，生成代码的单元测试环节可以省去，这样就极大地节省了测试的时间和人力成本。

SCADE 工具支持基于模型的仿真及验证功能，编写针对特定功能的仿真实例，导入后可动态仿真，输出仿真结果，再与预期结果对比，即可验证模型设计的正确性，如图 13 所示。

根据以上的仿真实例序列，可测试模型功能的正确性，对于自动控温功能来说，借助图形工具，可以实时显示温度随仿真时间推进变化的规律，从而验证自动控温功能的正确性。

经过仿真，若模型验证没有通过，可在线修改模型，再次迭代，直至仿真结果正确，即完成模型的设计工作。热控软件自控功能的开发过程完毕后，还需利用自动代码生成工具KCG 生成源代码文件，集成至原有的手动编码的软件架构中，形成完整的热控软件产品，

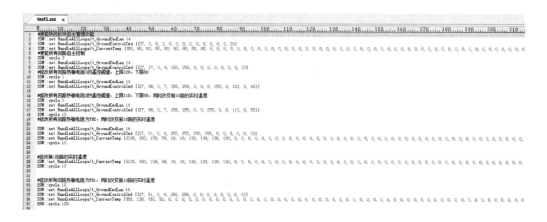

图 13　仿真实例示意图

可提交给测试组完成确认测试等工作。

3. MBD 开发效果评估

本文中，在实施 MBD 方法实现热控软件自动控温功能之前，已经通过传统的手写编码方式完成了代码开发，两种方式均输出了最终的源代码。项目组针对这两种方式，从代码占用空间、运行效率等指标全面评估两种方式的开发效果和成本，对比结果如图 14 所示。

	指标名称	手写代码	自动生成代码	趋势对比
静态指标	代码总行数	8243	4770	⬇
	代码有效行数	6437	4091	⬇
	代码注释率	22%	14%	⬇
	函数个数	104	35	⬇
	目标码烧写占用空间	45.4K	11.93K	⬇
	目标码运行占用空间	26.4K	96.46K	⬆
	静态规则检查问题	较多	除注释率外无问题	⬇
动态指标	平均执行时间	19ms	39ms	⬆
	堆栈占用率(10KB)	16%	18%	⬆
开发指标	开发时间	10个工作日	5个工作日	⬇
	调试时间(仿真时间)	5个工作日	5个工作日	＝
	开发方测试时间	12个工作日	12个工作日	＝

图 14　MBD 方法与传统编码开发效果对比结果图

图 14 中，代码执行时间是在以 Sparc 架构的 BM3803 芯片 CPU 的目标机环境下测得。通过对比可以看出，MBD 方法在减少开发工作量和降低代码缺陷率上存在一定优势，但是在最终代码的执行效率和时间性能上弱于传统方式，性能差别不大，且大多性能可以通过在设计上采用规避方法进行优化。

另外，在开发过程中可以看到，MBD 方法提供可视化建模语言，其可读性好，受众面较广。这样，无论是设计人员，还是测试人员，都能很容易读懂软件设计。对于无代码基础的人来说，上手难度比手写代码简单，和伪代码类似。这就为系统设计师、硬件设计师、软件总体、软件设计师交流提供了统一的设计语言，极大地减少了需求传递的误差。而对于代码开发的人来说，MBD 设计方法最终输出以模型为核心产物，模型相对代码来说更容易被复用，有利于设计师经验向知识的转化，最终沉淀形成知识库。

4. 结论

本文在星务软件领域开展了 MBD 的软件开发方法研究，以星务软件热控模块自动控温功能开发作为实施案例，采用 SCADE 工具完成从需求设计到概要设计，再到详细设计的全流程建模，建立需求到设计的逐层追溯，并基于模型展开功能仿真与验证，最终得到模型自动生成的源代码，验证了 MBD 研制模式应用于星载软件设计的可行性。同时，文末将 MBD 和传统编码方式下输出的源代码下载至目标机环境下运行，从静态指标、动态指标及开发指标三方面进行评估，证明了 MBD 方法在减少开发工作量和降低代码缺陷率上存在一定的优势，为进一步提升大型复杂软件系统的产品质量提供了一种可实施的技术路线。

参 考 文 献

[1] 徐州. 基于 MBSE 方法进行民机设计的工具链建设[J]. 航空制造技术，2017.05.

[2] SAN D. INCOSE. Systems engineering vision 2020：INCOSE - TP - 2004 - 004 - 02[R]. CA：International Council on Systems Engineering(INCOSE). 2007.

[3] 傅有光，储晓彬，李明. 基于 MBSE 的雷达数字化系统设计方法[J]. 现代雷达，2017.05

[4] 张世聪，陈波，张晓晋，等. 基于 MBSE 的动车组设计方法研究及应用 [J]. 中国铁道科学，2018.02

[5] 董晓明，胡洋. 基于模型系统工程在全舰计算环境集成框架的应用概览[J]. 中国舰船研究，2016.06

[6] 赵勇. 基于模型驱动的嵌入式实时系统设计与实现[D]. 合肥：中国科学技术大学，2017.

载荷软件演化中的相互一致性研究

李天硕[1]，贾庆轩[1]，陈钢[1]，申岳[1]

(1 北京邮电大学 自动化学院，北京 100876)

摘　要：为保障软件定义卫星的有效载荷软件在轨升级中的相互一致性，针对以构件作为演化基本单位的有效载荷软件，提出一种软件演化推演方法。首先，针对软件动态演化技术，设计以构件为基础的软件架构，并划分软件层次；然后，对载荷软件的抽象描述展开研究，在构件运算关系和构件间交互行为的基础上，提出基于三维列向量代数运算的软件系统模型；最后，基于软件模型，对构件增加、删除和替换三个操作，及软件演化过程进行实例分析。通过约束构件行为，降低了对软件直接演化的潜在风险，保证了载荷软件演化过程中的相互一致性。

关键词：软件定义卫星；载荷软件；软件演化；功能构件；相互一致性

　　人造卫星是一种应用于科学探测、天气预报和通信等领域的航天器。为了克服传统卫星定制化程度严重、研制周期长等问题，中国科学院软件研究所等单位提出了软件定义卫星的概念：这是一种以天基先进计算平台和星载通用操作环境为核心，采用开放系统架构，支持有效载荷即插即用、应用软件动态重配、系统功能按需重构的新一代卫星系统。载荷应用软件在轨动态演化作为软件定义卫星研究中的一项关键技术，对于提升卫星承担空间任务的能力具有重要作用。因此，为扩展卫星功能、提升卫星性能，从而更好地适应空间复杂多变的任务和恶劣的太空环境，需要对载荷软件的演化技术展开研究。

　　在已有关于软件演化的研究中，张晓波等人按照软件定义功能的思想，提出了一种支持功能可重构的载荷技术架构，为设计支持在轨演化的载荷软件提供了指导。受卫星载荷软件特殊运行环境的影响，载荷软件在轨演化对安全性、可靠性具有极高的要求。因此，吕敏等人针对载荷软件的安全演化问题，提出了一种基于最小安全模式的软件在轨演化方法，但这种方法没有考虑软件在轨演化过程中构件交互的完整性问题。软件相互一致性作为保证软件安全演化的一项重要标准，要求软件在演化中必须保证构件间交互的完整性，即构件间的交互行为不能因为某个构件的删除或替换而导致交互请求无法获得应答。针对软件演化相互一致性的问题，申利民等人通过对构件建模，给出了软件演化的一致性检验算法，但没有说明如何驱动构件来保护交互行为不受影响。因此，针对软件定义卫星的载荷软件，本文提出一种基于代数运算的软件演化推演方法，利用该方法对软件演化过程中的构件行为进行限定，可有助于保证软件演化的相互一致性。

　　综上所述，本文针对载荷软件演化过程中的相互一致性问题，分析其演化的可实现机制，并划分软件层次以支持构件更新。通过分析构件间的运算关系和交互行为，设计基于三维列向量和代数运算的软件模型。基于软件模型，对构件的增删替换过程进行实例推演。通过对构件行为进行限定，以降低软件直接演化带来的危险，保证软件的相互一致性。

1. 支持动态演化的载荷软件架构设计

为保证载荷软件在轨发布后能够动态扩展其功能、完善其性能，需要基于构件技术设计载荷软件，并对软件的层次结构进行划分，以降低构件耦合性。

1）载荷软件演化机制分析

载荷软件在投入使用后，由于用户需求发生改变或载荷设备进行了更换，需要修改、扩充软件功能，以适应新的应用需求。对于传统的卫星软件，通常是将整个软件编译成一个镜像固化在 ROM 中。当有修改需求时，需要中断软件的运行，经修改代码、重新编译后，再更新 ROM 中存储的文件才能完成软件的演化。基于这种开发方式，会导致软件在轨演化时费时费力。

因此，基于软件定义卫星的思想，依托星载操作环境，将载荷软件设计成允许在轨发布、动态重构的 App。软件可按照不同功能划分成各个构件，并对其分别进行编译。根据任务需求，在不影响载荷软件运行其他功能构件的情况下，加载新的构件，从而完成新的任务。

2）载荷软件架构设计

为降低构件之间的耦合性，保证载荷软件能够以构件的粒度进行在轨更新，将其设计为以下三层，包括功能应用层、接口服务层和主体框架层，如图 1 所示。

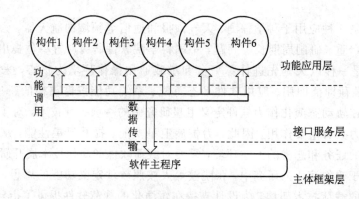

图 1　载荷软件层次划分

其中，功能应用层类似于手机里的软件应用商店，包括服务于各种有效载荷的功能构件，可以为卫星的各种应用场景提供大量的功能构件资源；接口服务层可以为功能应用层中的各种构件接入软件基础框架提供统一调用形式，同时也为它们之间的数据交互提供数据传输方式；主体框架层作为一个可以接入各种构件的主程序框架，它为构件的运行提供基础环境，包括构件之间逻辑运算关系的制定、构件输入和输出数据的处理及软件操作指令的输入等。

2. 载荷软件的抽象描述

允许动态演化的软件系统具备构件可复用的特点，并且可通过构件间关系的变化来引起系统功能的变化。构件间的连接关系包括运算关系和交互行为两个方面。通过对构件进行抽象建模，并引入代数理论，可以把对软件演化的研究简化成对代数运算的研究。

1）构件运算关系梳理

载荷软件的功能实现需要大量构件提供服务，而各构件一般是不会孤立存在的，它们相互之间存在着运算关系。构件之间的运算关系可分为协同、调用和条件关系三种。协同关系指的是构件 C_1 与构件 C_2 通过共同提供服务，一起实现某项功能；调用关系指的是构件 C_1 在运行过程中使用了构件 C_2 提供的功能；条件关系指的是构件 C_1 的执行会以构件 C_2 的执行结果为条件，即构件 C_2 的输出是构件 C_1 的输入。为方便说明构件运算关系，可将构件之间的协同、调用和条件关系用图 2 来表示。

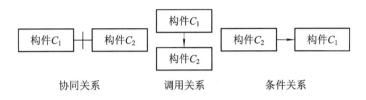

图 2　构件运算关系

以一个载荷软件包括 $A\sim F$ 共六个功能构件为例，它们之间的运算关系设为：A 调用 B、C 两个构件。其中，B 运行过程中调用 D、E，且这两个构件之间存在协同关系；构件 C 调用 F，而 F 的输入来自 E 的输出。构件 B、D、E 整体上与 C、F 存在互相协同关系。构件运算关系如图 3 所示。

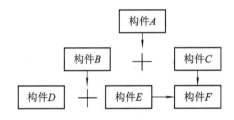

图 3　载荷软件构件运算关系

2）构件交互行为分析

对于构件间的调用和条件关系，交互行为都是一个构件发送请求，另一个构件接收执行的过程；对于构件间的协同关系，则是一个上层构件发送调用请求，两个或多个构件接收请求并执行，共同完成某项服务。

无论构件发送还是接收请求，基于 Jeff 方法，都可将构件的交互行为分为以下四类。

（1）构件当前参与自行启动事务的行为；

（2）构件将来参与自行启动事务的行为；

（3）构件当前参与由其他构件启动事务的行为；

（4）构件将来参与由其他构件启动事务的行为。

其中，事务是指两个构件间一次完整的交互过程。基于 Jeff 方法的四类交互行为，可将构件间交互行为总结为主动行为和被动行为两种。主动行为是指构件 C_1 由于自身的需要，主动启动事务并向构件 C_2 发送参与该事务的请求；被动行为则是指构件 C_2 不自行启动事务，而是被动地参与由构件 C_1 启动的事务。

3）软件系统抽象建模

软件演化本质上是对构件间关系的修改，在演化过程中，构件间交互行为、运算关系和构件在软件中的层级关系等要素都会对相互一致性造成影响。张友生提出了一种基于代数理论的软件体系结构描述方法，对软件演化过程进行了推理。基于这种代数理论思想，针对软件演化的相互一致性问题，结合构件的运算关系和交互行为等特性，设计了基于三维列向量的构件模型，如下式所示。

$$\text{Component} = \begin{bmatrix} CN \\ IA \\ CH \end{bmatrix} \tag{1}$$

式中：

（1）CN，即 ComponentName，是构件的名称标识；

（2）IA，即 IsActive，用于表示在构件交互行为中，该构件行为是否属于主动行为。关于构件的 IA 属性，规定如下：

① 用 1 表示主动，0 表示被动。

② 一个软件系统中，只有互为协同关系的构件之间才可以都是被动行为，其他的构件运算关系中主动行为和被动行为需至少各有一个。

③ 当构件作为软件系统中的底层构件时，构件行为都是被动行为。

（3）CH，即 ComponentHierarchy，用于表示该构件在软件中的层级。关于构件的 CH 属性，规定如下：

① 用 0 表示该构件处于软件系统中的顶层，1 表示处于软件的中间层，2 表示处于底层。

② 顶层构件作为软件的程序入口，不被其他任何构件调用和条件输入；底层构件不会调用任何构件。

③ 一个软件系统中，当构件数大于 2 时，至少要有一个顶层构件和一个底层构件。

④ 处于顶层和中间层的构件，在对其执行演化操作时，可能会对其他构件产生连带操作。如顶层构件的删除可能会导致整个软件的分离，此时，这种构件的删除操作是不被允许的。

对于构件间运算关系的代数表示，借鉴李雄提出的构件运算代数理论，规定如下：

（1）以符号"＋"表示两构件的调用关系，记作 $C_1 + C_2$，表示构件 C_1 调用构件 C_2 的服务。

（2）以符号"×"表示两构件的协同关系，记作 $C_1 \times C_2$，表示构件 C_1 与构件 C_2 一起完成某项功能。

（3）以符号"⊕"表示两构件的条件关系，记作 $C_1 \oplus C_2$，表示构件 C_2 以构件 C_1 的执行作为前提。

（4）构件代数运算的优先级为从左至右，先括号，后条件或协作，最后调用。

（5）软件系统内的主动交互行为指的是各构件自动执行，不需人工手动干预的过程。

基于上述构件建模方法，通过构件的代数运算，对图 3 所述软件构件运算关系的描述如下所示。

$$\begin{bmatrix} A \\ 1 \\ 0 \end{bmatrix} + \begin{bmatrix} B \\ 1 \\ 1 \end{bmatrix} + \begin{bmatrix} D \\ 0 \\ 2 \end{bmatrix} \times \begin{bmatrix} E \\ 0 \\ 2 \end{bmatrix} \times \left(\begin{bmatrix} C \\ 1 \\ 1 \end{bmatrix} + \begin{bmatrix} E \\ 1 \\ 2 \end{bmatrix} \oplus \begin{bmatrix} F \\ 0 \\ 2 \end{bmatrix} \right) \tag{2}$$

将式（2）所述的代数运算表达式整理后，可得整个软件的代数描述模型。

$$\begin{bmatrix} CF \\ BF \\ HF \end{bmatrix} = \begin{bmatrix} A + [B + (D \times E)] \times [C + (F \oplus E)] \\ 1 + [1 + (0 \times 0)] \times [1 + (1 \oplus 0)] \\ 0 + [1 + (2 \times 2)] \times [1 + (2 \oplus 2)] \end{bmatrix} \tag{3}$$

式中：

CF，即 ComponentFormula，表示软件系统内所有构件的运算关系表达式；

BF，即 BehaviorFormula，表示软件内各构件与下一个构件之间的交互行为表达式；

HF，即 HierarchyFormula，表示各构件所处软件内层级的表达式。

基于式(1)～式(3)，通过将软件抽象成三维列向量的代数运算表达式，把对软件演化的研究转化成了对构件运算表达式的研究，降低了对相互一致性研究的复杂性。

3. 载荷软件演化实例推演

软件的演化包括对构件的增加、删除和替换操作，为保证软件的相互一致性，针对这些构件的操作，基于软件系统抽象化模型，对软件演化进行实例推演。

1）软件演化分析

为保证软件演化的相互一致性，在对载荷软件的构件进行演化前，Jeff 方法要求构件必须进入静止状态，即构件需满足以下条件。

（1）构件当前没有参与自行启动的事务。

（2）构件将来不会自行启动事务。

（3）构件当前没有参与由其他构件启动的事务。

（4）构件将来不会参与由其他构件启动的事务，包括已经启动和即将启动的需要构件参与的事务。

当构件处于静止状态时，其状态不会被任何事务所改变，此时对软件进行演化不会对软件相互一致性造成影响。因此，为保证软件的相互一致性，在对软件实施动态演化时，需要研究如何使目标构件进入静止状态。

2）增加构件实例分析

以图 3 所示的软件模型为例，假设软件系统需要增加一个全新构件 G 供构件 D 调用。为保证软件的相互一致性，基于式(1)～式(3)所述的软件模型，分析如下。

（1）由构件 D 的 IA 属性可知，现有软件系统中构件 D 中的只提供了被动行为。根据构件 IA 属性的规定，必须将构件 D 的行为设置为对 G 的主动调用。

（2）由构件 D 的 CH 属性可知，调用新增构件 G 后，D 由底层转换成中间层，即 CH 的值变为 1。而新增构件 G 的 CH 属性应设置为 2，即作为整个软件的底层构件。软件中顶层、中间层、底层构件分布合理，满足构件 D 的 CH 属性规定的要求。

（3）由式(3)所述软件代数描述模型可知，构件 A 调用 B，构件 B 调用构件 D，构件 D 继续调用构件 G。因此，根据上述代数运算中构件行为自动执行的规定，为防止增加构件过程中，构件调用请求无应答而影响软件稳定，在构件 G 加入到系统前，应禁止构件 A 对 B、构件 B 对 D、构件 D 对 G 的主动调用行为。

3）删除构件实例

以图 3 所示的软件模型为例，假设由于任务和环境的改变，构件 A 只需要调用构件 B 即可完成工作，而不再需要构件 C 的协同，因此需要删除冗余构件 C。为保证软件的相互一致性，基于式(1)～式(3)所述的软件模型，分析如下。

（1）由构件 F 的 IA 属性可知，在构件 C 和 F 间的运算关系中，F 属于被动调用。因此，构件 C 删除后，根据 IA 属性规定，F 失去被主动调用的来源，也需要被同时连带删除。

（2）由构件 C 的 CH 属性可知，其值为 1，位于软件中的中间层，构件 C 被删除后，不会造成整个软件的分离，对于软件是安全的，因此删除操作允许执行。

（3）由式（3）所述软件代数描述模型和构件 C 的 IA 属性可知，构件 C 会被 A 主动调用，同时 C 也会调用构件 F，因此在执行删除操作前，应禁止构件 A 对 C、构件 C 对 F 的主动调用行为。

（4）由构件 F 的 IA 属性可知，F 的 IA 值为 0，作为构件 E 的条件输出构件。因此，在 F 被连带删除的过程中，构件 E 对 F 的主动行为应被取消，以防止 E 的输出无法达到目标构件，影响软件的可靠演化。

（5）由式（3）所述软件代数描述模型可知，构件 C 在被删除时，不会影响构件 B 的运行，关于构件 B 的交互行为仍可正常进行。

4）替换构件实例

以图 3 所示的软件模型为例，假设需要用改进后的功能构件 H 代替原有构件 F。为保证软件的相互一致性，基于式（1）～式（3）所述的软件模型，分析如下。

（1）由构件 F 的 IA 属性可知，其值为 0，属于被动行为，在构件 F 被替换后，根据 IA 属性规定，H 的 IA 属性也必须设置为 0，即 F 的行为属于被动行为。此时，需要将构件 C 对 F 的调用迁移至构件 H。

（2）由构件 F 的 CH 属性可知，其值为 2，属于底层构件，则执行替换操作时，不需要连带删除或替换其他构件。

（3）由式（3）所述软件代数描述模型可知，构件 C 主动调用构件 F，而构件 A 又会主动调用构件 C；构件 E 作为 F 的条件输入，且构件 B 主动调用构件 E。因此，根据上述代数运算中构件行为自动执行的规定，为保证软件的相互一致性，构件 F 执行替换前，软件系统内的 A、B、D 构件均需停止交互行为。

综上所述，基于软件系统的抽象模型，可对软件内的运算关系和交互行为进行分析，从而明确软件演化过程中的注意事项。通过上述增加、删除和替换构件的操作实例，对软件演化进行了推演，提出了执行演化操作前的对某些构件的行为限制，避免了软件交互过程中被请求无响应的情况，有利于保证软件的相互一致性。

4. 结束语

本文针对软件定义卫星的有效载荷软件在轨升级问题，提出面向相互一致性问题的载荷软件演化推演方案，能够对软件演化过程中的构件交互行为进行推演，提高软件演化的可靠性。通过设计支持动态演化的载荷软件架构，对软件层次结构进行了划分，将构件作为研究和开发基本软件单位。提出的软件抽象模型，实现了对软件系统中构件运算关系和交互行为的抽象描述。最后，针对软件的演化过程，对软件演化过程中构件的增加、替换和删除操作实例进行了推演，给出了构件行为限制方案，降低了对软件系统直接进行演化带来的风险，提高了载荷软件在轨演化的可靠性。

参 考 文 献

[1] 赵军锁，吴凤鸽，刘光明，等. 发展软件定义卫星的总体思路与技术实践[J]. 卫星与网络，2018，(04)：44-49.

[2] 赵军锁，吴凤鸽，刘光明. 软件定义卫星技术发展与展望[J]. 卫星与网络，2017，(12)：46-50.

[3] 张晓波，王赟，史劼，等. 一种新型航天综合化载荷架构研究[J]. 中国电子科学研究院学报，2017，(05)：551-555.

[4] 吕敏等，张国柱，董晋芳，等. 载荷软件可重构的空间自主飞行器内核软件设计方法[J]. 上海航天，2015，32(04)：54-58.

[5] 李长云，何频捷，李玉龙. 软件动态演化技术[M]. 北京：北京大学出版社，2007：21-22.

[6] 申利民，马川，王涛. 基于进程代数的构件动态演化行为一致性研究[J]. 计算机应用研究，2009，26(04)：1345-1352.

[7] 郭宗芝，刘彬，邹玉龙，等. 基于模块动态加载机制的航天器软件重构方案研究[J]. 计算机测量与控制，2018，26(06)：126-129.

[8] 袁博，汪斌强. 基于构件运算的可重构系统代数模型[J]. 软件学报，2012，23(10)：2735-2745.

[9] 李雄. 基于构件运算的软件演化研究[D]. 长沙：湖南大学，2006.

[10] KRAMER J, MAGEE J. The evolving philosophers' problem：dynamic change management[J]. IEEE Transactions on Software Engineering，1990，16(11)：1293-1306.

[11] 张友生. 基于代数理论的软件体系结构描述及软件演化方法研究[D]. 长沙：中南大学，2007.

基于空谱联合特征的高光谱空间目标识别算法

夏玉立[1]，李济民[1]，闫小盼[1]，张衡[1]，赵岩[1]

(1 中国科学院软件研究所，北京 100190)

摘　要：针对空间目标检测识别问题，提出一种结合空间特征和光谱特征的天基高光谱目标检测识别方法。算法首先对高光谱数据进行预处理，利用阈值分割区分背景和目标；然后采用机器学习聚类算法对空间目标的光谱特征进行聚类，得到空间目标主要部件（太阳帆板、卫星主体）的光谱特征曲线并计算光谱聚类中心点分布，计算空间目标不同部件之间的相对位置关系构造空间特征，并将此空间特征与光谱特征结合构造空谱联合判定特征，与已知目标空谱联合特征进行匹配计算，实现对空间目标的识别分类。该方法充分利用空间、光谱特征，提高空间目标识别性能，在识别目标类型的同时可实现对空间目标关键部位的定位。另外，为了提高计算效率，本算法在处理时首先进行预处理区分背景和目标，大大降低了计算量。

关键词：空谱联合；空间目标识别；光谱聚类；阈值分割

天基空间目标观测与地基空间目标观测相比，具有不受气象条件、观测地域和观测时间影响等特点，是当前空间目标观测的研究热点之一，也是空间目标监视的重要技术手段。然而如何从空间观测数据中识别空间目标是个亟待解决的问题。由于空间目标距离较远，成像的分辨率较低，目标在图像中占的像元数较少，在传统地基空间观测数据中，目标可能仅是一个点目标，无法从几何特征上识别目标。因此，现有的空间目标识别方法大多是分析空间目标的光谱特性。光谱特性虽然在一定程度上能够识别材料，但是需要大量先验知识，并且影响幅亮度因素较多，像元成分混杂，光谱曲线耦合严重，仅通过光谱来识别误判较多。目前地基的空间目标识别方法均不能较好地识别空间目标，也不适用于天基平台的空间目标识别。

天基平台在空间观测上有得天独厚的优势，相比于地基观测，成像距离较短，这使得成像的空间分辨率更高，目标在图像中占有的像素个数更多，图像更清晰，可通过图像获取目标的形状、结构、尺寸、不变矩等空间特征。随着天基高光谱平台的发展，高光谱载荷成为了空间观测数据的主要来源。高光谱数据是图谱合一的数据立方体。数据的每一波段都是一幅二维图像，且每一个像元都有一条由各波段数据组成的光谱曲线。高光谱数据既有空间维度信息，又有光谱维度信息，具备空间特征识别和光谱特征识别的条件。若给定目标先验知识，可以将空域特征与谱域特征相结合，生成联合判定条件，实现对目标的匹配识别。

本文针对天基空间目标观测识别，提出结合空间特征和光谱特征的空谱联合空间目标识别方法。在空间目标识别中引入阈值分割判别来区分背景和目标，在光谱识别中，采用光谱聚类的方法，将聚类中心点的几何关系作为空间特征，将聚类得到的光谱特征作为空间目标关键部件的光谱特征，并将空间特征与光谱特征联合构造空谱联合特征矢量，与先验特征匹配，得到空谱联合的识别结果。

1. 空谱特征识别

1）数据预处理

高光谱图像数据为一个立方体数据，数据量巨大。如果对图像所有数据都进行后续光谱角制图法 SAM(Spectral angle Mapper)匹配、光谱聚类等操作，则计算量较大，计算效率较低；如果首先对高光谱数据进行预处理，区分背景和目标，则可大大减少后续计算及处理的计算量。

要获取目标的空间特征，首先需要获取目标的类似可见光图像的一幅数据，在高光谱图像中有很多波段选择的方法，例如主成分分析法等。

空间图像包含信息相对简单，通常包括人造天体目标、恒星以及背景噪声。算法采用基于信噪比的阈值分割方法来区分背景和噪声，该方法可有效去除背景噪声。处理步骤如下：

（1）将空间每一个点对应的光谱特征曲线求和，得到一幅二维灰度图像数据。

（2）根据信噪比计算阈值。首先定义信噪比如下：

$$\mathrm{SNR} = \frac{I_t - \mu}{\sigma} \tag{1}$$

式中：I_t 为目标灰度，μ 为背景均值，σ 为背景均方差。

若认为信噪比大于 k 的像素点是有用信息，其他为背景，则阈值 I_{th} 为

$$I_{th} = \mu + k \cdot \sigma \tag{2}$$

（3）遍历整幅图像，对每个像素点进行阈值分割，对每个像素点进行标记，为

$$I'_{i,j} = \begin{cases} 1, & I_{i,j} \geqslant I_{th} \\ 0, & I_{i,j} < I_{th} \end{cases} \tag{3}$$

2）空谱联合特征提取及构造

谱域特征采用光谱聚类的方式，图像上每一个像元 (i,j) 都有一条光谱曲线，相同物质的光谱曲线相同或者相近，而不同物质的光谱曲线有所差别。基于这种差异，可以利用几种成分的先验光谱来对目标各部分进行聚类分析，将先验光谱曲线和高光谱图像目标像元的光谱曲线做相似度匹配，判定属于的物质属性并归类。

光谱的相似度匹配方法有多种，如欧氏距离法、光谱角制图法（Spectral Angle Mapper，SAM）、马氏距离法、绝对值距离法等，本文使用光谱角制图法和欧氏距离法进行光谱聚类匹配。

SAM 是一种基本的目标识别算法，它通过计算光谱向量之间的夹角来衡量待识别像素光谱与已知目标光谱之间的相似程度，从而判定该像素是否包含目标。

在高光谱图像中，待识别坐标像元 (i,j) 的光谱向量为 $f_{(i,j)}$，先验光谱向量表示为 $\widetilde{f}$。SAM 法采用它们夹角的余弦作为判别的准则，目标识别算子可写为

$$\mathrm{SAM}(f_{(i,j)}, \widetilde{f}) = \arccos \frac{f_{(i,j)}{}^\mathrm{T} \widetilde{f}}{\| f_{(i,j)} \| \| \widetilde{f} \|} \tag{4}$$

根据式(4)可得，SAM 的结果是 $0 \sim \frac{\pi}{2}$ 的小数。结果越接近 0，表示两个曲线在形态上

更接近。

欧氏距离是最常见的一种距离度量方法。两个曲线之间的欧氏距离可以看作是两个曲线之间的相似程度：

$$E(f_{(i,j)}, \tilde{f}) = \sqrt{\sum_{k=1}^{n} (f_{(i,j,k)} - \tilde{f}_k)} \tag{5}$$

式中，E 表示欧氏距离，其中 i、j 表示空间坐标为 (i,j) 的像元，k 表示波段数，$\tilde{f}$ 表示先验光谱曲线。根据式(5)可得，两个曲线之间的欧氏距离越小，可以判定两个曲线在数值上更接近。

在光谱聚类时，由于像元混杂，即一个像元包含有多种成分元素，这使得聚类初始的光谱相似度匹配容易出现误判。采用邻域相同法则判定，即相邻像元的组份是近似相同的，若像元 $P(x,y) \in A$，而其 4 邻域的像元 $P(x-1,y) \in B$，$P(x+1,y) \in B$，$P(x,y-1) \in B$，$P(x,y+1) \in B$，则判定 P 点应属于 B 类。

将聚类后的聚类中心点 $[p_1, p_2, p_3, \cdots, p_n]$ 的坐标根据几何关系建立谱域的特征向量。其中 n 表示有 n 个聚类中心点。可以写为

$$l_t = \| p_t - p_{t+1} \|, \quad t \in (0, n) \tag{6}$$

式中：l_t 表示第 t 个点到 $t+1$ 个点的距离，可以看作这 n 个中心点组成的多边形的一条边。这个多边形的周长为

$$L = \sum_{t=1}^{n-1} l_t \tag{7}$$

计算每个边在周长中所占的比重，可以得到一组特征向量

$$V_{space} = \left[\frac{l_1}{L}, \frac{l_2}{L}, \frac{l_3}{L}, \cdots, \frac{l_{n-1}}{L} \right] \tag{8}$$

同时，在光谱聚类的过程中，可不断累积更新该聚类类别对应的光谱特征，假设聚类结果共有 n 类，则可分别求出 n 类光谱，分别为 $[S_1, S_2, S_3, \cdots, S_n]$，则可构造光谱特征为

$$V_{spectral} = [S_1, S_2, \cdots, S_n] \tag{9}$$

为了充分利用目标的空间特征和光谱特征，将式(8)和式(9)联立，可构造空谱联合特征如下：

$$V_{space-spectral} = \left[\frac{l_1}{L}, \frac{l_2}{L}, \frac{l_3}{L}, \cdots, \frac{l_{n-1}}{L}, S_1, S_2, S_3, \cdots, S_n \right] \tag{10}$$

3) 联合特征判别

在空间特征和光谱特征上，目标像元都有一个特征匹配的匹配度。可以假设光谱是其他结果与空间识别的结果是独立的，那么可得

$$p = p((V_{space}, V_{spectral}) \in V_{target}) = p_{space} * p_{spectral} \tag{11}$$

式中：p 表示最终的识别结果，V_{target} 表示先验特征向量，p_{space} 表示空域特征匹配结果，$p_{spectral}$ 表示谱域特征匹配结果。

实际上，对于不同的高光谱探测器和不同的任务场景，空间维特征识别和光谱维特征识别结果可信度会略有不同，可对空间维特征匹配和光谱维特征匹配结果做决策级融合，选取合适的权值来得到最终较可信的识别结果。

2. 实验与分析

1）实验数据

实验数据为仿真生成的空间目标高光谱图像。采用可见近红外（Visible and Near Infrared，VNIR）高光谱相机对目标进行数据采集，高光谱传感器波长范围为 320 nm～ 1009 nm，共有 270 个波段，光谱采样间隔为 3 nm。被观测的空间目标为按比例缩放的卫星模型，卫星模型主体包裹着金色镀层，主体两侧为太阳帆板，帆板上有部分硅电池片材料，同时还有少量氧化铝、铜、发泡板等填充材料。图 1 所示为卫星模型。

图 1　卫星模型

为了模拟卫星的不同状态，实验改变了卫星模型的角度和采集距离，获取了多组对照实验数据。

2）空谱联合特征识别

空谱联合识别方法流程图如图 2 所示。

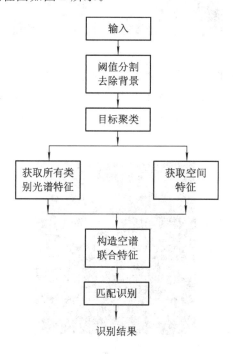

图 2　空谱联合识别方法流程图

（1）阈值分割。由于卫星模型大部分为金色镀层和太阳帆板，因此可将实验室测得的金色镀层和太阳帆板的光谱曲线作为先验光谱，如图3和图4所示。

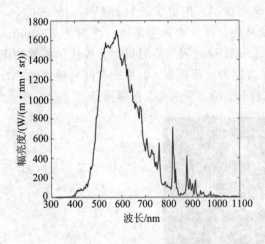 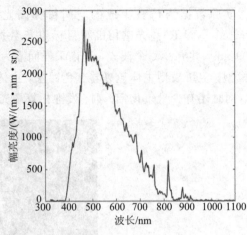

图3　金色镀膜的光谱曲线　　　　　　　　图4　太阳帆板的光谱曲线

经过阈值分割后，将卫星整体与背景分割，只留下待识别区域，如图5所示。

图5　联合区域分割

（2）空域特征匹配。对图5中的主体及太阳帆板识别结果进行聚类分析，聚类可以得到三部分的聚类中心坐标：左侧帆板中心坐标 $L(x_1, y_1)$、主体中心坐标 $M(x_m, y_m)$，以及右侧帆板中心坐标 $R(x_r, y_r)$。将这三个点构建成三角形，并利用三角关系生成空间域的特征向量，如图6所示。

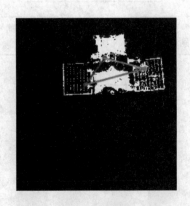

图6　基于三角关系的特征向量

实验将焦距 16 mm、拍摄距离 4 m、角度 10°的数据作为先验数据，将不同角度拍摄的空域特征与先验数据进行匹配，结果如表 1 所示。

表 1　空域特征匹配结果对比

类型	焦距/mm	成像距离/m	角度/°	匹配结果
先验样本	35	4	10	1
正确目标	35	4	28	0.97
	35	4	46	0.90
	35	4	64	0.51
	16	4	10	0.94
	16	4	28	0.90
	16	4	46	·0.88
	16	4	64	0.82
错误目标	35	4	10	0.35

焦距决定了目标成像的大小，在成像距离不变的情况下，焦距越大所成的像就越大。从表中可以得出：① 空域特征识别会受观测角度的变化而变化，观测角度与先验角度的差别越大，识别误差就越大；② 成像图像越大，观测角度的影响程度就越大；③ 正确目标在观测角度偏差大的情况下，仅用空间特征容易判定成错误目标。这也从侧面证明了单纯空域识别不足以满足空间目标匹配的要求，需要借助谱域特征的匹配。

（3）谱域特征匹配。将光谱聚类之后得到的左侧帆板光谱特征 S_L、卫星主体光谱特征 S_M、右侧帆板光谱特征 S_R 构成的光谱特征向量与已获取的先验光谱特征进行匹配，得出匹配结果如表 2 所示。

表 2　谱域特征匹配结果对比

类型	焦距/mm	成像距离/m	角度/°	匹配结果
先验样本	35	4	10	1
正确目标	35	4	28	0.96
	35	1	46	0.90
	35	4	64	0.95
	16	4	10	0.98
	16	4	28	0.95
	16	4	46	0.78
	16	4	64	0.84
错误目标	35	4	10	0.55

从表中可以得出：① 光谱匹配相较于空间匹配，对成像大小导致的像元混杂问题有较好的鲁棒性；② 对于观测角度，光谱特征所受影响不是线性的，即引入光谱聚类可以改善观测角度变化导致的误判；③ 对于错误目标，由于错误目标的材料与正确目标的材料相近，光谱识别容易引起误判，所以要将空谱特征进行联合，可以有效地解决观测角度对空域匹配影响和材料对光谱匹配的影响。

（4）联合特征匹配结果。结合空域匹配和谱域匹配的匹配结果，得到联合判定结果，见表 3。

表 3　联合判定结果对比

类别	焦距/mm	成像距离/m	角度/°	空域匹配结果	谱域匹配结果	匹配结果
先验样本	35	4	10	1	1	1
正确目标	35	4	28	0.97	0.96	0.93
	35	4	46	0.90	0.90	0.81
	35	4	64	0.51	0.95	0.49
	16	4	10	0.94	0.98	0.92
	16	4	28	0.90	0.95	0.86
	16	4	46	0.88	0.78	0.69
	16	4	64	0.82	0.84	0.68
错误目标	35	4	10	0.35	0.55	0.19

从表 3 中的结果可以看出，对于错误目标，空谱联合判定可以有效地识别出来，并且对于不同的成像大小和不同的观测角度，空谱联合都可以较好地识别目标。

3. 总结

本文对天基空间目标识别方法进行了研究和实验，提出了基于空谱联合特征匹配的空间目标识别方法，并以仿真数据为实验，验证了空谱联合的空间目标识别方法的效果。结果表明，结合了空域特征和谱域特征的联合判定可以解决目标状态变化带来的空域误判以及目标近似材料带来的谱域误判，在空间目标识别上有着较好的效果，提高了空间目标识别的能力。

参 考 文 献

[1]　孙成明，赵飞，袁艳. 基于光谱的天基空间点目标特征提取与识别[J]. 物理学报，2015，64(3)：277－283.

[2]　杨康. 空间目标高光谱特性分析[D]. 上海：上海交通大学，2011.

[3]　范金华，陈锻生. 高光谱图像目标检测研究进展[J]. 卫星与及应用，2015，34(16)：8－14.

[4]　HE Y, QIAN D. Fast Band Selection for Hyperspectral Band Imagery[C]. IEEE 17th International Conference on Parallel and Distributer Systems(ICPADS)，Tainan，2011.

[5]　赵洁. 基于 K 均值聚类的高光谱遥感影像分类研究[J]. 地理空间信息，2016，14(3)：26－29.

[6]　张兵，高光谱图像处理与信息提取前沿[J]. 遥感学报，2016，20(5)：1062－1090.

[7]　李庆波，吴科江，高琦硕. 基于光谱信息的空间目标模式识别算法研究[J]. 光谱学与光谱分析，2016，36(12)：4067－4071.

[8]　陈春种. 结合空间域信息的高光谱图像分类方法[D]. 杭州：杭州电子科技大学，2015.

[9]　肖旭光，肖刚，敬忠良. 空间目标融合识别算法及试验研究[J]. 计算机工程与应用，2011，47(8)：154－160.

智能测运控技术

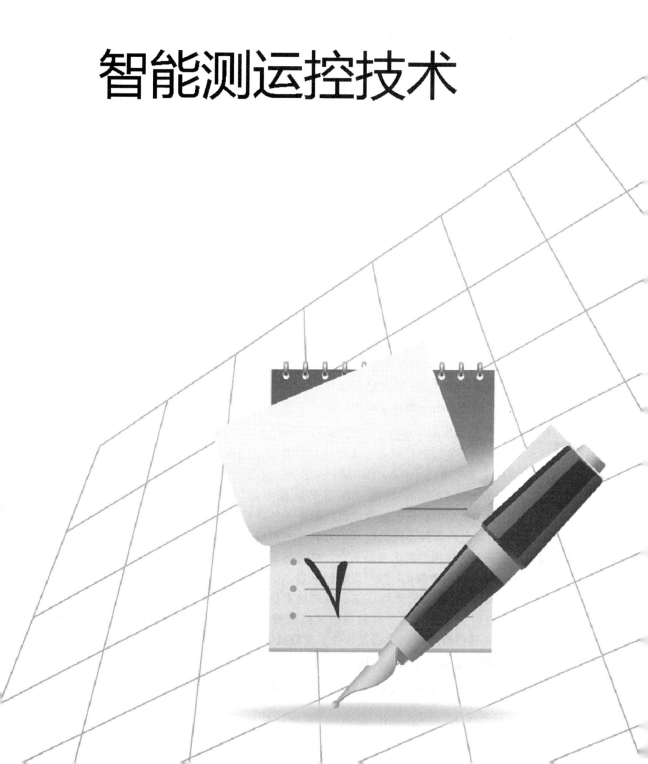

卫星测控软件定义数据中心的构建设想

陈虓[1,2]

（1 宇航动力学国家重点实验室，西安 710043）

（2 西安卫星测控中心，西安 710043）

摘　要：软件定义作为下一代数据中心管理的核心和方向，对实现资源的高效利用、网络的灵活配置、运维的降低成本有不可替代的作用。本文通过分析卫星测控数据中心面临的挑战，设想构建基于软件定义数据中心的卫星测控中心系统，并提出相应的解决方案和应用部署思路。

关键词：航天测控；软件定义数据中心；软件定义存储

随着航天事业的迅猛发展，地面测控设备和在轨航天器数量在不断增加，卫星测控中心的数据库与服务器及其他网络设备规模也在逐年增加。航天测控中心系统的管理日趋复杂化，运行维护成本不断增加，严重制约其自身发展。海量航天测控数据也正以前所未有的增长趋势冲击着现有的数据中心架构。卫星测控中心系统建设面临升级改造，需要一种新的数据中心架构来满足其业务需求和发展。随着网络技术、计算技术等相关技术的快速发展，软件定义数据中心的出现顺应了技术发展的趋势，为数据中心的未来发展指明了方向。当前，国内外云数据中心服务提供商和运营商对软件定义数据中心技术都积极参与部署与实践，软件定义数据中心技术架构的部署已经是云计算环境下的大势所趋。软件定义的网络、存储、数据中心与安全将变得日臻成熟。软件定义的时代将至，卫星测控中心的系统重构换代也将从中受益。本文借鉴软件定义数据中心的相关理论与技术，对卫星测控中心系统的升级改造提出一种构建设想。

1. 软件定义数据中心

近年来软件定义成为研究热点，从最初的软件定义网络（Software Defined Network，SDN），到软件定义存储（Software Defined Storage，SDS），到软件定义基础设施（Software Defined Infrastructure，SDI），再到软件定义数据中心（Software Defined Data Center，SDDC）。软件定义数据中心是通过软件将数据中心的计算、存储、网络等所有基本构建模块虚拟化和池化，并将各种不同的物理平台转变成可以统一管理的单一实体。被池化的虚拟资源可以根据具体应用的需求重新组合，快速部署应用，最终实现自动化管理。软件定义数据中心的实质就是虚拟化，即可以将服务器、存储和网络三大关键的计算资源虚拟化和池化。这些被池化的虚拟资源可以随心所欲地重新组合，最终实现自动化管理。软件定义数据中心具有以下特征：① 所有的基础架构都被虚拟化，包括计算、存储及网络等资源；② 作为服务提供给用户；③ 通过软件实现数据中心的自动化。

2. 卫星测控数据中心面临的挑战

目前航天事业进入高速发展期，在轨航天器数量与日俱增，对现有航天测控管理提出新的挑战，迫切需要对现有运行的中心系统进行升级扩展。此外，自主可控改造与容灾备份建设也对现有中心系统提出了更高要求。卫星测控数据中心面临的挑战有以下 6 个方面：

（1）设备成本。多种在轨航天器并行实时轨道姿态控制计算量、实时测控数据交互存储量使得卫星测控数据中心系统面临大数据计算和海量数据存储的迫切压力。近期虽然新增不少硬件设备，但大量硬件设备的部署配置，并没有使得计算资源与存储空间得到合理使用，反而使设备成本居高不下。

（2）灵活扩展。现有的中心系统基础架构难以灵活支撑未来工作任务，中心承担的职能扩展要求不能得到很好的满足。此外，不断新增的业务功能在原有基础架构上部署速度较慢。未来中心新的职能会不断增加，必然会有大量新软件需要部署运行，故在进行未来中心系统的功能设计时，需要考虑中心系统基础架构的灵活扩展。

（3）交互可靠。原有基础架构存在很多单点，多个子系统间的数据交流没有通道，缺乏有效交互交流的问题。而大量的早期发射任务与在轨管理任务都是实时性要求很强的工作，如何保障大数据量交互的高效稳定运行，是新系统设计必须考虑的问题。

（4）安全运行。随着各类子系统功能的不断增加，整个中心网络规模必然也在不断扩张，原有系统越来越难以抵御致命性崩溃，快速排查、定位异常和系统恢复的能力也在不断减弱。

（5）自动运行。随着在轨运行管理的卫星数量不断增加，发射与早期的任务越来越密集，7×24 小时的地面测控资源的运行监视与调度分配，各类航天测控数据的交互分发等越来越需要可靠存储、满足实时卫星管理的数据处理与计算分析，所以必须提高可靠、高效的自动化运行能力。

（6）容灾备份。现有中心系统的容灾机制比较初级，应对容灾备份新的要求，在应对能力上存在欠缺，备份覆盖不完全。

3. 卫星测控软件定义数据中心的架构设计与解决方案

1）软件定义数据中心的架构设计

构建后的中心系统必须保留原有系统的所有功能，符合卫星测控中心的任务组织模式和工作流程特点。所以在现有运行的中心系统基础上，应该充分运用大数据、云计算等新技术，升级原有硬件基础设施，拓展业务功能，优化内部结构，构建软件定义数据中心的整体架构。建成支持高可用、动态可伸缩、具备大数据处理能力与云计算能力的资源管理平台和基础服务平台，支撑航天测控数据中心的综合改造升级，规划构建信息技术与管理服务深度融合的新系统。另外，由于卫星测控中心系统构架复杂，新系统从规划准备到部署完成，整个过程在相当长的一段时间内都不可避免地将与原有中心系统并行运行，因此在功能结构设计时，必须考虑新老系统之间的兼容和共存问题。

卫星测控软件定义数据中心体系架构示意图如图 1 所示，分为以下部分：

（1）统一的数据汇集与分发：对中心内部各子系统间和对中心外部的交互数据进行统一的汇集与分发，简化各子系统间的信息传递与数据分发，支持各子系统和外部用户对航天测控数据与分布式文件的存储访问需求。

（2）统一的数据存储与管理：在中心内部跨各子系统统一管理存储数据资源，分布式虚拟化存储各类航天测控数据和测控过程生成文件，支持海量实时航天测控数据存储。

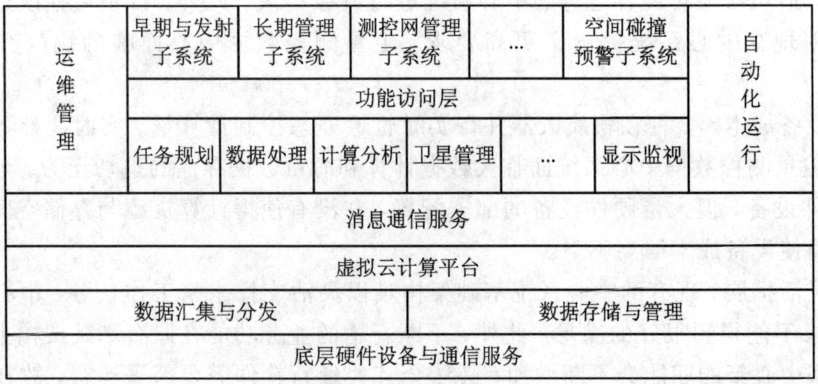

图 1　卫星测控软件定义数据中心体系结构示意图

（3）虚拟中心网络架构：将原有各子系统间的网络重新整合，规范新标准，将网络控制与物理网络拓扑分离，摆脱硬件对网络架构的限制。

（4）虚拟云计算平台：充分发挥虚拟云计算的优势及特点，将原有各子系统的计算资源充分释放，自适应调度计算资源以满足不同的应用服务计算需求。

（5）运维管理平台：实现面向应用服务的专业化管理策略，优化系统全局自动负载均衡和提高系统智能调度的能力。满足中心内部各子系统对于数据监视的需求，能够进行中心系统信息的动态展示。实现身份验证、状态监控等功能的集中运行和管理。

（6）自动化运行平台：更好地支持各类异构基础设施，实现基于软件的自动化、智能化管理。基于航天测控事件触发机制，完成自动化调度运行，实现中心内各个子系统之间的自动化运行。完善数据中心的容灾备份机制，当重大灾难发生时要保证数据不丢失、业务不中断。

（7）功能访问层融合：新架构可以在现有系统的基础功能上，增加一层统一标准化的功能访问层，通过功能访问层将中心内部各子系统的功能封装，使得上层业务层与底层系统实现分离，为上层业务提供一个高度封装的访问接口，统一新系统在数据处理、数据访问、服务访问、功能调度、运行管理、安装配置和更新发布等功能的实现。这样可以最大限度地规避原有各子系统的更动风险，也便于最大限度实现未来的功能拓展。

2）软件定义数据中心的解决方案

软件定义数据中心的解决方案涉及 4 个方面：软件定义存储、软件定义网络、软件定义计算以及自服务接口。

（1）软件定义存储。软件定义存储可以整合中心系统原有各子系统的存储资源，打破各子系统的孤岛式存储管理模式，实现存储资源的统一管理与调配。能够将早期发射与长期管理的航天测控海量数据快速实时存储，并能够便于其他子系统调用数据，进行实时和事后分析处理。通过软件定义的虚拟存储技术可以将航天器遥测数据、遥控指令数据与注入数据、外测原始数据与结果数据，发射段火箭遥测数据、外测数据、定轨数据，测控设备的信息数据与跟踪数据、测控网调度数据，与中心计算分析的轨道姿态控制数据，星座管理数据等多种航天测控数据，按照多星、单星的航天测控任务的时间发生先后与事件业务流程，跨平台、跨子系统实现有机融合存储。

（2）软件定义网络。软件定义网络将不同的应用系统与中心系统有效隔离，并不影响各应用系统与中心内部各子系统间的数据交互和权限访问。现有的中心网络结构随着中心系统的不断拓展，连接关系越来越复杂，而核心交换机在全网中的分量越来越重，发生的任何故障都可能造成全网无法正常运行。新系统网络将采用网络虚拟化技术分级连接，适应动态路由方式的网络协议、虚拟配置的方式构建，将中心内各子系统接入虚拟化网络，通过汇聚层和核心层实现连接，并与外部的测控网、用户系统和其他系统相连接，如图2所示。这样可以标准规范中心网络系统内部连接，消除单点故障，提高运行可靠性和故障恢复能力。

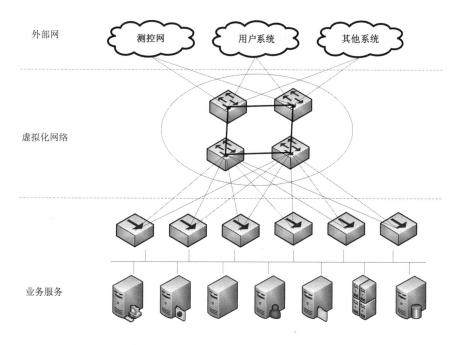

图2　卫星测控软件定义数据中心网络模型示意图

这种虚拟化的软件定义网络，可以适应中心外部测控网任意节点的系统接入能力。测控网现由星形网络拓扑关系转化为网状网络拓扑关系，中心系统的数据接收也做相应的改进，改变中心与测控网点间的数据传输方式，将以前中心被动接收测控网测控站发送数据的方式，转变为以中心向测控网点申请、测控网点动态响应的方式。中心对外接口能够适应动态测控网资源管理，测控网点的测控设备能够模块化配置，中心运行管理能够进行测控资源调度和分配存储计算管理资源。

（3）软件定义计算。原有中心系统内发射与早期系统、长期在轨系统、测控网管理调度系统、空间目标监视系统、空间数据服务系统等各个子系统内的计算功能是按照子系统分别配置的。原有模式有部分计算资源功能相互重叠，造成资源浪费。软件定义计算可以将分布式的计算资源虚拟化形成云计算体系，将运行在各子系统中的所有重要业务应用的计算工作全部运行在云计算平台上，通过虚拟化的资源分配模式进行调度和管理，由高可用的云计算平台来负责确保业务功能的可靠运行。这样可以进一步消除业务应用系统的单点故障，提高中心系统在复杂环境下的可靠运行能力，也可以降低老系统主备、热备运行模式切换时长的风险，减少系统内部的冗余部署。

（4）自服务接口。自服务接口是面向航天用户的统一信息访问服务入口，提供航天测控近实时信息与事后信息的访问功能。该接口通过用户输入和服务信息查询等方式加载不同的信息访问模块，完成数据的接收、查询、发送等工作。通过建立统一的用户服务接口，接收用户相关访问申请，统一调配系统资源，完成用户业务工作，减少外部用户与中心系统间的耦合程度，提高中心系统的安全运行能力。自服务接口需要采用用户身份验证控制，航天测控近实时数据流访问接口需要安全控制，数据文件的访问需要访问控制。

3）软件定义数据中心的应用部署思路

由于卫星测控中心内部系统、网络、存储、计算的复杂性，因此在实现软件定义数据中心部署的过程中，需要采用分阶段逐步实施、并行推进的策略。服务器虚拟化的部署往往是第一步，然后根据实际需求选择软件定义存储部署、软件定义网络部署和软件定义计算部署的先后顺序，最后再实现自动化运行。由于航天测控工作需要实时不间断进行，故在新数据中心部署时，需要与老系统并行运行，采用人工监视干预。再充分验证其可靠性，新数据中心运行稳定后，再逐步在线实施替换，最终实现自动化运行，完成软件定义数据中心部署，整体思路见图3。

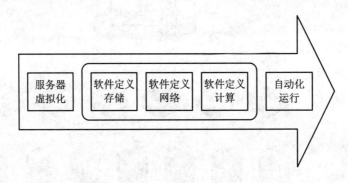

图3　卫星测控软件定义数据中心技术应用部署思路

（1）软件定义存储技术部署建议。首先要提升软件化存储功能，将硬件因素剥离，实现软硬件解耦合，以降低设备采购成本。再将存储资源虚拟化，简化存储配置，从而降低管理成本。采用虚拟化分布式文件系统，统一中心内部各个子系统存储的测控数据。其中，实时测控数据可由各子系统独立存储，通过虚拟化实现全中心数据共享，便于将各子系统分别存储的相关测控数据用于中心内其他子系统的调用。

（2）软件定义网络技术部署建议。根据现有中心网络的实际情况，采用基于新增物理硬件的方式来实现：使用支持软件定义网络的 Openflow 等开放协议的物理交换机和虚拟交换机。物理交换机负责连接物理服务器及硬件基础设施，虚拟交换机运行在物理服务器上，为接入层以上的虚拟机提供连接功能。中心网络使用控制器管理和维护中心站点的服务器、虚拟机及网络转发设备。这样可以很好地在现有网络上实现网络资源的虚拟化，并可实现控制转发分离、控制功能集中化的软件定义网络。

（3）软件定义计算技术部署建议。据统计数据显示，目前企业数据中心有 59％ 的计算负载运行在虚拟设备上，在未来几年内将会攀升至 80％ 以上，所以采用虚拟化的软件定义计算势在必行。只有通过云计算平台技术，才可以实现整个航天测控数据中心的资源集中利用和统一管理。将中心内各子系统的计算服务进行虚拟化整合，充分释放各子系统主备计算服务能力，统一所有子系统的业务计算服务。原有的主备机热备的运行可靠机制，可转变为利用虚拟云计算平台来实现。

（4）软件定义数据中心自动化运行建议。当前各厂商的自动化管理方案都较为成熟，但在建设卫星测控数据中心时，需要充分考虑到航天测控管理工作的流程特点以及国产软硬件自主可靠的安全问题。自动化运行管理方案需要能跨越各平台实现异构的基础资源共享，更好地支持各类异构基础设施，充分支持自有的虚拟化功能。通过基于软件定义的自动化、智能化管理，来实现具有航天测控管理特点的应用开发部署。

4. 结束语

软件定义数据中心的出现，旨在应对当前数据中心所面临的各类挑战。软件定义数据中心可以大幅提升运维效率，简化管理，增强业务应用的灵活性与可靠性，为数据中心技术的未来发展指明了方向。软件定义数据中心能够为卫星测控中心系统升级改造提供思路，可以在数据存储、中心内部网络、数据计算等方面实现资源合理化调配和自动化运行，也让数据中心的构建更为便捷、快速和安全。

参 考 文 献

[1] 魏珺. 软件定义数据中心：梦想照进现实[J]. 金融电子化，2014，11：32－36.

[2] 张朝昆，崔勇，唐翯祎，等. 软件定义网络(SDN)研究进展[J]. 软件学报，2015，26(1)：62－81.

[3] 詹明非. 软件定义存储技术及其应用研究[J]. 电信技术，2014，12：30－32.

[4] 史敏鸽. 软件定义数据中心引发高校图书馆IT运维新思考：以长安大学图书馆为例[J]. 情报探索，2016，2：66－70.

[5] 郑直，张云帆，朱涛. 软件定义数据中心技术体系研究[J]. 电信快报，2014(10)：26－28.

[6] 孙振正，龚靖，段勇，等. 面向下一代数据中心的软件定义存储技术研究[J]. 电信科学，2014，1：39－43.

[7] 黄杰. 高校软件定义数据中心的架构设计与应用[J]. 中国管理信息化，2017，11：161－163.

天地基站网智能接入测运控资源服务构想

刘建平[1]，张天昱[1]，李智远[1]，肖勇[1]

(1 宇航动力学国家重点实验室，西安卫星测控中心，西安 710043)

摘　要：随着未来航天器智能化水平的提高，天地基站网管控需要满足用户卫星的"随遇接入、按需服务"的测运控需求，当前基于预分配的天地基站网测运控资源管控模式很难适应这种需求，为此本文探索一种天地基站网智能接入测运控资源服务构想。首先通过分析当前我国航天测运控站网资源现状，提出天地基站网智能接入测运控资源服务的概念；接着立足当前天地基站网与即将建成的北斗三号全球导航星座系统，构想天地基站网智能接入测运控资源服务总体架构，包括系统组成和运行模式；最后分析了需要突破的关键技术。

关键词：天地基站网；测运控资源服务；随遇接入；运行管理

随着卫星硬件水平的提高，卫星可实现的功能也日益增多，如对自身资源的感知能力、对实时任务的需求、对外界环境的感知能力都在不断增强，让卫星有机会从简单的指令执行器转变为具有一定自主决策能力的智能体。这些能力的增强使得原来由地面支持系统主动管控由卫星执行，转变为用户卫星直接发起测运控请求而地面提供相应服务成为可能。而且随着以微纳星群为代表的航天器应用需求的多样化发展，对实时控制要求越来越高，按照以往大卫星的测运控资源保障模式，显然不能适应微纳星群低成本的管理要求，迫切需要探索新的运行模式，实现卫星应用快速准确响应。

针对如何有效满足用户卫星的"随遇接入、按需服务"的测运控需求，一种解决途径是利用我国未来规划建设的天地一体化信息网络，即由天基骨干网、天基接入网和地基节点网构成，采用天地一体化信息网络传输协议，建成"全球覆盖、随遇接入、按需服务、安全可信"的天地一体化信息网络体系。本文从当前我国天地基测运控站网发展现状出发，提出天地基站网智能接入测运控资源服务概念，构想天地基站网智能接入测运控资源服务的总体架构，分析需要突破的关键技术，为现阶段天地基测运控站网满足用户卫星的"随遇接入、按需服务"的测运控需求探索一条技术途径。

1. 我国天地基测运控站网资源发展现状

目前，天地基测运控站网资源主要承担航天器跟踪测量，遥测、遥控以及其他数据上下行传输任务，是支撑航天装备进出空间、利用空间、控制空间的重要基础设施。作为航天器与地面建立联系的网关，航天测运控站网资源主要包括中继卫星系统和地基测控设备、数据接收设备、测控与数据接收综合设备等。我国天地基站网资源调度管理较为分散，仍然采用这种分头调度管理的模式，导致了站网资源共享使用难、任务响应时效性低、综合效益难以充分发挥等诸多问题。天地基测运控资源主要采用基于预分配集中式的天地基站网测运控资源管控模式为用户航天器提供测运控信息传输服务，即由各任务中心和应用中心等各用户向站网中心发出资源使用申请，站网中心进行资源规划调度，再将资源使用计划发送至各相应用户，这种地面用户中心发起申请的集中式预分配、预规划模式很难适应未来用户卫星直接在轨发起资源使用申请和即时响应的测运控要求。

另外，天地基站网应急调度能力和资源快速响应能力还不足，使得资源保障服务从申请到实施的时间延迟很难适应未来战场环境下的时效性要求。随着我国地基全空域多波束电扫测控设备和天基 S 波段电扫多址接入的中继卫星即将投入使用，以及具备全球北斗短报文通信的北斗三号全球导航星座系统建成使用，不仅可以提升天地基站网的全球覆盖能力和多址接入能力，也为用户卫星随接随用天地基站网资源提供了条件。

2. 天地基站网智能接入测运控资源服务的概念

天地基站网智能接入测运控资源服务是指天地基站网为用户卫星在轨直接按需发起的测运控需求提供即时响应的灵活接入和测运控资源支持服务。此概念不同于现阶段天地基测运控站网为各用户提供测运控资源支持服务的方面体现在：一是面向用户卫星在轨直接按需发起的测运控需求，而不是由用户卫星的管控中心预先计划或应急发起的测运控需求；二是天地基站网支持用户卫星灵活接入，而不仅仅是基于地面预先分配的接入方式；三是天地基站网将由接入网和测运控资源服务网构成，其中接入网提供用户卫星的"随遇接入"，测运控资源服务网提供用户卫星的"按需服务"。

图 1 给出了天地基站网智能接入测运控资源服务概念示意图。其基本运行流程为：用户卫星在轨运行，如果需要天地基站网提供测运控资源服务，随即通过接入网的接入链路向站网管理中心发送测控或数据传输需求信息；站网管理中心收到需求后实时调度测运控资源，生成申请结果应答信息通过接入链路反馈给用户卫星，同时向测运控资源服务网发送资源使用计划；用户卫星收到申请结果信息后，根据信息内容在预定的时间段通过测运控资源服务网完成相应的测运控任务。其中，接入网可支持三种接入链路，包括北斗短报文通信链路接入、中继卫星 S 波段电扫多址接入和地基 S 波段全空域多波束测控设备接入；测运控资源服务网资源主要包括中继卫星系统和地基测控设备、数据接收设备、测控与数据接收综合设备等。

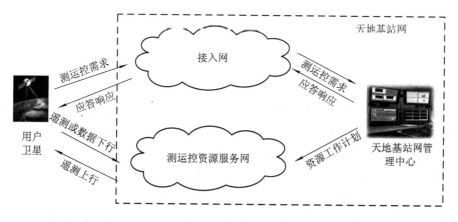

图 1　天地基站网智能接入测运控资源服务概念示意图

与天地基站网智能接入测运控资源服务概念相关的国内外研究方面有：美国国家航空航天局 NASA 提出了空间移动网的概念，旨在实现更高效、更易于获取的自动化通信服务，通过融合、共享政府和商用天地基测运控站网资源，支持用户航天器各种动态和自主任务场景，其主要特点是引入了用户发起服务的概念，使用户平台通过任何一条用户可用链路内嵌入的信令、信道请求服务；参考文献[18]提出了引导式天基测控的概念，基本思路是采用用户航天器的宽波束链路传输飞行状态短信息引导建立窄波束高速数传链路，用于进行业务数据高，其充分发挥宽波束链路覆盖范围大、窄波束链路数传能力强的优点来提供实时性强、数传带宽高的天基测控服务；参考文献[19]提出引入智能卫星"请求服务式"管控的概念，考虑采用北斗短报文通信进行服务请求信息发送，旨在有效协同地面管控与星上自主管控的关系。

3. 天地基站网智能接入测运控资源服务总体架构

1）系统组成

天地基站网智能接入测运控资源服务总体架构由三部分构成：测运控需求接入网、测运控资源服务网和天地基站网管理中心系统，如图2所示。

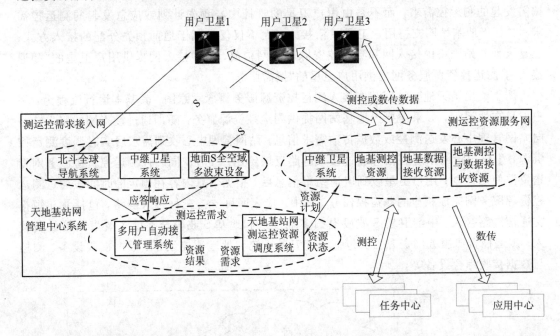

图2 天地基站网智能接入测运控资源服务总体架构

（1）测运控需求接入网：负责接收用户卫星向天地基站网管理中心系统发送的测控或数据传输需求申请信息和天地基站网管理中心系统向用户卫星反馈的申请结果信息。综合考虑网络覆盖能力和接入链路灵活性，接入网可支持三种接入链路，包括北斗短报文通信链路接入、中继卫星S波段电扫多址接入和地基S波段全空域多波束测控设备接入。

三种接入链路各有特点：北斗短报文通信链路接入具备全球连续覆盖的优势，可支持用户卫星随遇接入，但目前星载北斗短报文通信终端在轨应用比较少；中继卫星S波段电扫多址接入也具备一定的连续覆盖能力，可支持用户卫星在覆盖区域内的随遇接入，为了提高用户卫星接入容量，也可采用基于预分时息的轮询访问方式实现接入，用户卫星需要具备中继卫星S波段用户终端；地基S波段全空域多波束测控设备接入具备较强的多址接入优势，但持续覆盖能力有限，可采用基于预分时息的轮询访问方式实现接入，且用户卫星不需要具备专用接入终端设备，采用传统测控通道即可。

（2）测运控资源服务网：负责提供用户卫星的测控和高速数据传输服务，测运控资源主要包括中继卫星系统和地基测控设备、数据接收设备、测控与数据接收综合设备等。为了提高全网覆盖能力、支持容量和服务的时效性，测运控资源服务网融合我国军、民、商地面站网，由天地基站网管理中心系统统一实时调度。

（3）天地基站网管理中心系统：除了负责传统基于预分配模式的天地基站网测运控资源调度，还需负责多用户自动接入管理。多用户自动接入管理主要包括用户卫星身份识别、优先级信息提取、多用户排序、接入时息预分配，以及和测运控需求受理与响应处理等功能。其中，用户卫星身份识别功能是从接入网接收的用户卫星测运控需求信息中提取临近用户卫星 ID 信息，判断用户卫星是否为合法接入网注册用户；优先级信息提取功能是在确认用户卫星是合法用户后，提取测运控需求优先级信息，用于多用户排序；多用户排序功能主要考虑用户接入到达率超过服务响应速率时，需要进行多用户测运控需求受理与响应处理的排序；测运控需求受理与响应处理功能主要完成测运控需求合法性检查，发送给天地基站网测运控资源调度系统进行测运控资源动态分配，接收分配结果，生成用户接入应答信息，通过用户卫星接入的链路发送给用户卫星；接入时息预分配功能主要针对北斗低速 Ka 星间链路扩展用户接入链路、中继卫星 S 波段电扫多址接入链路和地基 S 波段全空域多波束测控设备接入链路提前一段时间（如一天）为用户卫星的接入时息进行预分配，并将预分时息结果提前上注卫星，用于控制用户卫星按照预分的时息进行测运控需求发送。

2）运行模式

天地基站网智能接入运行模式根据接入链路的不同，可以分为两种模式：一种是基于全覆盖的接入模式，一种是基于预分时息的接入模式，如图 3 所示。

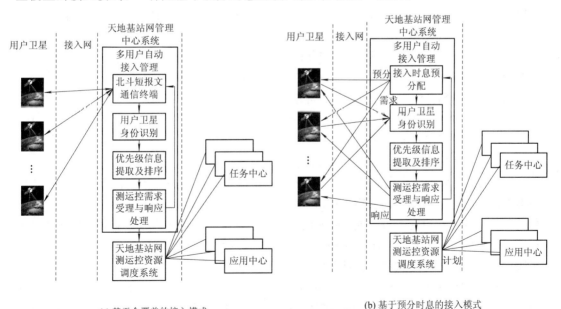

(a) 基于全覆盖的接入模式　　　　　(b) 基于预分时息的接入模式

图 3　天地基站网智能接入运行模式

（1）基于全覆盖的接入模式如图 3(a)所示，其运行步骤包括：① 用户卫星通过接入链路发送测运控需求；② 天地基站网管理中心系统接收到测运控需求；③ 天地基站网管理中心系统的多用户自动接入管理进行用户卫星身份识别、优先级信息提取、多用户排序、测运控需求受理与响应处理；④ 响应结果通过接入链路发送给用户卫星，同时将天地基站网测运控资源调度计划通过地面网络发送给用户卫星的任务中心或应用中心；⑤ 测运控资源服务网按照天地基站网测运控资源调度计划完成用户卫星的测运控支持服务。

（2）基于预分时隙的多用户接入模式如图 3(b)所示，其运行步骤包括：① 天地基站网管理中心系统提前一段时间（如一天）为用户卫星的接入时隙进行预分配，并将预分时隙结果提前上注卫星，用于控制用户卫星按照预分的时隙进行测运控需求发送；② 用户卫星根据预分时隙按需发送测运控需求；③ 天地基站网管理中心系统根据预分时隙链路接收到测运控需求；④ 天地基站网管理中心系统的多用户自动接入管理进行用户卫星身份识别、优先级信息提取、多用户排序、测运控需求受理与响应处理；⑤ 响应结果根据预分时隙链路发送给用户卫星，同时将天地基站网测运控资源调度计划通过地面网络发送给用户卫星的任务中心或应用中心；⑥ 测运控资源服务网按照天地基站网测运控资源调度计划完成用户卫星的测运控支持服务。

3）关键技术分析

（1）体系结构研究。天地基站网智能接入测运控资源服务概念涉及的资源丰富、规模庞大、结构复杂、链路多样、支持业务种类繁多，因此设计科学、合理的体系结构十分重要和关键。需要对接入网和服务网的层次结构、节点设置、网络划分和网络运作流程、网络能承载的业务性能等进行研究，结合我国技术发展现状，提出适合我国国情的天地基站网智能接入测运控体系结构。

（2）高可用的星载北斗短报文通信用户终端小型化设计。我国北斗一号的短报文支持近地卫星天基测控在"遥感九号"卫星上首次进行了在轨试验，验证了其可行性。随着北斗三号全球导航星座系统的逐步建成，其北斗短报文通信能力进一步增强，具有广泛的应用前景。为了适应低轨卫星小型化、智能化的发展，星载北斗短报文通信用户终端小型化设计尤为重要，需要综合考虑其体积、重量、功耗和成本。

（3）高可用预分时隙规划技术。高可用的预分时隙是用户卫星采用基于预分时隙的多用户接入模式的前提条件，一个关键问题就是如何优化分配各个用户卫星的接入时隙问题。需要综合考虑用户卫星接入需求和多用户数量，优化各用户卫星接入时隙长度、位置和频次，以及优化多种接入链路协同分配，提高预分时隙的可用性。

（4）天地基站网资源实时调度技术。天地基站网智能接入测运控资源服务有效应用的关键是解决用户卫星智能接入测运控需求的即时响应问题，这需要天地基站网管理中心系统具备实时调度资源的能力，即在最大化满足测运控需求的基础上尽可能减少从申请输入到计划生成的时间延迟。这需要综合考虑测运控需求描述、优先级定义、调度策略制定、算法设计以及实时调度软件的设计与实现问题。

（5）系统集成技术。实现天地基站网智能接入测运控资源服务需要测运控需求接入网、测运控资源服务网和天地基站网管理中心系统无缝连接、高效协同，解决各个系统之间的互联、互通和互操作。这需要解决如何合理划分各个系统功能、设计系统间信息接口、优化系统间信息流程、建立地面仿真演示验证系统以及开展在轨试验等问题。

4. 结束语

针对如何有效满足用户卫星的"随遇接入、按需服务"的测运控需求,不同于未来天地一体化信息网络建设思路,本文从当前我国天地基测运控站网发展现状出发,融合地面站网、中继卫星系统和北斗全球导航系统的发展趋势,提出天地基站网智能接入测运控资源服务构想。此构想通过引入天地基站网智能接入测运控资源服务的概念,构建了天地基站网智能接入测运控资源服务总体架构,分析了需要突破的关键技术,为现阶段天地基测运控站网提供用户卫星的"随遇接入、按需服务"支持能力探索了一条技术途径。

参 考 文 献

[1] 吕红,苏云,陈晓丽,等.一种基于人工智能技术的卫星遥感载荷系统方案[J].航天返回与遥感,2014,35(3):43-49.

[2] 张兵.智能遥感卫星系统[J].遥感学报,2011,15(3):415-431.

[3] 李晴,孙国江,李孝同.基于星务管理系统的小卫星自主健康管理系统[J].航天器环境工程,2012,29(5):574-578.

[4] ARI K. JONSSON,PAUL H. MORRIS,NICOLA MUSCETTOLA,et al. Planning in interplanetary space:theory and practice[C]. Proceedings of the Fifth Int. Conf. on Artificial Intelligence Planning and Scheduling(AIPS-00),2000.

[5] BAEK S,HAN S,CHO K,et al. Development of a Scheduling algorithm and GUI for autonomous satellite missions[J]. Acta Astronautica,2011,68(7):1396-1402.

[6] 何永明,陈英武,邢立宁,等.面向新型成像卫星自主任务规划系统设计[J].系统工程与电子技术,2017,39(4):806-813.

[7] 赵和平.以综合电子技术构筑航天器智能化的坦途[J].航天器工程,2015,24(6):1-6.

[8] 马定坤,匡银,杨新权.微纳卫星发展现状与趋势[J].空间电子技术,2017,3:42-45.

[9] BUCHEN E. SpaceWorks,Nano microsatellite market assessment[J]. In:Proceedings of the AIAA/USU Conference on Small Satellites. North Logan,UT,US,2014.

[10] 李军予,伍保峰,张晓敏.立方体卫星的发展及其启示[J].航天器工程,2012,21(3):80-87.

[11] 林来兴.立方体卫星研制中的颠覆性创新[J].国际太空,2017,9:47-51.

[12] 吴曼青,吴巍,周彬,等.天地一体化信息网络总体架构设想.卫星与网络,2016(3):30-36.

[13] 张乃通,赵康健,刘功亮.对建设我国"天地一体化信息网络"的思考[J].中国电子科学研究院学报,2015,10(3):223-230.

[14] 沈荣骏.我国天地一体化航天互联网构想[J].中国工程科学,2006,8(10):19-30.

[15] ISRAEL D J,HECKLER G W,MENRAD R J. Space mobile network:a near earth communications and navigation architecture. IEEE Aerospace Conference,Big Sky,MT,UnitedStates,2016:1-7.

[16] CHRISTOPHER R,MORGENSTERN R,et aL. Preliminary results from a model-driven architecture methodology for development of an event-driven space communications service concept. Space-Terrestrial Internetworking Workshop,IEEE Wireless for Space and Extreme Environments,Montreal,Canada. October 2017:122-127.

[17] SHAW H C,ISRAEL D J,ROBERTS C J,et al. Space Mobile Network(SMN)User Demonstration Satellite(SUDS)for a practical on-orbit demonstration of User Initiated Services

（UIS），SpaceOps Conference，Marseille，France，2018：1－7.

[18] 方峰，张睿，马玉伟，等.临近空间飞行器采用引导式天基测控的探讨[J].航天器工程，2018，27(4)：74－81.

[19] 刘建平，任勃，杜凯，等.一种智能卫星天地一体化协同管控模式探索[C].软件定义卫星高峰论坛，北京，2018：392－398.

[20] 何雨帆，王家松，李远平，等.基于北斗一号的近地卫星天基测控技术及应用[J].武汉大学学报（信息科学版），2012，37(4)：441－444.

卫星通用可变长遥控注数格式设计方法及应用

钟金凤[1,2]，贾艳胜[1,2]，林荣峰[1,2]，朱晏庆[1,2]，王禹[1,2]

（1 上海航天控制技术研究所，上海 201109）

（2 上海市空间智能控制技术重点试验室，上海 201109）

摘　要：卫星遥控注入技术是地面干预在轨卫星最直接的手段，在完成卫星发射飞控任务及在轨管理维护操作中都有着非常重要的作用。对 CCSDS 遥控标准进行了研究，并结合我国卫星的实际遥控需求，针对卫星遥控数据格式不统一，各卫星型号需要重复性设计等问题，设计了一套通用遥控注数格式，并开发了相应的星载遥控处理软件和地面遥控注数处理软件，有助于实现遥控注数系统的标准化，以及各卫星型号软件的通用化。

关键词：遥控数据格式；CCSDS；标准化；通用化

遥控注入是地面对卫星实施控制的最基本手段，随着卫星数量的增多、复杂程度的提高和飞行任务难度的加大，卫星的自主控制能力增强，遥控注入需要完成的功能也越来越复杂，对遥控提出了更高的要求。目前我国在轨运行的大多数卫星采用脉冲编码调制 PCM（Pulse Code Modulation）遥控体制，而越来越多的新研制卫星开始采用空间数据系统咨询委员会 CCSDS（Consultative Committee for Space Data System）标准协议。CCSDS 标准规定了星地遥控系统的功能、性能、编码格式等内容，具备通用和灵活性的可扩展能力，但该标准只规定了外包装格式，没有对应用数据格式进行规定，各个卫星型号都需要根据各自不同的指令需求制定新的遥控注入数据格式，从而导致星载软件和地面软件都需要重新研制，不利于软件的通用化。

本文设计了一套通用遥控注数格式，并开发了相应的地面遥控注数处理软件和星载遥控处理软件，解决了遥控注数格式重复性设计和软件无法通用等一系列问题，有助于实现遥控注数系统的标准化，以及各卫星型号软件的通用化。

1. CCSDS 标准

20 世纪 80 年代，由于 PCM 遥控标准存在灵活性不够、支持航天器数量有限等缺陷，CCSDS 提出了分包遥控标准，制定了新的遥控包格式。遥控包采用分层体制，层与层之间按照一定的协议实现标准的数据格式接口，这样在一定程度上将星地遥控接口标准化，增强了使用中的灵活性和实现方法上的标准化。该标准引入我国后，2004 年经修订形成了 GJB1198.7A—2004 标准。

CCSDS 遥控包的标准数据格式如图 1 所示。对遥控应用数据的格式不加限制，但包长有标准格式。其中，主导头固定为 6 个字节，包含包识别、包顺序控制、包长三部分；副导头是可选的，内容是为本包所对应的应用过程提供一些辅助数据，包应用数据域中的数据是要传送的遥控信息，遥控数据内容由用户自行定义。

主导头(48 bit)							副导头(可选)	遥控应用数据
B_0	B_{15}	B_{16}	B_{31}	B_{32}	B_{47}			
包识别				包顺序控制			可包括:星上时间、包格式、辅助数据	
版本号	类型指示	副导头标志	应用过程识别	序列标志	计数名称或序列	包长		
3 bit	1 bit	1 bit	11 bit	2 bit	14 bit	16 bit	可变	可变

图 1 CCSDS 遥控包标准数据格式

2. 通用遥控注数格式的设计

1)报文数据格式

本文遥控注数格式的通用化设计重点是对应用数据域的设计。数据域长度可变,并且将数据域设计为多个类型数据的集合,可实现一次注入多个类型不同的数据,详细格式设计见表 1。

表 1 注数包详细格式

序号	内　　容	字节数
1	主导头(根据卫星型号确定)	4
2	包长(序号 3～13 总字节数－1)	2
3	信息字	1
4	遥控注数包块个数:M	1
5	数据块 1 起始 ID:ID_1	3
6	数据块 1 连续 ID 个数:N_1	1
7	数据块 1 数据内容:C_1	N_1 * (ID_1 类型字节)
8	…	…
9	数据块 M 起始 ID:ID_M	3
10	数据块 M 连续 ID 个数:N_M	1
11	数据块 M 数据内容:C_M	N_M * (ID_M 类型字节)
12	填充项:Fill	1
13	和校验	2

由表 1 可知,注数包应用数据域中分为多个数据块,每个数据块由 ID 号、ID 个数、数据内容三部分组成,每个数据块中的数据 ID 号连续且数据类型为同一类型。其中:

(1)主导头、信息字、填充项的值,各卫星型号根据实际可进行配置。

(2)填充项保证数据包字节长度为偶数,即当序号 1～11 累加字节数为奇数时,可进行填充,序号 1～11 累加字节数为偶数时,不进行填充,可忽略该项。

(3)和校验项为序号 3～12 数据按 16 位进行异或校验。

2）报文数据类型

为保证通用性，设计多种卫星计算机硬件处理器支持的数据类型，见表 2 所示。

表 2 数 据 类 型

序号	类型	类型名	备注
1	无符号 8 位整数	uint8	—
2	有符号 8 位整数	int8	—
3	无符号 16 位整数	uint16	—
4	有符号 16 位整数	int16	—
5	无符号 24 位整数	uint24	—
6	有符号 24 位整数	int24	—
7	无符号 32 位整数	uint32	—
8	有符号 32 位整数	int32	—
9	无符号 64 位整数	uint64	—
10	有符号 64 位整数	int64	—
11	无符号 40 位整数	uint40	—
12	有符号 40 位整数	int40	—
13	无符号 48 位整数	uint48	—
14	有符号 48 位整数	int48	—
15	单精度浮点数	floatIE	IEEE754 标准
16	双精度浮点数	doubleIE	IEEE754 标准
17	1750A 单精度浮点数	float1750_32	—
18	1750A 双精度浮点数	float1750_48	—
19	选项值类型	record_U8	—

3）参数配置表

各个卫星型号地面维护一张遥控参数配置表，该配置表将地面所有的注入指令和注入参数进行统一编号，该配置表地面和星上软件保持一致。由于 ID 号由 3 个字节组成，可表示的参数个数为 16 777 215 个，满足数量需求，且参数易于增减和修改，扩展性强。参数配置表示例见表 3 所示。

表 3 参 数 配 置 表

ID 号	参数名	类型名	默认值	最小值	最大值
1	Double 参数 1	doubleIE	1.41	0.1	5.0
2	Double 参数 2	doubleIE	2.12	0.1	5.0
3	Double 参数 3	doubleIE	3.060323	0.1	5.0
4	Double 参数 4	doubleIE	6.060315	0.1	10.0
...	...	...	...	...	...
1001	Float 参数 1	floatIE	1.0	0.1	5.0
1002	Float 参数 2	floatIE	2.0	0.1	5.0
1003	Float 参数 3	floatIE	3.0	0.1	5.0

ID 号	参数名	类型名	默认值	最小值	最大值
1004	Float 参数 4	floatIE	4.0	0.1	5.0
...	...	...	...	...	...
2001	Uint64 参数 1	uint64	100	10	1000
2002	Uint64 参数 2	uint64	200	10	1000
2003	Uint64 参数 3	uint64	300	10	1000
2004	Uint64 参数 4	uint64	400	10	1000
...	...	...	...	...	...
3000	Uint32 参数 1	Uint32	0xAA	0x0	0xF000
3001	Uint32 参数 2	Uint32	0xBB	0x0	0xF000
3002	Uint32 参数 3	Uint32	0xCC	0x0	0xF000
3003	Uint32 参数 4	Uint32	0xDD	0x0	0xF000
...	...	...	...	...	...
4000	Unit24 参数 1	Unit24	0x112233	0x0	0xFFFFFF
...	...	...	...	...	...
5000	Uint16 参数 1	uint16	50	10	1000
5001	Uint16 参数 2	uint16	50	10	1000
5002	Uint16 参数 3	uint16	50	10	1000
5003	Uint16 参数 4	uint16	20	10	1000

地面可根据任务需求任意选择的参数和指令生成动态组合的可变长注数包,灵活多变。格式中的数据 ID 号连续时,注数软件可做合并处理,生成的遥控注入数据利用率高,且格式中有段头、校验、ID 号、参数范围检查,提高了系统的可靠性。格式中定义的主导头、信息字、填充值各不同的卫星型号均可通用。

3. 通用遥控注数的应用

根据设计的通用遥控注数格式,开发了相应的地面遥控注数处理软件和星载遥控处理软件。

1)地面遥控注数处理软件

地面遥控注数处理软件根据主导头、信息字、填充字等的配置接口进行参数表的配置,配置完成后,生成的遥控注数包的主导头、信息字和填充字内容固定。地面导入参数配置表,并提供参数的添加、删除和修改的界面,确定参数后,通过分析选定参数的 ID 号,来确定参数的数据类型,并根据输入值转换成数据类型对应源码。

地面根据实际任务的需求,挑选相应功能的注入参数和注入指令后,地面注入软件即可根据注数包协议和参数配置表自动生成可变长度的动态组合包。

2)星载遥控处理软件

星载遥控处理软件同样可以维护一张 ID 号与注入指令和注入数据一一对应的参数配置表,该参数配置表与地面配置参数表保持一致。星载软件作为遥控数据接收方,自动对数据内容进行解析,解析正确后执行注入数据内容的所有指令和参数,处理步骤如下:

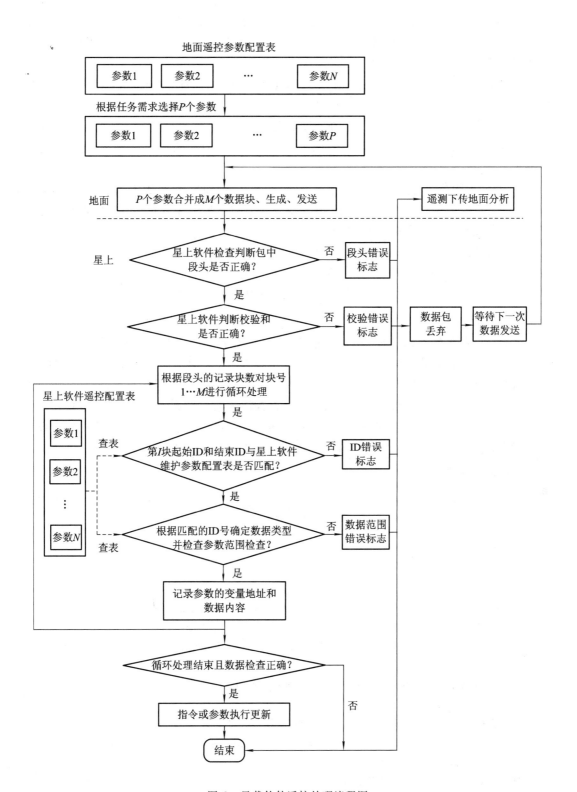

图 2　星载软件遥控处理流程图

(1) 星载遥控处理软件按照协议格式对遥控数据包的段头进行检查，段头检查包括主导头、信息字、包长、块长度的检查。若检查错误，则应丢弃本包内容、置段头错误标志，并遥测下传地面分析错误，检查通过则可进行下一步。

(2) 按照协议格式对遥控数据包的段尾校验和进行检查。若检查错误，则应丢弃本包内容、置校验和错误标志，并遥测下传地面分析错误，检查通过则可进行下一步。

(3) 按照协议格式对遥控数据包的 M 块数据块循环检查参数和指令的 ID 号。若检查错误，则应丢弃本包内容、置 ID 错误标志，并遥测下传地面分析错误，检查通过则可进行下一步。

(4) 根据 ID 号确定参数的数据类型，通过查表对参数的数据范围进行检查。若检查错误，则应丢弃本包内容、置数据范围错误标志，并遥测下传地面分析错误，检查通过记录遥控参数的变量地址和数据内容。继续跳转至步骤(3)运行。

(5) 当步骤(3)、(4)循环结束且检查正确时，则执行遥控参数的更新。

步骤(3)、(4)、(5)采用了延迟更新技术，只有包中所有块的遥控数据检查均通过后才执行参数的更新，这样大大提高了遥控注入的可靠性。处理流程如图 2 所示。

4. 结束语

随着空间科学的不断发展，卫星任务日益复杂，数量也越来越多，星地接口的应用数据格式未实现标准化带来的弊端已日益显著。传统卫星遥控注入技术采用长报文机制，指令和数据位置均固定，每次只能修改单一参数，需要整包上注，配置不灵活，效率不高。采用本文设计的通用遥控注数格式，大大增强了遥控注入数据的灵活性，尤其给卫星在轨管理维护工作带来了巨大的便利性，具有很强的通用性和可扩展性，有助于实现遥控注数系统的标准化，以及各卫星型号软件的通用化，从而缩短了卫星的研制周期，节约了研制成本，具有极大的工程应用价值。

参 考 文 献

[1] GJB 1198.1A-2004. 航天器测控和数据管理(第 1 部分)：PCM 遥控[S]. 国防科学技术工业委员会，2004.

[2] CCSDS. 232.0-B-1 TC space data link protocol [S]. Washington：CCSDS，2003.

[3] Telecommand：Summary of Concept and Rational. Report concerning space data system standards [S]. CCSDS 200.0-G-6. Green Book. Issue 6. Washington：CCSDS，1987.

[4] GJB 1198.7A-2004. 航天器测控和数据管理(第 7 部分)：分包遥控 [S]. 国防科学技术工业委员会，2004.

[5] 何熊文，张猛. 遥控可遥测包应用标准在航天器中的使用方法[J]. 航天器工程. 2012，21(3)：54-60.

[6] 马苗，朱岩. 基于 CCSDS 标准的卫星数据处理软件[J]. 电子设计工程. 2015，23(1)：16-20.

[7] 万鹏，彭利文，华中杰. 基于 CCSDS 标准的航天器上行遥控链路协议体系与可靠性技术[J]. 飞行器测绘学报，2016，35(4)：309-315.

[8] 陶涛，汪路元，于敏芳. 一种卫星通用遥控指令译码器设计[J]. 航天器工程，2017，26(4)：85-90.

[9] 张亚航，赵思阳，何熊文. 基于传统遥控体制的分包遥控方案设计[J]. 飞行器测绘学报. 2012，31(z1)：81-85.

商业卫星测运控一体化无人值守地面管理系统

高梦淇[1]，袁健华[1]，周英庆[1]，沈朱泉[1]，徐书尹[1]，郑永艾[1]

（1 上海卫星工程研究所，上海 201109）

摘　要：随着商业卫星的小型化、批量化、星座化的发展，在轨需要管理的商业卫星数量将急剧增长。针对商业卫星独特的运营模式，并提升商业卫星的在轨测控、运控管理效能，本文研究了适用于商业卫星在轨运营的地面管理系统。该地面管理系统可实现商业卫星的在轨测控、运控一体化管理，可实现自动化监控管理、无人值守、任务自动下发、卫星自动跟踪等功能，可完成卫星状态监控、业务数据自动收发、自动处理、自动分发等任务，可满足多颗低轨商业卫星同时跟踪服务。

关键词：商业卫星；地面站；无人值守；测运控一体化

近年来，随着电子技术的不断进步，卫星技术也得到了飞速发展，因此成本低、研制周期短、价格低的商业卫星日益受到人们的青睐，商业小卫星的兴起将开启卫星大数据的时代。在发展商业航天的大环境具备之后，成本过高自然就成了制约商业航天发展的突出问题。减少商业卫星投入成本不仅包括减少卫星的研制成本，还包括减少商业卫星在轨运行管理的成本。针对商业卫星独特的运营模式，在提高商业卫星在轨运行管理效率、减少卫星在轨管理成本方面，本文提出了一种将商业卫星测控、数传星地链路一体化的地面管理系统，仅运用一套地面设备即可实现多颗低轨商业卫星的测控和运控管理工作，并实时完成卫星测控、数传数据解析处理，系统拥有多种控制模式，整个过程可实现无人值守的自动化管理。

1. 系统组成及功能

无人值守测运控一体化地面管理系统可由数据收发分系统、系统运行管理分系统和数据处理分系统组成。

"上行信号"经运控站进行调制、上变频和功放等处理后，经天线发送至卫星；并通过天线接收卫星发送的"数传、遥测"等下行信号，至运控站进行低噪声放大、下变频和解调等处理，并对卫星数据进行显示和处理，同时可通过网络对整个运控系统进行远程监控。

（1）数据收发分系统主要完成卫星测控信号和数传信号的收发、信号处理和信号调制解调等功能，主要包括数据收发天线、信道处理子系统和基带等设备。

（2）系统运行管理分系统主要完成全部系统的设备监控、任务计划生成、远程控制和卫星的日常管理等工作，它由系统监控机和远程监控机组成。

（3）数据处理分系统主要进行卫星下行遥测数据和业务数据的处理工作，能够完成卫星数据的实时处理和分发工作。

测运控一体化无人值守地面管理系统组成如图 1 所示。

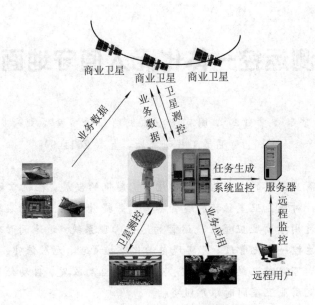

图 1   地面管理系统组成图

1) 数据收发分系统

数据收发分系统主要完成对卫星零级数据的预处理工作, 分系统组成如图 2 所示。其中, 数据收发天线完成对卫星下行信号的接收和上行信号的发射, 具有单脉冲自动跟踪功能和程序跟踪功能; 天线伺服主要实现对天线的驱动控制; 信道子系统主要包括低噪放、功放、线路放大器、测控链路变频器、数传链路变频器、测控基带和数传基带等设备, 主要实现对卫星信号的处理、变频和调制解调等功能。

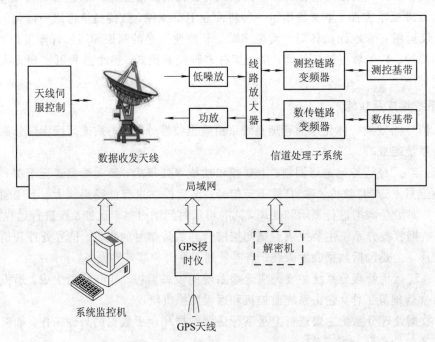

图 2   数据收发分系统组成示意图

2）系统运行管理分系统

系统运行管理分系统通过系统监控机和远控计算机实现系统各设备的控制管理、计划生成、任务下发、监视工作状态、故障报警、显示和存储各类数据。

系统监控软件部署在系统监控机上，用以完成系统监控端所有的服务功能和操控功能，执行工作计划时设备的调度、流程的安排；远程监控软件部署在远程监控机上，提供用户监控设备、执行计划任务功能，提供用户遥控指令发送功能，完成用户与接收站系统的交互；系统可实现本地分机控制和远程监控两种方式的控制，并通过数据网传输遥测数据。

用户一般在远程监控机上操控单收站系统，远程监控机软件用以完成系统中所有设备的状态监视和参数控制。同时支持用户制订计划任务，在设定时间自动完成卫星跟踪任务。

与系统监控机不同之处是，远程监控机不是直接与设备交互，而是通过系统监控机完成监控功能。而且，系统监控机上卫星任务操作流程固定后，远程监控机直接使用这些任务操作流程制订工作计划。

系统运行管理分系统示意图如图3所示。

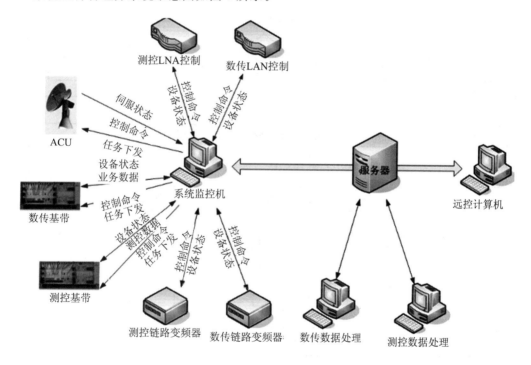

图3 系统运行管理分系统示意图

3）数据处理分系统

数据处理分系统分为卫星测控数据处理终端和业务数据处理终端。

测控数据处理终端完成上行遥控指令、注入数据及计划任务的生成，进行下行遥测数据处理监测、分类、分析和小卫星的日常管理等功能。

业务数据处理终端根据不同的业务内容、业务数据格式和用户应用需求，对卫星数传数据进行分类、提取、分析、处理和综合展示。

数据处理分系统主要完成以下功能：

（1）测控计划任务的生成。

（2）遥测监测、报警系统。

（3）卫星安全状态综合 3D 显示。

（4）卫星特殊事件的预报。

（5）卫星轨道和姿态的管理。

（6）卫星数传数据的分类和提取。

（7）卫星业务应用数据的处理。

（8）卫星业务应用数据综合 2D/3D 显示。

（9）用户管理。

2. 系统工作流程

测运控一体化无人值守地面管理系统工作流程分为四个阶段，分别为任务前准备阶段、卫星捕获与跟踪阶段、数据解调输出与处理阶段和任务结束恢复阶段。具体系统工作流程图如图 4 所示。

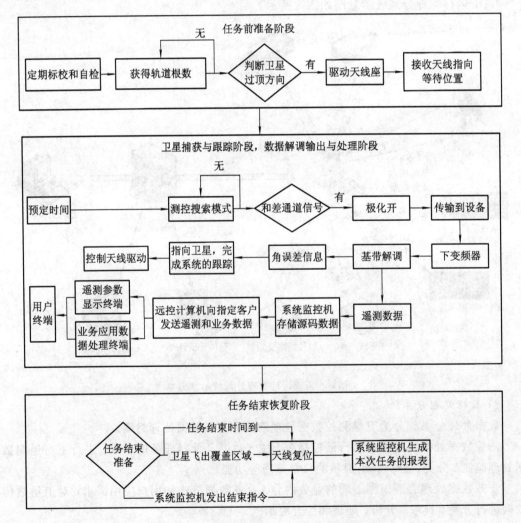

图 4　系统工作流程图

1）任务前准备阶段

系统定期标校和测试，保证任务前系统处于完好状态，指标满足任务要求。

在进行任务之前需要获得卫星的轨道根数等注入数据。

进行任务前各设备须加电自检，由系统监控机根据设置的任务宏命令将各设备工作参数分发到各分系统单机，并根据设备工作状态数据库选择适合的信号通道配置，根据任务设置选择和差通道的极化方式。

伺服系统根据卫星轨道数据判断卫星过顶方向，然后驱动天线座，使得天线指向等待位置。

2）卫星捕获与跟踪阶段

在卫星出现的预定时间控制天线进入搜索模式。当卫星进入天线捕获范围内时，天线接收到的和差通道射频信号通过极化选择开关选择极化方式，经过低噪声放大器（Low Noise Amplifier，LNA）放大后经单通道变换器合成一路信号，再通过电缆传输到设备机房中，信号在机房内经分路器分成两路，分别经过测控下变频器和数传下变频器变频到70 MHz 中频。

3）数据解调输出与处理阶段

基带终端接收到信号后，完成遥测、数传信号的捕获和解调。系统监控机根据两套遥测基带设备上报的工作状态，选择其中一路数据作为数据输出源，数据输出到系统的局域网中。若需解密处理，则解密机从局域网中获取数据，解密之后再将数据发送到局域网。系统监控机存储源码数据，并根据要求通过远控计算机向遥测显示终端和业务数据处理终端发送遥测和业务应用数据。

4）任务结束恢复阶段

任务结束时间到，或卫星飞出覆盖区域，或系统监控机发出结束指令，则本次任务结束，天线复位，系统监控机生成本次任务的报表。

3. 系统控制方式

本系统为三级控制方式，分别是：本控、分控、远控。其定义为：

（1）本控：单机通过自带面板和界面对本身工作参数进行设置，此控制方式优先级最高。具有本控功能的单机有：天线控制单元（Antenna Control Unit，ACU）、下变频器、基准源与开关矩阵（含极化控制与 LNA 选择）、遥测基带终端、数传基带终端、遥测模拟源、校验上变频器等设备。

（2）分控：系统监控机通过网络和串口监视各分机的工作状态，对各分机工作参数和工作状态进行设置，此控制方式优先级其次。具有本控功能的单机都可通过系统监控机控制，但 ACU 除外（只监视不控制）。

（3）远控：远控计算机通过局域网与系统监控机交互信息，通过系统监控机监视各分机的工作状态，对各分机工作参数和工作状态进行设置，此控制方式优先级最低。具有本控功能的单机都可进行远控，但 ACU 除外（只监视不控制）。另外，远控计算机可在屏幕上观看系统配置的示波器的测量波形。

系统监控机负责切换系统主备状态。根据基带的故障指示、下变频器的故障指示、LNA 的电流超限（高限/低限）指示，立即将故障设备离线。

主备通道信噪比相差较大时，使信噪比低的通道处于备份状态，并通过开关矩阵分配处于主通道的下变频器同时输出给 2 个基带设备，若基带设备显示的信噪比仍较低，表明备份的基带设备及外围部件(电缆等)有问题；若基带设备恢复正常，表明备份的下变频器及外围部件(电缆等)有问题；系统监控机给出故障指示。

在天线跟踪正常且在正常覆盖区域内，主备通道数据都同时丢失时，若系统设置 LNA 切换为自动，则系统监控机控制 LNA 切换开关动作，控制 LNA 主备切换。为保证系统稳定，该动作规定最小间隔时间为 10 s。

4. 结束语

本文简要介绍了商业卫星测运控一体化地面管理系统的功能组成、工作流程和系统控制方式。实现了商业卫星的测控、数传数据从零级数据接收到后续数据处理、分发，且系统前端无需人为干预，用户可通过远程监控系统全部工作状态。在大幅度提升了商业卫星在轨测控、运控管理的效率的同时，减少了商业卫星在轨运行管理的成本。

参 考 文 献

[1] 雷永刚，张国亭. 面向未来的微纳卫星测控管理[J]. 飞行器测控学报，2017，36(3)：164 - 172.

[2] 刘璇，张振华. 商业卫星：让"战场"连通"市场"[C]. 航天电子军民融合论坛暨第十四届学术交流会优秀论文集. 北京：中国航天科技集团公司第九研究院科学技术委员会，2017：85 - 91.

[3] 软件定义卫星项目组. 软件定义卫星：商业航天发展的助推器[J]. 卫星与网络，2017，09：36 - 38.

[4] 韩冬. 卫星地面站 6 米天线跟踪系统的研究[D]. 石家庄：河北科技大学，2015：23.

[5] REYER J A, FATHY H K, PAPALAMBROS P Y. Comparison of combined embodiment design of control optimization strategies using optimality conditions. ASME Design Engineering Technical Conferences&Computers and Information in Engineering Conference, 2001, 9.

[6] 张涛，李一超，昂正全. 卫星地面站测控设备远程移动监测系统的设计与实现[C]. Proceedings of 2012 International Conference on Earth Science and Remote Sensing(ESRS 2012). HongKong, China：Information Engineering Research institutem, USA, 2012：586 - 591.

[7] 李晓娟，戴谊. 一种卫星地面站伺服跟踪测控软件的实现[J]. 信息与电子工程，2011：9(2)：244 - 247

[8] 马瑞峰，郭陈江. 基于遥感卫星地面站伺服控制系统的研究[J]. 计算机测量与控制，2005，13(7)：688 - 690.

[9] 王文芳，付东洋. 卫星地面站接收与处理系统关键流程分析[J]. 信息技术，2011，09：34 - 38.

智能卫星自主请求式管控系统设计及在轨试验

任勃[1]，刘建平[1]，杜凯[1]，高宁[1]，朱俊[1]，潘晏涛[2]
（1 宇航动力学国家重点实验室，西安 710043）
（2 中国科学院软件研究所，北京 100190）

摘　要：随着在轨卫星数量的快速增长，地面测控资源日益紧张。针对卫星自身计算能力大幅提升和地面站网资源紧张的现状，提出了一种面向智能卫星的自主请求式星地协同管控模式，能够基于在轨自主定轨和高精度轨道预报实现卫星的轨道自主请求和在轨自主运行；设计并开发了由地面遥控遥测软件和星上应用组成的智能卫星自主请求式管控系统，基于软件定义卫星"天智一号"进行了管控系统的在轨试验。结果表明，自主请求式星地协同管控模式能够有效提高卫星在轨管理的效率，具备一定的应用前景和推广价值。

关键词：自主请求式；自主定轨；高精度轨道预报；"天智一号"卫星

随着航天技术的迅速发展，我国的卫星管理与控制技术已经趋于完善，形成了一套完整的卫星跟踪测量和管理控制体系。近年来，卫星平台和载荷的处理能力、存储能力、管理能力大幅提升，从而使卫星具备了智能化可编程的条件。这种情况下，传统的以地面管控为主的方式不能充分利用智能卫星的自主管理能力。另一方面，航天情报保障中采用"用户需求受理、地面任务规划、地面编程、上注卫星、星上执行"的方式，完全依赖有限的地面站网资源，可能会因为资源冲突导致指令不能及时上注卫星，从而影响对应急任务保障的响应能力。因此，需要结合智能卫星的能力和特点，在当前"地面编程、星上执行"的基础上，协调地面管控与星上自主管控能力间的关系，实现星地协同管控，使智能卫星具备一定的在轨自主运行能力，提升卫星在轨管理的效率。

目前关于卫星在轨自主运行技术的研究主要集中在深空探测领域，王大轶等从自主任务规划、自主导航及自主故障诊断几个方面探讨了深空探测器的自主运行发展现状和关键技术；崔平远等分析传统测控模式对深空探测自主技术的约束，对构建深空探测器智能自主管理软件系统的关键技术进行了详细探讨；吴大愚则在研究卫星应用软件开发框架的技术上，提出了一种卫星自主运行开发框架，能够为在轨任务规划和健康管理等提供支持。国内相关研究大多针对卫星任务规划，缺少对卫星平台自主管理具体技术的研究，也没有涉及星地交互模式对卫星自主运行的影响。

本文提出了一种面向智能卫星的自主请求式在轨管控模式：卫星在轨运行自主定轨和高精度轨道预报算法，当定轨与预报的相对位置差超过设定的门限值时，以轨道自主请求的方式向地面发送遥测请求，获取地面测控中心的精密轨道注入；当相对位置未超差时，卫星自主在轨运行。管控请求及服务响应的模式能够实现对智能卫星的星地协同管控，在发挥卫星自身计算能力的基础上，减少了对地面测控网的依赖。设计并实现了智能卫星自主请求式管控系统，并基于我国第一颗软件定义卫星"天智一号"，在其载荷超算平台上开展了自主请求式管控的在轨试验，证明了自主请求式星地协同管控模式具备一定的可行性，能够显著提高智能卫星在轨管理的效率。

1. 自主请求式星地协同管控模式

自主请求式管控是一种粗粒度、松耦合的服务架构，可以看作是地面管控系统端应用与智能卫星端应用之间的一种端到端的星地交互机制。卫星既能以服务请求端的形式存在，也能以服务提供端的形式存在。同样，地面管控系统在不同场景下也会分别以这两种形式存在，两者的信息交互以服务的形式进行。

通常情况下，请求服务由地面管控系统发送给智能卫星，如地面管控系统需要智能卫星执行某种载荷管控业务时，主动向智能卫星发出服务请求，智能卫星收到服务请求后，根据服务请求内容执行载荷管控业务。反过来，请求服务也可以由智能卫星发给地面管控系统，如智能卫星需要执行某种平台管控业务时，主动向地面管控系统发出服务请求，地面收到服务请求后，根据服务请求的内容进行平台管控业务。

相对于传统的卫星管控模式来说，自主请求式管控有以下几个特点和优势：

（1）管控的发起者不再局限于卫星的地面应用系统或任务中心，也可以是智能卫星。

（2）智能卫星成为平台管控业务的服务请求端；载荷管控的服务请求端既可以是地面管控系统或卫星用户，也可以是智能卫星（如数据下传服务请求）。

（3）地面管控系统成为卫星综合服务云平台，不仅为卫星用户提供管控服务，还要为卫星本身提供管控服务。

（4）星地之间的信息交互不仅仅是细粒度、紧耦合的遥测、遥控数据，还增加了粗粒度、松耦合的服务数据封装。

（5）星地之间的信息交互通道可以不再局限于地面测控网或中继测控，还可以采用支持高层数据传输的北斗短报文通信或互联网通信。

自主请求式管控充分利用了智能卫星强大的计算、存储能力，自主决策向地面发出请求，从而实现真正意义上的按需管控或测控，减轻了地面系统的负担。基于以上星地协同管控模式的分析，考虑利用自主定轨和高精度轨道预报算法，计算卫星在轨定轨和预报的位置差，当超过设置的门限值时，向地面系统发送精密轨道根数注入请求，地面测控网开门站收到请求后，迅速响应上注遥控指令。这种自主请求的方式实现了对智能卫星轨道的协同管控，其原理示意图如图1所示。

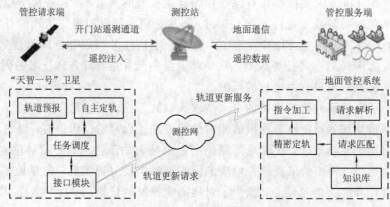

图1 自主请求式协同管控模式示意图

2. 自主请求式管控系统设计

1) 自主定轨与高精度轨道预报的算法

卫星在轨自主定轨算法以全球导航卫星系统（Global Navigation Satellite System，GNSS）数据为输入，采用简化的动力学模型，基于扩展卡尔漫滤波（Extended Kalman Filter，EKF）和拉格朗日插值（Lagrange Interpolation）实现自主定轨。将卫星位置向量、速度向量、动力学参数向量和通道延迟参数向量合在一起表示为 X_i，测量更新公式为

$$V_i = A_i \cdot \hat{X}_i - L_i$$

式中：V_i 是残差向量；A_i 是观测矩阵；L_i 是观测量。

时间更新可表示为

$$\bar{X}_{t+1} = \boldsymbol{\Phi}(t_{i+1}, t_i) \cdot \hat{X}_t + W_t$$

$$\boldsymbol{\Sigma}\bar{X}_i = \boldsymbol{\Phi}(t_i, t_{i-1}) \cdot \boldsymbol{\Sigma}\hat{X}_{i-1} \cdot \boldsymbol{\Phi}^{\mathrm{T}}(t_i, t_{i-1}) + \boldsymbol{\Sigma}W_i$$

式中：$\bar{X}_{t+1}$ 是预测状态向量；$\boldsymbol{\Sigma}\bar{X}_i$ 是预测向量的协方差阵；$\boldsymbol{\Phi}(t_i, t_{i-1})$ 是历元间的状态转移矩阵；$\boldsymbol{\Sigma}W_i$ 是状态噪声补偿。

根据最小二乘方法，t_i 时刻的参数解 $\delta\hat{X}_i$ 可表示为

$$\delta\hat{X}_i = (A_i^{\mathrm{T}} \cdot \boldsymbol{\Sigma}_i^{-1} \cdot A_i + \boldsymbol{\Sigma}\bar{X}_i^{-1})^{-1} \cdot (A_i^{\mathrm{T}} \cdot \boldsymbol{\Sigma}_i^{-1} \cdot l_i + \boldsymbol{\Sigma}\bar{X}_i^{-1} \cdot \bar{X}_i)$$

式中：$\delta\hat{X}_i$ 是待估参数在当前历元时刻的修正量；l_i 是观测残差向量；$\boldsymbol{\Sigma}_i$ 是观测量的协方阵。

待估参数的协方差矩阵 $\boldsymbol{\Sigma}\bar{X}_i$ 可以表示为

$$\boldsymbol{\Sigma}\bar{X}_i - \boldsymbol{\Sigma}\bar{X}_i \cdot A_i^{\mathrm{T}} \cdot (A_i \cdot \boldsymbol{\Sigma}\bar{X}_i \cdot A_i^{\mathrm{T}} + \boldsymbol{\Sigma}_i)^{-1} \cdot A_i \cdot \boldsymbol{\Sigma}\bar{X}_i$$

解得卫星位置和速度向量之后，GNSS 数据滤波处理完成，使用拉格朗日插值输出自主定轨结果。

在轨高精度轨道预报算法采用经典的龙格库塔（Runge-Kutta）数值积分，使用的摄动力模型主要包括 EGM96 地球重力场模型（Earth Gravity Model 96）和 MSISE2000 大气阻力模型，考虑了日月行星引力摄动、太阳光压摄动和地球反照压摄动因素对预报模型的影响，通过高精度数值积分器进行迭代计算，生成卫星星历预报数据。

为了保证智能卫星自主请求式协同管控模式的可行性和有效性，定轨和预报的精度必须满足工程应用的要求，同时算法需要兼顾卫星硬件的计算能力，不能消耗太多的计算资源。采用飞思卡尔开发板（freescale i. MX 6Quad）对上述算法进行了测试，该开发板型号为 ARM Cortex A9，安装有 4 个中央处理器（Central Processing Unit，CPU），单个频率为 1 GHz、1 GB 内存。通过对运行结果进行分析，其精度与现有的地面系统的轨道计算精度基本相当，定轨精度优于 50 m，预报 3 天精度优于 1500 m。

2) 星上应用设计

自主请求式管控系统是基于智能卫星自主请求式协同管控模式实现的，系统由地面遥测遥控系统和星上应用组成。星上应用部署在卫星载荷上，地面遥测遥控系统部署在地面测控中心任务系统中，地面系统主要涉及星地数据交互接口的设计。星上应用采用模块化的设计思路，将自主定轨、高精度轨道预报和任务调度封装为三个模块。任务调度模块主要完成对自主定轨和高精度轨道预报的调用，同时进行星上应用内部、星上应用与卫星载

荷之间的接口数据的处理分发。星上应用的组成结构如图 2 所示。

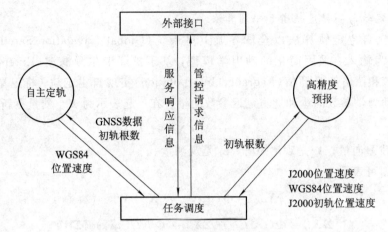

图 2　管控系统星上应用组成结构

　　任务调度模块的设计原则是灵活可靠，能够对自主定轨和高精度轨道预报两个模块的运行时间间隔进行配置和调整，同时为算法运行、指令注入预留充足的时间。任务调度模块在发送管控请求信息至卫星载荷时，采用重复三帧的方式，以避免数据在传输过程中的损坏与丢失，同时不间断地从卫星载荷中查询服务响应信息。

　　任务调度模块的主要功能包括：一是根据卫星载荷的数据协议，解析获取 GNSS 数据，并将其作为自主定轨模块的输入，检查 GNSS 数据是否满足自主定轨要求；二是计算自主定轨和高精度轨道预报结果在约定坐标系下的相对距离；三是按照卫星载荷的要求，响应载荷中的监控管理服务发送的运行状态监视信息，当收到预关机和关机消息时，可以及时、优雅地清理运行环境、中止程序运行。

　　3）星地数据交互接口设计

　　星上应用与地面系统的数据交互首先需要经过卫星载荷，因此星上应用需要设计与卫星载荷中的实时遥测、延时遥测、应用私有遥测、遥控指令、应用监控管理等模块的数据接口。对于自主请求式管控系统，星地数据交互接口主要是指星上应用与地面系统之间的服务响应信息接口和管控请求信息接口。其中，服务响应信息接口对应遥控指令数据格式约定，详见表 1。表中，U08 指 1 字节无符号字符型，U16 指 2 字节无符号字符型，DBL 指双精度浮点型，FLT 指单精度浮点型。遥控指令加工界面如图 3 所示，管控请求信息对应星上应用遥测数据格式约定，详见表 2。

表 1　星上应用遥控指令数据接口

序号	偏移量/bit	长度/bit	数据说明	数据类型
1	0	8	载荷 ID	U08
2	8	8	应用 ID	U08
3	16	8	指令类型	U08
4	24	8	指令编号	U08
5	32	8	预留	U08
6	40	64	轨道时标	DBL
7	104	32	半长轴	FLT

序号	偏移量/bit	长度/bit	数据说明	数据类型
8	136	32	偏心率	FLT
9	168	32	轨道倾角	FLT
10	200	32	升交点赤经	FLT
11	232	32	近地点幅角	FLT
12	264	32	平近地点角	FLT
13	296	32	大气阻尼系数	FLT
14	328	32	光压反射系数	FLT
15	360	16	轨道预报周期	U16
16	376	16	自主定轨周期	U16
17	392	16	滑动窗口	U16
18	408	16	误差门限	U16

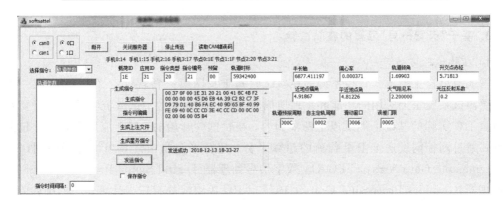

图 3　自主请求式管控系统地面遥控指令加工界面

表 2　星上应用遥测数据接口

序号	偏移量/bit	长度/bit	数据说明	数据类型
1	0	8	请求类型标志	U08
2	8	64	轨道更新时间	DBL
3	72	32	大气阻尼系数	FLT
4	104	32	光压反射系数	FLT
5	136	16	轨道预报周期	U16
6	152	16	自主定轨周期	U16
7	168	16	误差门限	U16
8	184	16	运行模式	U16
9	200	8	请求时间间隔	U08
10	208	8	是否超出门限	U08
11	216	8	指令计数	U08
12	224	8	程序状态	U08

遥测数据接口的设计主要考虑能够获取当前星上应用的运行状态、星上应用接收到遥控指令的时机、距离差计算结果等信息，便于确认星上应用在各个阶段的状态，确保天地回路处于正常联通状态。遥测数据接收界面如图 4 所示。

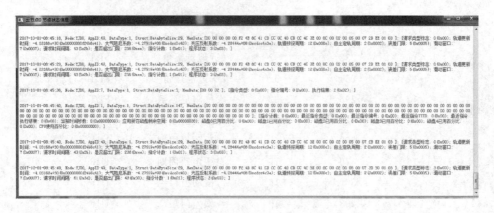

图 4　自主请求式管控系统地面遥测数据接收界面

3. 基于"天智一号"卫星的在轨试验

1）在轨试验方案

智能卫星自主请求式管控系统的在轨试验基于我国第一颗软件定义卫星"天智一号"，它主要测试系统星上应用的功能和星地协同管控模式的可行性，试验流程的设计需要在兼顾卫星工程实际的基础上测试以上两项内容。在轨试验开始前，星上应用以软件分包上注的方式通过测控网发送至卫星载荷的超算平台。超算平台是由现场可编程门阵列（Field-Programmable Gate Array，FPGA）、数字信号处理器（Digital Signal Processor，DSP）、图形处理器（Graphics Processing Unit，GPU）、CPU 等组成的有较强计算能力的硬件阵列。

管控系统设计了两种运行模式，分别为卫星载荷 GNSS 数据正常情况下的正常模式（模式一）、卫星载荷 GNSS 数据异常情况下的备份模式（模式二）。运行模式一主要测试在没有上注轨道的情况下，周期性自主定轨与高精度轨道预报的比对结果是否满足卫星自主运行的条件。系统设计运行模式二的目的是防止卫星载荷在 GNSS 接收机关机、GNSS 数据错误等情况下，自主定轨模块无法正常运行，进而影响自主请求的执行。

管控系统在模式一的状态下运行时，星上应用的任务调度分时调用自主定轨和高精度轨道预报模块，并计算卫星相对位置差。在没有接收到地面系统发送的运行模式切换命令时，星上应用启动后默认在该模式下运行。以模式一运行时，地面遥控遥测系统需要在初始圈次的弧段内向星上应用上注指令，为高精度轨道预报算法提供初始精密星历，此时不对自主定轨和高精度预报的结果进行比对，直接给出没有超差的结果写入遥测。初始圈次之后卫星进入自主运行自主请求阶段，在此期间自主请求式管控系统的运行流程如图 5 所示（以 GPS 数据为例）。其中，T0 指跟踪弧段开始时刻，GNSS 以全球定位系统（Global Positioning System，GPS）数据为例。通过提前上注开关机计划指令，星上应用的启动可以通过程序控制实现。通常约定在在轨试验跟踪弧段开始前约 3 min 进行载荷超算平台节点开机、星上应用启动。通过程序控制在跟踪弧段前开机，可以有效避免跟踪弧段内星上应用运行时间有限的问题，为节点关机指令预留尽可能多的时间窗口。

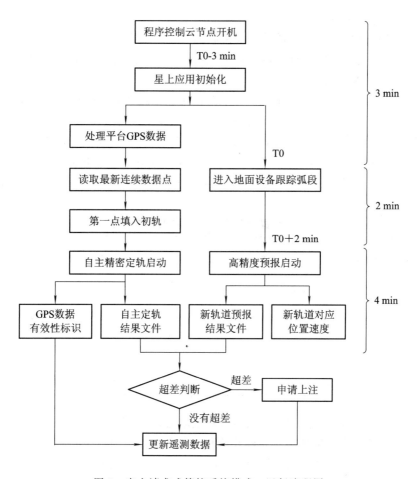

图5 自主请求式管控系统模式一运行流程图

在将星上应用上注至卫星时，星上应用已包含初始轨道、初始预报结果文件和备份预报结果文件。管控系统在模式二的状态下运行时，星上应用的任务调度仅调度高精度轨道预报模块，并计算当前指令根数与临近一次预报结果的卫星相对位置差，依此判断是否向地面发送管控请求信息，运行流程图略。星上应用第一次收到遥控指令，且高精度轨道预报运行后，直接给出距离已超差的判断结果并写入遥测数据，此时备份预报结果文件会被拷贝操作更新；后续每一次收到遥控指令，可将指令中的轨道数据转换出的位置速度与备份文件中相应时间点的位置进行比对，超差时备份文件会被拷贝操作更新，没有超差时备份结果文件不变。

"天智一号"卫星自主请求式管控系统在轨试验流程具体包括试验前GNSS数据准备、跟踪弧段内启动星上应用和遥测数据分析处理三个阶段。

（1）在GNSS数据准备阶段，卫星在轨运行期间，在能源与导航卫星可见性条件满足的情况下，GNSS接收机保持开机状态，卫星载荷超算平台实时查询并获取GNSS数据，并将其保存至超算平台的数据库中。

（2）跟踪弧段内启动星上应用，采用模式一时，按照"一次指令上注，在轨自主运行，管控请求接收"的方式逐圈次实施；采用模式二时，按照"一次指令上注，在轨自主运行，再次上注判断"的方式逐个圈次实施。再次上注判断，指再次上注遥控指令后，分析遥测数据，判断星上位置差是否超差。

（3）遥测数据分析主要针对遥控指令接收的正确性、实际指令的接收时间、位置差超差判读等内容进行分析，检验自主请求式管控系统在两种运行模式下的实际运行效果。

2）在轨试验结果分析

星上应用上注至"天智一号"卫星后，根据在轨试验方案，依次对自主请求式管控系统的两种运行模式进行了在轨测试，其中主要的跟踪圈次的遥控指令的上注时间、遥控指令中卫星轨道根数的历元、接收遥测的圈次的时间等关键数据见表 3。其中，UTC（Coordinated Universal Time）指协调世界时，没有上注指令表示卫星在轨自主运行，但星上应用发送下行遥测数据供试验分析。两种运行模式下第一圈次的指令上注，属于模式初始化操作。

表 3 "天智一号"在轨试验关键圈次数据

序号	上注时间/UTC	轨道根数历元/UTC	运行模式	遥测时间/UTC	位置差门限	是否发送管控请求
1	2019 - 02 - 02 11：02：36	2019 - 02 - 02 01：02：36	正常	2019 - 02 - 02 11：07：03	500	—
2	—	—	正常	2019 - 02 - 03 00：12：56	500	否
3	—	—	正常	2019 - 02 - 26 22：06：31	500	是
4	2019 - 03 - 04 23：01：14	2019 - 03 - 01 16：00：00	备份	2019 - 03 - 04 23：05：57	500	—
5	2019 - 03 - 09 00：45：06	2019 - 03 - 0208：00：00	备份	2019 - 03 - 09 00：49：44	100	是

在轨试验期间，通过测控网星地数传链路获取运行在"天智一号"卫星超算平台上的星上软件的自主定轨和高精度轨道预报输出文件，以西安卫星测控中心的"天智一号"卫星地面精密星历为基准，精度分析结果见图 6 和图 7。其中，自主定轨数据源自星上应用生成的

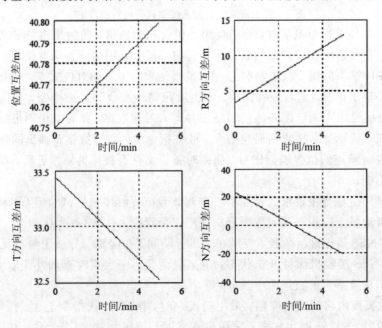

图 6 "天智一号"在轨自主定轨与西安中心精轨互差

UTC 是 2019 - 03 - 09 00：34：00.000 至 2019 - 03 - 09 00：40：00.000 的定轨结果；高精度轨道预报数据源自星上应用生成的 UTC 是 2019 - 03 - 02 16：00：00.000 至 2019 - 03 - 05 16：00：00.000 的预报结果。自主定轨结果 5 min 内与地面精轨误差约 40 m；轨道预报 24 h 位置误差小于 200 m，预报 3 天位置误差小于 800 m，卫星径向、切向、法向(Radial, Tangential and Normal，RTN)三个方向中，径向误差小于 10 m，法向误差小于 20 m。星上应用的自主定轨结果和轨道预报精度与西安中心地面系统轨道计算精度相当，满足轨道预报的精度要求。

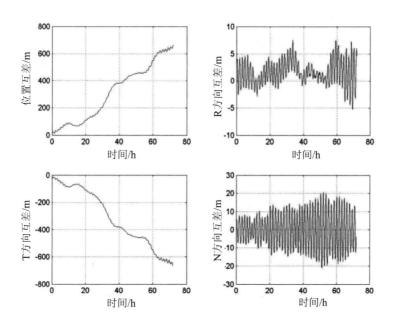

图 7 "天智一号"在轨轨道预报与西安中心精轨互差

　　地面系统接收到的遥测数据与设计方案中星上应用在相应运行模式下预期的管控请求数据一致，且星上应用的自主定轨和高精度轨道预报精度符合要求。综上可知，系统在"天智一号"卫星上的在轨试验达到了预期的目的，证明了自主请求式管控模式的可行性，同时卫星能够在轨自主运行，也表明了该模式可以在充分利用卫星超算平台计算能力的情况下减少对地面测控系统的依赖。

4．结束语

　　针对卫星在轨管理不能发挥自身自主能力、完全依赖地面测控系统的现状，本文提出了一种面向智能卫星的自主请求式星地协同管控模式。该模式基于卫星在轨自主定轨和高精度轨道预报算法，以定轨与预报的位置差为依据，使卫星自主向地面发送管控请求信息，地面系统将服务响应信息通过测控网上注；设计了智能卫星自主请求式管控系统，将星上应用部署在软件定义卫星"天智一号"上。开展的在轨试验表明，自主请求式管控模式可以在充分发挥卫星自身计算能力的基础上，以星地协同的方式提高卫星在轨管理的效率，减少地面测控系统的跟踪测控压力，具备一定的应用前景和推广价值。

参 考 文 献

[1] 王大轶，孟林智，叶培建，等. 深空探测器的自主运行技术研究[J]. 航天器工程，2018，6：1-10.

[2] 崔平远，徐瑞，朱圣英，等. 深空探测器自主技术发展现状与趋势[J]. 航空学报，2014，35(1)：13-28.

[3] 吴大愚. 航天器自主运行软件开发框架和自主规划调度的研究[D]. 长沙：国防科学技术大学，2008.

[4] 赵和平. 以综合电子技术构筑航天器智能化的坦途[J]. 航天器工程，2015，24(6)：1-6.

[5] 赵军锁，吴凤鸽，刘光明. 软件定义卫星技术发展与展望[J]. 卫星与网络，2017，12：23-29.

[6] 李恒年. 航天测控最优估计方法[M]. 北京：国防工业出版社，2015：196-200.

[7] 门斯布·吕克. 卫星轨道：模型、方法和应用[M]. 王家松，译. 北京：国防工业出版社，2012：96-103.

一体化卫星地面系统总体设计研究

王鹏[1] 邱红哲[2] 刘妍[3]

（1 航天工程大学，北京 101416）

（2 北京航天飞行控制中心，北京 100094）

（3 空军指挥学院，北京 100089）

摘　要：针对目前卫星信息需求到应用周期长、卫星测运控能力不足、卫星地面系统智能化水平不高等问题，基于云计算和用户个性定制的体系架构，提出了一种满足快速获取、智能处理、高效应用的一体化卫星地面系统总体架构，详细描述了系统的组成结构及各分系统的功能组成和外部接口关系。该体系可为构建满足卫星地面系统多类型并发任务、多用户个性需求、高效测运控处理等要求的新一代卫星地面系统提供参考。

关键词：云计算；一体化；测运控；总体设计

卫星地面系统是卫星系统地面部分各子系统的总称，其主要任务是对信息获取平台及传感器进行指挥与控制，接收和记录信息获取平台及传感器获取的数据，并对数据进行预处理和应用处理，生成不同等级和不同类型的情报产品；对产品进行编目和管理，并将之分发至各级用户，为国家经济建设和国防建设提供支持。

随着我国卫星在轨数量快速增长、在轨测运控服务需求大幅增加、信息获取到应用的周期快速缩短，原有的测控与运控分离、信息获取与处理割裂、产品与应用脱节的问题显得愈发明显。尤其是我国航天产业军民融合深度发展和商业航天的兴起，卫星地面系统面临站网满负荷运转、任务人员高强度工作、任务需求不能及时满足等问题，这对卫星地面系统的发展和应用带来了新的挑战，同时网络技术、云服务、软件自定义卫星等技术的出现已经改变了传统的运行模式、组织机构和业务流程，为发展新一代卫星地面系统也提供了机遇。因此，有必要构建新型的一体化的智能卫星地面系统，提高卫星地面系统的综合管控能力和智能化水平，从而带动卫星地面系统的升级换代。

本文以军民商多星一体化测运控、数据快速响应、个性化应用的需求为牵引，借鉴云服务和软件定义卫星理念，设计了融跟踪数传、测控运控、数据处理与综合服务于一体的云架构体系，并选用遥感类卫星作为设计对象。

该架构具有通用化、网络化、弹性化等特性，能够实现多种类卫星跟踪测量、遥控、遥测、数据接收、多源信息融合、数据处理、情报制作与快速应用服务等功能，从而提高空间信息融合应用的即时反应能力，缩短空间信息融合应用的周期，满足多用户的个性化应用需求，也可以作为新型、新发卫星的实验应用平台参考框架，为卫星任务规划与运行控制、智能化应用服务、新技术快速验证等提供高效的体系支撑能力。

1. 基于云计算的一体化设计

1）云计算技术

云计算是一种 IT 资源的交付和使用模式，指通过网络(包括互联网 Internet 和企业内部网 Intranet)以按需、易扩展的方式获得所需的硬件、平台、软件及服务等资源。提供资源的网络被称为"云"，其计算能力通常是由分布式的大规模集群和服务器虚拟化软件搭建。

"云"中的资源在用户端看来是可以无限扩展的，并且可以随时获取，按需使用，随时扩展。云计算的内容主要包括：架构即服务(IaaS)、数据存储即服务(DaaS)、平台即服务(PaaS)、软件即服务(SaaS)、"云安全"和虚拟化应用等。

为了提高地面系统效率、实现测控操作自动化和系统运营商业化、降低运维成本，美国航天与导弹系统中心(Space and Missile System Center，SMC)于 2013 年 7 月提出构建"企业地面体系"(Enterprise Ground Architecture，EGA)，用通用的测控系统完成所有军事卫星的测控，通过云技术提高网络安全性，通过自动化和商业化减少操作人员。EGA 覆盖了测控、运控、数据中心等地面系统，联合使用军用和商用测控资源，采用企业级多层结构和服务，共享通用的资源和服务。EGA 的重要组成部分是企业级地面系统(Enterprise Ground System，EGS)。EGS 由收/发网络、卫星/任务操作中心、联合作战中心、空间作战管理指挥控制(Battle Management Command&Control，BMC2)系统、指挥控制中心/数据中心等系统组成。EGS 采用面向服务的结构，具有通用的网络与安全配置，采用标准化的服务器和通用接口，提供通用的地面测控服务，包括任务规划、轨道分析、测控和虚拟数据存储，并通过虚拟化来实现系统弹性，包括虚拟数据存储、虚拟局域网、标准化虚拟机、数据层等。

2）AWS Ground Station 商业模式

2018 年 11 月 28 日，亚马逊旗下的云计算公司亚马逊网络服务公司(AWS)发布了一项新的云服务——AWS Ground Station(卫星接收地面站)。用户可以使用由全球 12 个地面站天线组成的全托管网络，轻松、经济、高效地从卫星下载数据到 AWS 全球基础设施区域。借助 AWS Ground Station，可以控制并摄取轨道卫星数据，而无需购买或构建卫星地面站基础设施。AWS Ground Station 可通过将天线、数字转换器和调制解调器等地面站设备集成到全球的 AWS 区域，从而实现这个目的。用户可以在 AWS 云上执行所有卫星操作，包括存储和处理卫星数据并使用 AWS 服务交付产品，或使用 AWS Ground Station 向下传输卫星数据，然后将其传输到自己的处理中心。

AWS Ground Station 相当于一种共享卫星地面站，用户无需自行建设地面站，直接在云端处理卫星数据的接收与发送，并快速将该数据与在 AWS 云中运行的应用程序和其他服务集成。例如，可以使用 Amazon S3 存储下载的数据，使用 Amazon Kinesis Data Streams 管理从卫星接收的数据，使用 Amazon SageMaker 构建适用于用户需求的数据集的自定义机器学习应用程序，以及使用 Amazon EC2 指挥并下载来自卫星的数据。

3）总体概念设计

在设计一体化卫星地面系统时，可以参考 AWS Ground Station 模式，基于云计算的优势，满足用户对遥感影像的快速需求。

（1）搭建云计算环境，提供虚拟集群计算环境，包括海量遥感数据存储、集群计算和调度、计算环境监控等服务。

（2）将卫星测运控系统、遥感图像处理系统、遥感图像信息服务系统优化设计为业务型云服务，并在云计算环境上部署。

（3）用户使用云终端，登录统一的云服务平台，定制并上传任务清单，清单获准后由卫星测运控云服务提供对卫星的运控和数据获取，使用遥感图像处理云服务构建满足用户需求的影像处理，由遥感图像信息服务云提供数据的下载。其中所有的数据，包括原始数据、处理数据和分发数据都由共有的云存储统一管理，确保数据的一致性。

（4）一体化系统可以选用混合云模型。云结构由两个或者两个以上的不同云结构（私有云或者公共云）构成。其中，公共云供公众公开使用，它可以被用户租用、管理和经营；私有云仅面向军星或重要的民星。在混合云中，各个云结构仍会保持自己的特性。

基于卫星地面系统发展趋势，利用"即插即用"多任务地面系统实现通用化，利用云计算技术、SDN/NFV、IT 服务自动化等创新技术实现网络化、弹性化和虚拟化，逐步构建测运控与处理应用一体化地面系统。图1给出了一体化卫星地面系统的概念示意图。

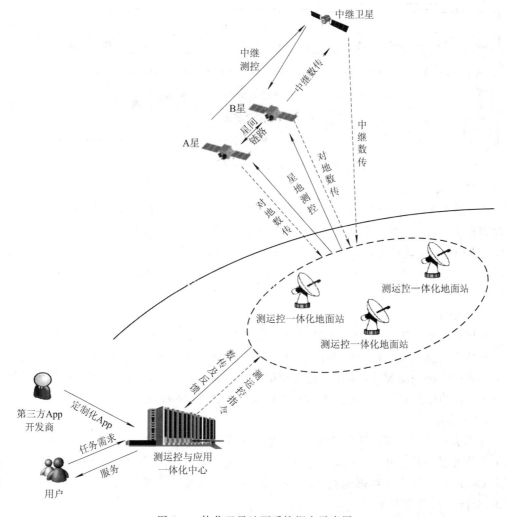

图 1 　一体化卫星地面系统概念示意图

2. 体系架构设计

一体化卫星地面系统采用云计算系统体系架构，从下到上大致可以分为5层，分别是资源层、管理层、计算层、业务层和服务层，如图2所示。

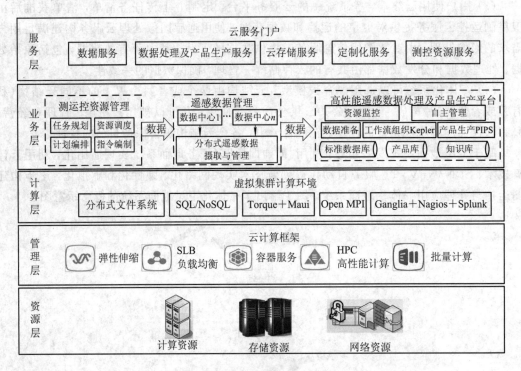

图2 一体化卫星地面系统架构设计图

1）资源层

资源层主要包括计算资源、存储资源和网络资源，是一体化卫星地面系统的硬件联通和数据存储平台。这些资源按照云服务的模式，构建虚拟化资源池，形成统一管理的虚拟CPU、虚拟内存、虚拟磁盘、虚拟对象存储空间、虚拟网络以及可供用户即时可用的逻辑资源等，满足所有终端用户的一致性访问需求，同时也为物理资源的弹性扩展提供了可能。

2）管理层

管理层主要采用Open Stack计算框架实现对各虚拟资源的管理，为云环境的用户的账户和角色信息提供认证和管理服务；根据用户需求快速创建虚拟机实例，负责虚拟机或虚拟集群的生命周期管理等；通过定义虚拟网络、虚拟路由以及虚拟子网，提供云计算环境下的虚拟网络服务；为运行的虚拟机实例提供数据块存储服务等。

3）计算层

计算层主要提供虚拟集群计算环境，包括海量遥感数据存储、集群计算和调度、计算环境监控等服务；采用分布式文件系统，基于SQL/NoSQL的分布式元数据存储与管理，利用Open MPI等进行数据的高性能并行计算，采用资源管理软件Torque和作业调度Maui全歼分配调度资源。

4）业务层

业务层主要包括测运控资源管理、多中心遥感数据管理、高性能遥感数据处理及产品生产平台三部分。其中，测运控资源管理完成任务规划、资源调度、计划编排、指令编制等，主要由卫星测运控一体化管控分系统完成；多中心遥感数据管理主要提供分布式多数据中心多源遥感数据集成、存储、分布式检索等功能；高性能遥感数据处理及产品平台主要提供遥感数据处理及产品生产服务，核心是为卫星遥感数据处理分系统和卫星遥感信息综合服务分系统中的情报生成模块。

5）服务层

服务层是一体化卫星地面系统支持的云端服务，主要包括遥感数据服务、遥感数据处理及产品生产服务以及遥感云存储服务、定制化服务和测控资源服务等。其中，遥感数据服务主要提供遥感数据的在线检索、浏览、订购、下载、转入云存储等服务；遥感数据处理及产品生产服务主要提供单一或批量遥感数据的在线精处理、情报信息提取生产等服务；定制化服务是满足用户 App 的自定义数据获取服务；测控资源服务采用商业运行模式提供卫星运行(包括实时遥测、跟踪和控制)服务。

3. 系统功能设计

按照功能结构划分，一体化卫星地面系统主要由卫星跟踪与数传分系统(天线系统)、卫星测运控一体化管控分系统、卫星遥感数据处理分系统、卫星遥感信息综合服务分系统、指挥控制分系统等五大分系统组成，如图 3 所示。

图 3　一体化卫星地面系统总体构成图

1）卫星跟踪与数传分系统

该分系统主要实现对目标卫星的跟踪，完成数据接收、指令上注，并实现高速数据接收、传输、存储、回放等功能，由天伺馈分系统、接收信道分系统、发射信道分系统、终端基带处理分系统、原始数据记录回放分系统、接收分控分系统等组成。

卫星跟踪与数传分系统接收卫星测运控一体化管控分系统发布的卫星瞬根文件，并进行测控跟踪，任务结束后将任务计划和接收情况回执发给卫星测运控一体化管控分系统；卫星跟踪与数传分系统可将获取的原始数据下传给遥感数据处理分系统；指挥控制分系统对卫星跟踪与数传分系统进行远程控制，包括远程开关机、远程值班和程序更新，卫星跟踪与数传分系统将设备参数、状态监视信息传递给指挥控制分系统。系统的外部接口关系图如图 4 所示。

2）卫星测运控一体化管控分系统

根据遥感用户任务订单、超大幅宽卫星的轨道、天气、星载存储器、观测工作模式、卫星系统运行状态等研究观测任务的规划、管理与制定技术，数据下载计划的优先策略等，生成观测任务计划和数据下载计划；根据超大幅宽卫星平台的接口，接收光学载荷遥测参数文件，生成光学载荷遥控指令、实现载荷任务测控。分系统主要由需求筹划、任务规划、战网资源调度、计划编制、指令编制、状态监视、测控数传等模块构成。

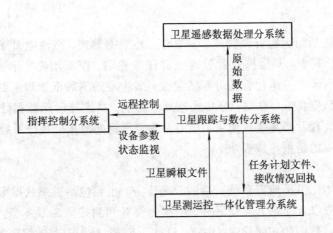

图 4　卫星跟踪与数传分系统外部接口关系图

卫星测运控一体化管控分系统将编制好的指令清单和卫星瞬根文件发送给卫星跟踪与数传分系统，由其进行测控跟踪与载荷成像，任务结束后将任务计划和接收情况回执发给测运控一体化管控分系统；卫星遥感信息综合服务分系统将用户需求清单，按照约定的清单模板发送给测运控一体化管控分系统，由其指定执行指令和任务规划。指挥控制分系统对测运控一体化管控分系统进行指挥控制、调度运行，测运控一体化管控分系统将任务筹划结果、系统参数、卫星状态等传递给指挥控制分系统，用于态势显示和指挥决策。系统的外部接口关系图如图 5 所示。

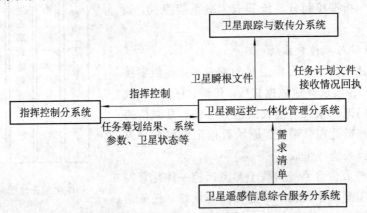

图 5　测运控一体化管控分系统外部接口关系图

3）卫星遥感数据处理分系统

遥感数据处理分系统以高性能并行处理集群为计算处理平台，按照定制化、流程化、自动化的产品生产模式实现 L0 级原始数据、L1 级辐射校正、L2 级系统几何校正、L3 几何精校正、L4 级正射纠正、L5 级融合、L6 级镶嵌数据产品的高效快速生产。卫星遥感数据处理分系统按产品生产流程进行 L0～L6 级产品的生产、归档以及质量检验，由基础产品生产和数据深加工产品生产两个子系统组成，完成数据录入、0～2 级产品生产、3～6 级产品生产和离线处理。

卫星遥感数据处理分系统获取卫星跟踪与数传分系统获取的原始遥感数据后，先进行初步归档和遥感数据处理分析，再将处理分析形成的数据产品传递给卫星遥感信息综合服务分系统。系统的外部接口关系图如图 6 所示。

4）卫星遥感信息综合服务分系统

该系统以用户应用需求为指引，利用引接和遥感数据处理后的影像数据，在构建的云存储和分布式计算设施的基础上，搭建数据处理、模型训练、应用反馈的综合平台，针对数据特点，开展基于特征信息的智能化挖掘、基于知识图谱的逻辑推理与知识演化、面向用户在线交互应用模式等，以此满足处理应用的一体化、自动化、智能化、多样化需求。系统的基本组成逻辑上可划分为业务处理和运行支撑两大部分。其中，业务处理部分包括图像信息提取分析和在线共享服务两个子系统；运行支撑部分包括信息业务管理和信息数据库两个子系统。

卫星遥感信息综合服务分系统按照应用和用户需求，可以直接接收卫星跟踪与数传分系统获取的原始影像数据，进行存档或分析加工，形成应用产品提供给用户；也可以直接将卫星遥感数据处理分系统处理后的影像数据，进行深度加工和分析，形成更高层次的应用产品提供给用户；客户再将需求清单、服务网络图、服务结果等信息发送至指挥控制分系统，用于显示控制和指挥决策。系统的外部接口关系图如图 7 所示。

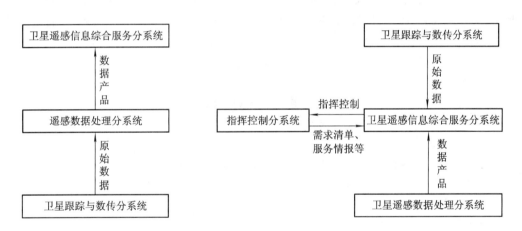

图 6　卫星遥感数据处理
　　分系统外部接口关系图

图 7　卫星遥感信息综合服务分系统外部接口关系图

5）指挥控制分系统

指挥控制分系统涵盖屏幕显控、音响扩声、会议发言、视频会议、安全监控、中央控制、综合布线、虚拟桌面、供配电以及运维管理等功能，满足任务指挥控制的各类作业应用需求，确保在有卫星任务、重要活动和重大事件时决策信息能够即时传输，满足多部门协同作战演练、处置重大事件和活动的协调指挥工作的需要。

指挥控制分系统负责整个一体化卫星地面系统的运维控制、指挥调度和任务监显等，集中指挥调度其他分系统的运行，接收卫星跟踪与数传分系统的设备监显图像、主要性能参数数据，用于汇聚显示以及控制回馈；显示卫星测运控一体化管控分系统的任务筹划结果、卫星过境情况、卫星遥测遥控指令与状态信息等；显示和管理卫星遥感信息综合服务分系统的需求清单、服务网络图、服务结果等。系统的外部接口关系图如图 8 所示。

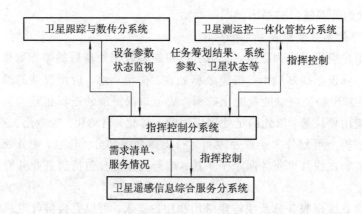

图 8　指挥控制分系统外部接口关系图

4. 结束语

瞄准测运控及信息处理地面系统融合、应用能力培育、功能体系重塑，立足于提升新一代卫星地面系统的综合管控、高效运行、应用服务等能力的迫切需求，需适应军民商卫星的一体化卫星地面系统及应用的技术体系，深入开展军民一体、测控运控处理应用一体、共建共享的一体化卫星地面系统总体设计，为卫星任务规划与运行控制、智能化应用服务等提供技术支持，满足卫星地面系统多类型并发任务、多用户个性需求、高效测运控处理等要求，为构建新一代卫星地面系统奠定基础。

参 考 文 献

[1]　夏南银. 航天测控系统[M]. 北京：国防工业出版社，2002：11 – 15.

[2]　党琦，李卫平，郭栋，等. 航天测控站运管系统设计[J]. 飞行器测控学报，2017，36(3)：234 – 240.

[3]　徐爱民，张国亭. 对我国商业航天测控管理有关问题的初步探讨[J]. 飞行器测控学报，2017，36(3)：157 – 163.

[4]　杨红俊. 美军航天测控企业级地面体系的发展[J]. 电讯技术，2017，57(7)：841 – 848.

[5]　PETERSEN S R. Enterprise Ground Transformation At Nesdis[C]. 32nd Space Symposium，Colorado，United States of America：2016. 14 – 18

[6]　DIAZ R J. Enterprise Architecture For The Air Force Satellite Control Network[C]//31nd Space Symposium，Colorado，United States of America：2015. 33 – 46

[7]　高梦淇，袁健华，周英庆，等. 商业卫星测运控一体化无人值守地面管理系统[C]. 2018 软件定义卫星高峰论坛. 北京，2018：41 – 47.

[8]　杨芳，刘思远，赵健，等. 新型智能遥感卫星技术展望[J]. 航天器工程，2017，2(5)：74 – 82.

[9]　何熊文，谭维炽，郭坚. 空间数据系统发展展望[J]. 国际太空，2016，454(10)：62 – 66.

[10]　阎继宁. 多数据中心架构下遥感云数据管理及产品生产关键技术研究[D]. 北京：中国科学院大学，2017.

商业航天测控资源共享平台

王玉鑫[1]，郭义琪[1]，吴荔[1]

（1 西安运控信息科技有限公司，西安 710100）

摘　要：常规耗时、耗财的建站思维，导致商用航天测控网的发展极其缓慢，与市场需求大大脱节，严重扼制了行业规模。为了助推我国商业航天腾飞，必须迅速打破测控资源互联、互通的壁垒。西安运控倡导"设备共享、服务共享、数据共享"的理念，提出基于互联网的航天测控资源共享平台，通过标准化数据接口和应用终端融合不同的测控资源，可将测控设备远程监控、智能调度、有效整合，聚集的测控资源能满足不同用户、不同深度的测控需求。共享平台实现了卫星测控站和航天器制造用户的双赢，测控站无需新增硬件设备，利用现有基础设施即可轻松实现收益翻番；航天器制造用户无需投资建站，只按需低成本付费即可。

关键词：航天测控；测控服务；共享平台；测控资源共享；西安运控

在建设"一带一路"空间信息走廊和商业航天的时代背景下，在商业卫星的迫切需求下，商业航天测控迎来了历史机遇。虽然我国的军、民用航天测控网发展健全、体制完善，商用航天测控网也是随着卫星上天初露锋芒，但是出现了"军民商网各自为营，网内设备各自为战"的局面，形成了军民商自成体系封闭式应用的模式，建成了一个个信息孤岛。偶见商用航天测控网的新闻报道，多局限于融巨资建设地面测控站。但是，仅建立一处测控站就需要经科学的计算选址、用地审批、频率协调、组织大规模人员土建、全测控设备联调联测、试运行等流程才能正常运转，建站周期少则 3 年多则 5 年，建站费用动辄数千万元。目前，已建成的测控站还不足以形成具备全球测控能力的商用测控网。除此之外，随着天基测控技术的发展和中继卫星的商业化，势必冲击商用测控网的运营和收入。

审视国外商业航天市场，铱星（Iridium）、太空探索技术（SpaceX）、O3b（Other 3 Billion）、一网（OneWeb）、三星、波音等公司公布的卫星星座，从另一方面印证了全球商业航天市场的火爆。尤其是铱星公司，计划发射 66 颗＋9 颗备份卫星，其星座规模、轨道高度、服务模式和地面测控站的建站思路与国内大多数的商业卫星公司最为接近。那么，参考铱星公司破产、再重组后的现阶段相关经济指标，预测我国商业航天市场的普遍发展规律是比较合理的。

1. 我国航天测控网发展通病及行业痛点

1）军、民、商测控网各自为营，网内设备各自为战

由于军、民、商测控网定位的不同，所以三网直接物理隔离，独立运转，自行发展。军、民用测控网建设早，测控站数量多，测控频段全，测控设备分别在不同年代由不同生产厂家为不同航天任务研制、生产。大多数的测控设备配备专用的计算机管理系统，但各

系统独立设计、分散部署、分部门管理。因此，军、民用测控网的测控设备只能执行单一卫星或某一系列卫星的测控任务。

2）商业卫星星座百家争鸣，商用测控网无能为力

各家商业卫星星座如雨后春笋般公布，其地面测控站均采用自行建站、组网、运营的模式，暂未出现能够同时为多家商业卫星公司提供服务的测控网运营公司。已建成的商业测控站不能形成体系，商业测控网暂不具备全球测控能力。

3）军民网内设备闲置率低，某些商用测控设备闲置率高

航天器在太空绕地高速飞行时，与地面测控站进行天地对话的时长，因卫星轨道的高度不同而长短不一。若绕地飞行的卫星轨道高度为 500 km～800 km，则星地可见时长为 10 min 左右。在此轨道高度，卫星 24 h 之内重访星下点的次数最多为 14 次，即测控设备在全天有大量的时间处于闲置状态。再加上测控设备的观测范围有限，卫星过境时还有可能天地握手失败，加大了测控设备的闲置率。

现军民用测控网随着未来任务的加大，网内测控设备的闲置率极低，也就意味着商业卫星公司只能寻求商业测控公司提供测控服务。但是，由于商用测控设备集中布设在东北、新疆及华南沿海地区，各商业公司封闭式管理，设备部署不均匀，某些商业公司承接测控任务不均衡等原因，造成商用测控设备闲置率较高的现象。

4）国外商业运营模式预示我国商业危机

国内卫星能被测控的最低要求为：在中国大三角建 6 处地面测控站，而仅建站一项投入就达上亿元，更别谈后续高额的运营管理费用。查阅铱星公司 2017 年年报可以发现，即使获得了前铱星公司完整的卫星星座和地面设施，以及成熟的用户终端设计和有关专利，铱星公司也还处在负债经营之中。2017 年，虽然拿到了 4.48 亿美元的营收，赚了 4000 多万美元，但现金成本也达到了 4 亿美元之多。其根源在于，自行建站运营模式产生的建设费用及运营费用远远超出收益，只有当用户数量积累到上百万，才能产生收益。所以，国内的商业航天并不是一桩卫星上天之后就可以坐着收钱的生意。到 2020 年之后，太空中飞行着上千颗，甚至数千颗低轨卫星的时候，一两个星座因经营不善而退出，是不会得到挽留的。而动辄上亿元的投入打水漂，投资人血本无归，势必会影响整个国内商业航天投资人的信心及市场投资环境。

总之，在商业航天测控网的建设中，如果仍然沿用传统模式，守着老思路，必然会再患一次军民航天测控网发展的通病，引发的经济危机将重创我国商业航天投资环境。而早期的卫星制造商和应用商选择采用"自建测站与购买共享测站空闲时段"相结合的模式是一个很好的选择。

2. 航天测控资源共享平台的总体架构

针对上述我国航天测控网发展通病及行业发展痛点，结合商业航天测控网建设中的现实情况和未来的科技发展，西安运控信息科技有限公司（简称西安运控）拟依托互联网建立一个商业航天测控资源共享平台（简称共享平台），共享平台与测控网的连接关系图如图 1 所示，图中假设存在商用测控网，假设共享平台未来可提供军用测控服务。

共享平台作为军、民、商用测控设备共享、服务共享、数据共享等资源共享的交点，以及军、民、商用测控网的数据交换的桥梁，是一个测控资源统一集中监视、调度、控制、共享以及测控服务支持的综合管理平台。同时，共享平台是一个统筹全球测控资源的综合服

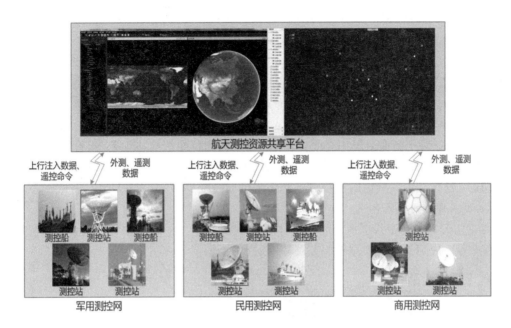

图 1 商业航天测控资源共享平台与测控网的连接关系

务平台。

1) 提出背景

随着航天技术的日趋成熟，世界各国航天器有了国际合作的需求，在这种背景下，1982 年成立了国际空间数据系统咨询委员会（Consultative Committee for Space Data Systems，CCSDS），建立该组织的最初目的是在数据基带帧格式、通信频段、调制解调体制等方面制定大家公认的标准，将各国分散的地面测控设备统一起来，实现相互支持、备份与弥补，但由于各国的政策壁垒、技术壁垒、理念壁垒，所以并未建立起全球测控资源共享的测控网。

20 世纪 90 年代后期，瑞典空间公司（Swedish Space Corporation，SSC）及挪威康斯伯格卫星服务公司（Kongsberg Satellite Services，KSAT）先后成立，二者通过独立建站、合作建站、合作站并网等方式，历经多年耕耘分别建成了涵盖南北极的两张全球测控网。2014 年至 2015 前后，国际商业航天迎来了新的发展浪潮，集中出现了多个测控资源全球共享方案，例如美国的阿特拉斯（ATLAS Space Operations）、RBC Signals、太空飞行（SpaceFlight Insudtries，SFI）、BridgeSat，日本的 Infostellar 等公司均推出了相似方案。

2018 年 11 月 27 日，美国亚马逊公司提出了云服务地面测控站（AWS Ground Station），亚马逊不仅关注地面站网的建设，更关注于利用卫星数据开发各种应用程序，从而提供"地面站＋存储＋处理＋分发"的一体化解决方案。2015 年，中国政府开放商业航天市场，鼓励民间资本投资航天；2019 年 3 月，出台《外商投资法》，从立法层面保护和引导外商进入航天市场。在更深层次改革开放的背景下，促进了我国测控资源共享的发展。西安运控提出如下三个阶段发展共享平台：第一阶段，国内设备互联互通，组建商业航天测控网；第二阶段，选择性并入国外测站，提升全球测控能力；第三阶段，发展天、海基测控网，构建天地互补、开放包容、具备支持深空探测能力的天地一体化测控网，同时，发挥好商业测控网的特点，积极开展科学卫星技术验证的测控服务。

2）共享平台的特点

共享平台面向全球客户提供实时、简单、经济的航天测控服务。

（1）实时。解决商业卫星用户无法实时测控卫星、卫星数据无法快速获取的行业问题，助力商业卫星用户实时监控卫星运行状态。

（2）简单。共享平台容易操作，便于航天行业及国土、环保、海洋、资源、应急救援等行业的用户参与航天测运控环节。

（3）经济。对于商业卫星用户而言，无需在地面测控站审批、建设、运管等环节再投入资本，仅在使用测控设备时采用付费的使用模式即可；对于测控站用户而言，仅需将设备并网即可，这样在物联网内的测控设备利用率可提高至少5～10倍以上。

3）共享平台的技术体系

商业航天测控资源共享平台的技术体系如图2所示。包括测控资源层、测控网络层、数据管理层、应用支撑层和测控服务层等5层。

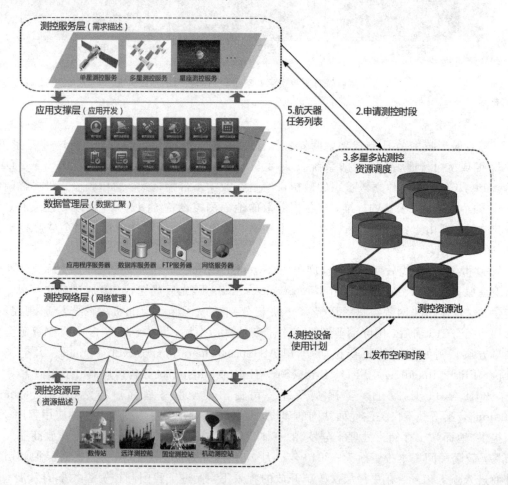

图2　商业航天测控资源共享平台的技术体系

（1）测控资源层。测控资源层对数传站、固定测控站和机动测控站等类型的测控资源进行统一描述，测控资源的频段涵盖 VHF、UHF、L、S、C、X、Ku、Ka 等，具备遥控、数据注入、遥测、数传、测距等测控功能。

（2）测控网络层。测控网络层依托物联网运行，主要具备网络接入控制、路由建立和网络资源分配等网络管理能力，包括网络通信设备、计算机设备及电子邮件等网络基础设施。

（3）数据管理层。数据管理层汇聚了遥测数据、外测数据、数传数据、气象数据、遥控数据、轨道预报数据、测控设备状态数据等测控业务数据，以及与网络相关的数据。通过应用程序服务器、数据库服务器、FTP 服务器和网络服务器等管理数据。

（4）应用支撑层。应用支撑层包括开发的用户管理、测控设备管理、航天器管理、空闲时段发布、测控时段申请、多星多站测控资源调度、测控设备使用计划、航天器任务、任务监视、三维显示、费用清算、建议与反馈等应用程序。其中的核心应用程序是多星多站测控资源调度，该程序的应用流程依次为，测控站发布空闲时段—航天器申请测控时段—测控资源调度系统在测控资源池中进行任务冲突消解、资源分配等—返回测控设备使用计划和航天器任务列表。

（5）测控服务层。测控服务层提供测控需求的统一描述，用户可通过 Windows 客户端、浏览器客户端、移动客户端访问共享平台，提交单星测控、多星测控、星座测控等服务的详细需求，享受航天器和运载火箭分离前的主动段测控服务、航天器入轨后的正常测控服务、航天器较长时间脱离地面站支持的自主运行段的间歇性测控服务和航天器出现较严重故障时的应急测控服务。

4）共享平台的服务体系

共享平台的用户主要是测控站（资源供给方）及航天器（资源消费方），二者通过平台（资源联络方）进行资源交易，共享平台的服务体系如图 3 所示。通过一定数量的资源供给方，可以吸引资源消费方使用平台，当客户群落形成后，可不断塑造平台价值，吸引更多的供求关系并网，形成共生体系。

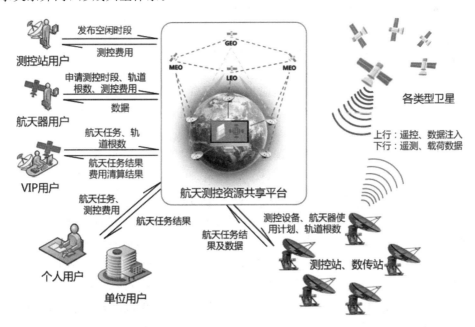

图 3　商业航天测控资源共享平台的服务体系

（1）共享平台的用户。共享平台的用户可分为两大类，一类是航天行业用户，包括测控站用户、航天器用户及 VIP 用户（既有测控站又有航天器的用户）；另一类是非航天行业的用户，例如国土、环保、海洋、资源、应急救援等行业的单位用户，以及具有测控需求的个别个人用户。

（2）用户使用流程。用户使用共享平台示例如下：

VIP 用户使用共享平台的流程为：① 用户提交航天任务需求（测控设备空闲时段及航天器测控需求）、轨道根数等信息，共享平台将本次任务相关的测控设备使用计划、航天器任务列表、轨道根数等通过 FTP 的方式发送给测控站。② 测控站按照计划执行上行的遥控、数据注入，下行的遥测、载荷数据接收等操作，并将航天任务结果及数据通过实时或事后传输的方式提交给共享平台。③ 共享平台再将数据透明转发给用户，并按约定方式告知用户航天任务的结果及状态。同时，基于 VIP 用户的特点，共享平台还可提供指定测站的测控服务。

当单位用户具有对地观测的需求时，可以先通过共享平台发布详细的观测要求、时限要求等信息，共享平台再为之调度满足要求的测控站及航天器，提供一站式服务。

各类型的用户可以通过互联网从共享平台获得包年、包月及按圈次付费等多种弹性选择的商业测控服务。

3. 多星多站测控资源调度系统

为了保证在轨卫星稳定运行及应用效能的发挥，地面测控系统需要依据卫星管理要求和载荷使用要求，及时安排测控设备资源准确对卫星实施各种类型的操作控制及信息传输。在多星并行管理任务中，地面测控系统要面向多颗在轨卫星的多项测控要求，利用多套测控设备资源编排测控计划，有效解决多星多站测控资源规划及调度中存在的任务安排及资源分配问题，使整个卫星系统发挥出最优的应用能力。

1）测控资源调度概念

卫星测控资源调度（Satellite TT&xC Resource Scheduling，STRS）是航天技术领域中一类复杂的大规模组合优化问题。由于卫星测控网地面站数量以及近地卫星可见窗口持续时间短等限制，往往众多卫星同时过境时由于争夺资源而形成大量测控冲突。STRS 问题可以描述为在一定的调度期内，为卫星任务安排合理的测控资源及可见时间窗口。

2）测控资源调度模型

（1）基本定义。$A=\{a_i\}_{i=1}^n$ 为某调度期内所有卫星的全部可见弧段集合，集合中任一元素 a_i 可用一个四元组 $a_i=\{s_{a_i}, e_{a_i}, ts_{a_i}, te_{a_i}\}$ 表示，其含义是：可在测控站 e_{a_i} 的时间窗口 $[ts_{a_i}, te_{a_i}]$ 内安排卫星 s_{a_i} 的一个任务，ts_{a_i}、te_{a_i} 分别为测控开始时间和结束时间。

$K=\{k_j\}_{j=1}^n$ 为某调度周期内所有卫星规划的全部任务集合，集合中任一元素 k_i 可用一个四元组 $k_i=\{s_{k_i}, e_{k_i}, ts_{k_i}, te_{k_i}\}$ 表示，其含义是：卫星 s_{k_i} 在时间窗口 $[ts_{k_i}, te_{k_i}]$ 内需要调度设备 e_{k_i} 为自己提供一次测控服务，ts_{k_i} 为任务可以开始的最早时间，te_{k_i} 为任务执行结束的最晚时间。对于每一个任务 k_j，符合 k_j 的弧段数量定义为可用资源数量 P_{kj}。

$C=\{c_j\}_{j=1}^n$ 为某调度周期内所有测控任务的优先级，优先级高者在发生资源冲突时可优先获得调度。

（2）决策变量。X_{ji} 为决策变量，如果 $X_{ji}=1$，则表示测控任务 k_j 在弧段 a_i 被调度，否则

$X_{ji}=0$。

（3）数学模型：

$$\max \sum_{(k_j \in K,\, a_i \in A)} c_j * X_{ji} \quad \text{s.t.} \sum_{i=1}^{m} X_{ji} \leqslant 1 \quad \forall\, k_j \in K$$

$$\sum_{j=1}^{n} X_{ji} \leqslant 1 \quad \forall\, a_i \in A$$

该模型表示的意思是：测控资源的最大化利用、测控任务的最大化满足。

3）测控资源调度的算法流程

测控资源调度的算法流程如图 4 所示。

（1）多星多站测控资源调度系统首先要读取卫星轨道预报数据、卫星属性表、测控设备属性表和测控任务属性表。

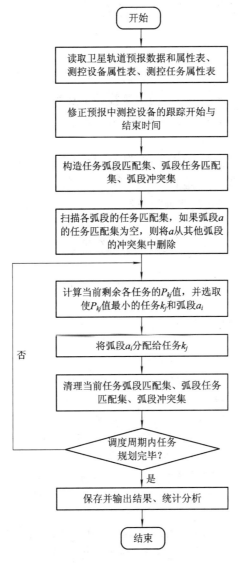

图 4 测控资源调度的算法流程

（2）修正预报中测控设备的跟踪开始与结束时间，并构造任务弧段匹配集、弧段任务匹配集和弧段冲突集。其次，扫描各弧段的任务匹配集，对于弧段 a 的任务匹配集为空的情形，可将弧段 a 从其他弧段的冲突集中删除。

（3）计算当前剩余各任务的可用资源数量 P_{kj} 值，并选取使 P_{kj} 值最小的任务 k_j 和弧段 a_i。将弧段 a_i 分配给任务 k_j，并清理当前任务弧段匹配集、弧段任务匹配集和弧段冲突集。

（4）判断调度周期内的任务规划是否完毕，如果完毕，则保存并输出结果，并进行统计分析，结束调度；如果未完毕，则回到计算当前剩余各任务的可用资源数量 P_{kj} 值步骤，直至调度周期内的任务规划完毕。

4）测控资源调度能力

多星多站测控资源规划调度系统考虑诸如任务优先级、应急插入、测控设备切换时间、测控设备能力等关联约束条件。经过大量的仿真与算法优化，实现了对 2000 颗卫星 50 处测控站，5 min 内完成任务规划计算的测控资源调度能力，满足了商用测控网初期的运营管理需求。

4. 总结与展望

本共享平台将填补商业航天测控领域的国内空白，切实有效地解决行业发展的难点问题，降低测控费用至少 10 倍。不仅降低了测控站的运维成本，还节省了航天器用户的支出，减少了双方的投入成本，增大了双方的收益，商业航天测控的未来必然会选择"共享平台"的形式快速发展。

随着星间链路、物联网、云计算和 5G 等技术的发展，未来的商业航天测控资源共享平台还将引入天基测控，形成天地互补的商用测控网。基于此，开展科学卫星测控服务、轨道碎片清理机器人测控服务、激光通信卫星测控服务等将会是下一阶段的重点商业方向。

参 考 文 献

[1] 徐爱民，张国亭. 对我国商业航天测控管理有关问题的初步探讨[J]. 飞行器测控学报，2017，36(3)：157 - 163.

[2] 闵士权. 天基综合信息网探讨[J]. 国际太空，2013，(8)：47 - 54.

[3] 黄惠明，常呈武. 天地一体化天基骨干网络体系架构研究[J]. 中国电子科学研究院学报，2015，10(5)：460 - 467，481.

[4] 王冬冬，刘德喜，王莉莉，等. 航天器测控频段应用现状与展望[J]. 遥测遥控，2016，37(6)：45 - 53.

[5] 杨红俊. 美军航天测控企业级地面体系的发展[J]. 电讯技术，2017，57(7)：841 - 848.

[6] 蓝天翼. 面对中继卫星的商业化趋势，地面站网运营商的应对[DB/OL]. 千域空天，2018.

[7] 蓝天翼. AWS 的地面站网服务到底是什么[DB/OL]. 千域空天，2019.

[8] 梁艳，郭朝晖. 低轨宽带星座是一场有进无退的冒险[J]. 卫星与网络，2018，(08)：20 - 25.

[9] 张庆君，郭坚，董光亮. 空间数据系统[M]. 2 版. 北京：中国科学技术出版社，2016.

[10] Goddard Space Flight Center. Space Network Use's Guide (SNUG) [M]. National Aeronautics and Space Administration，2017.

[11] 李德仁，姚远，邵振峰. 智慧城市中的大数据[J]. 武汉大学学报信息科学版，2014，39(6)：631 - 640.

[12] 姜维，庞秀丽. 组网成像卫星协同任务规划方法[M]. 哈尔滨：哈尔滨工业大学出版社，2016.

空间网络技术

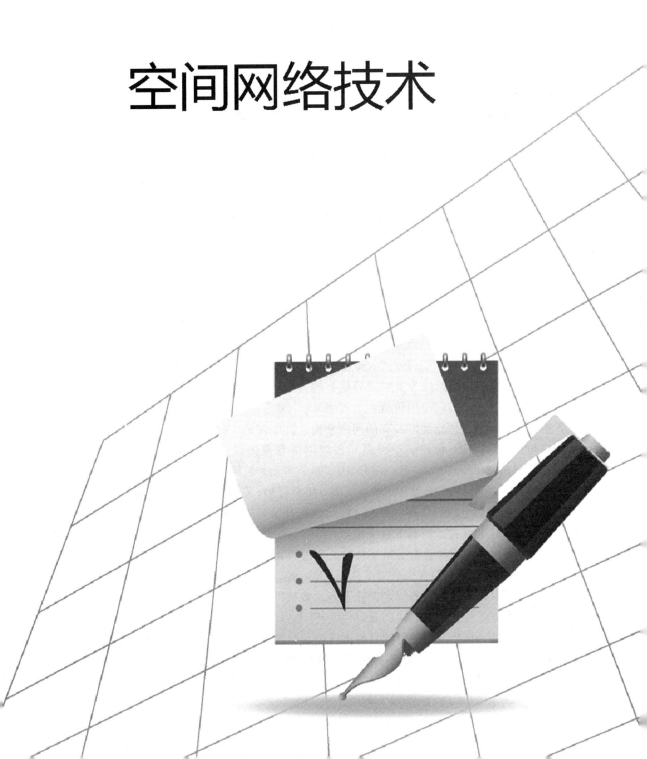

天地一体化网络管控系统的研究与设计

凌腾[1,2]，刘立祥[2]，郑昌文[2]，王大鹏[2]，胡明明[2]，周晞[3]

(1 中国科学院大学，北京 100049)

(2 中国科学院软件研究所，北京 100190)

(3 中国空间技术研究院，北京 100094)

摘　要：针对天地一体化网络组网过程中面临的管控复杂、运行效率难以保障、现有的地面测控站无法面向大量卫星提供实时有效的管理和控制的问题，提出了一种多元多域网络管理协议，基于该协议设计了天地一体化网络管控系统，通过将网络管理对象进行模块化和抽象化管理，极大地提升了网络管理和控制的效率，增强了天地一体化网络面向全球范围内的卫星进行实时管控的能力。分别对比了多元多域网络管理协议、简单网络管理协议、通用管理信息协议中管理端的网络管理响应次数与请求此处间的关系、被管设备中代理程序的发送响应次数与其收到的管理请求次数之间的关系，试验结果表明，在天地一体化网络管控系统中，使用多元多域网络管理协议的实时性能较好，能够以较低的管理成本来对网络进行实时、有效的管控。

关键词：天地一体化网络；网络管理；多元多域网络管理协议；管控一体化

天地一体化网络具有覆盖面广、组网灵活、不受地理环境限制等突出特点，其发展已经受到了许多国家和机构的重视。目前我国的卫星组网仍处于试验阶段，单星遥测遥控依然是当前所有卫星的基本管理方式，而业界尚没有针对天地一体化网络来设计的成熟的网络管控系统。在卫星组网成为重要发展趋势的背景下，研究和设计基于天地一体化网络的管理控制系统具有重要的应用价值和工程意义。

本文针对天地一体化网络具有的网络异构、信息多元、拓扑高动态变化、管理设备复杂多样等特点和问题，提出了一种多元多域网络管理协议（Multi-Element Multi-Domain Network Management Protocol，MMMP）。基于多元多域网络管理协议设计了天地一体化网络管控系统，分别从平台管理、节点管理、用户管理、资源管理、性能管理、安全管理等六个方面对网络信息进行管控和处理，极大地提升了天地一体化网络的管理效率。本课题研究的天地一体化管控系统具有以下特点：

（1）以国内外现有的各类卫星平台的遥测遥控系统为参考，设计了基于卫星网络的管控系统，能够实现"一星可见，全网可见；一星可控，全网可控"的管控目标。

（2）针对卫星通信环境的特点设计了多元多域网络管理协议，既降低了网络管理的通信开销，又保证了管控的高效性和及时性。

（3）将天地一体化网络的管控目标进行模块化设计与抽象，分别针对平台、设备节点、网络用户、资源、性能、安全性等提出了模块化的管理控制方案，直观地展示了各个模块的实时状态和态势，使得管控系统具有较高的用户友好性和管理有效性。

（4）天地一体化网络管控系统基于模块化的方式进行设计，具有较强的可拓展性，能够在不增加系统管理开销的情况下方便、快捷地依据管理需求来添加新的管控功能。

天地一体化网络管控系统面向空间信息网络管理、控制提出了一体化的解决方案，对于解决我国因无法在全球范围内广泛建造地面站，而不能对所有在轨卫星进行实时、有效的管理和控制的问题提供了参考，具有一定的研究意义。

1. 研究的问题分析

由于卫星通信条件极其苛刻、组网较为复杂，因此针对天地一体化网络的管理与控制是保障一体化网络有效运行的关键。天地一体化网络管控的复杂性主要表现在以下几个方面：

（1）空间网络环境的复杂性。由于卫星在空间轨道上高速运行，并且卫星之间距离较远，信道很容易受到太空环境包括温度、辐射等因素的干扰，使得数据传输损耗过大，信号衰减过多。卫星和航天器围绕着行星作高速的旋转云运动，网络节点之间容易出现链路中断的情况。总之，空间网络具有高时延、误码率高、拓扑动态变化、通信链路不稳定的特点。这些特点使得空间网络的组网不稳定，导致对空间网络管理的要求更高。

如图1所示是空间信息网络所具备的主要特征，这些特征可以归纳成以下几点：

① 网络异构与多样性：空间一体化网络中接入的节点种类繁多，卫星节点所处的各个子网功能各异、网络结构差异明显，网络的异构性和多样性特征十分突出。

② 网络应用和需求不断拓展：新的需求和新功能不断涌现，与此对应的是新的空间网络功能模块或者网络协议不断添加，使得空间信息网络处于不断拓展的状态。

③ 网络拓扑动态变化：空间信息网络中，节点卫星的离线、在线状态取决于卫星的动态运行位置和相对于其他临近节点卫星的空间位置，其网络结构是随着卫星沿轨道运行而动态变化的。因此，网络拓扑结构动态变化是空间信息网的一大特征。

④ 物理环路问题：空间信息网络中子网是网状结构，容易产生物理环路，并且多星座之间也存在多路径问题。

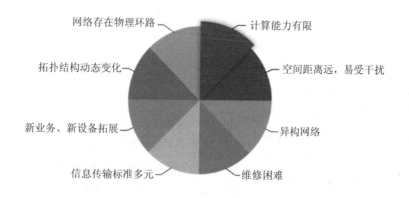

图1　空间通信环境的特点

（2）网络管理技术的复杂性是空间网络的重要特点。随着计算机网络的快速发展，网络变得越来越复杂、结构层次越来越多样化，其具体表现是业界投入应用的各类协议复杂多样。通常情况下一个网络管理系统需要支持不同的功能，例如通信协议、警报监控、流量管理、任务并发、故障检测与分析、数据交互等，同时还要考虑面向未来空间网络需求变化时的网络管理技术，因此网络管理技术的复杂性是可见一斑的。

（3）空间网络设备的复杂性是空间网络的另一大特征。早期各个卫星平台是面向特定任务而发展出的产物，出于应用设计的简化和安全性考虑，不同卫星系统之间是独立设计、相互隔离的，由此产生的一大问题是不同星座中的星上设备差异显著。而空间一体化网络发展的现实需求是要将这些多元异构的网络进行组网建设，充分利用空间网络资源，因此如何面向复杂多样的空间设备进行统一管理，这是一个严峻的问题。

当前我国的各个卫星平台均是基于遥测遥控的管理方式来进行平台管控和资源调度的，卫星通过地面网关站接入地面网络，而卫星与卫星之间没有组网连接。因此，受地面站的空间位置和数量的影响，遥测遥控资源非常宝贵，只有在一颗卫星过顶期间才可能对卫星进行管理，一旦卫星与地面站不可见，此时无法再对卫星平台进行实时管理。随着近些年来国内外针对微小卫星平台的研究快速发展与逐渐成熟，未来在卫星数量激增的情况下这种管理需求与资源约束之间的冲突将愈演愈烈。由于我国特殊的国情，目前无法在全球范围内广泛建站，因此建设基于卫星互联网的网络管控系统成为了一种重要的解决方案，其目标是实现"一星可见，全网可见；一星可控，全网可控"的天地一体化网络实时、高效管控。

2. 网络管理协议

1）传统网络管理协议

卫星天地一体化网络管理协议是源于传统地面网络管理协议的改进模型，虽然卫星网络管理协议由其特定的网络特点和特殊的通信环境而较为复杂，但通过分析传统地面网络管理协议，能够对网络管理的特点、发展、适用状态以及各自的优劣有更加充分的了解。在现代网络管理系统中，主要包括网络管理系统（Network Management System，NMS）、代理程序（Agent）、管理信息库（Management Information Base，MIB）和网络管理协议（Network Management Protocol，NMP）四个部分，其功能描述如表1所示。

表 1　网络管理协议功能组成与描述

功能组成	功能描述
网络管理系统（NMS）	为管理员提供网络管理和管控的操作面板
代理程序（Agent）	用于将被管设备信息以协议约定的格式和方式发送给网管程序
管理信息库（MIB）	用于定义被管设备上被管信息的数据结构以及被管设备的状态映射
网络管理协议（NMP）	用于定义管理程序与被管代理之间的通信方法、管理信息库的结构

Internet 工程任务组（IETF）提出的 SNMP（Simple Network Management Protocol，SNMP）、由国际标准化组织（ISO）提出的 CMIP（Common Management Information Protocol，CMIP）、ANMP（Ad Hoc Network Management Protocol，ANMP）、WMI（Windows Management Instrumentation，WMI）、CTL（Command-line interface，CTL）、

Netconf 等。在这些协议中，每一种实现标准都有各自擅长的应用场景和特点，例如 SNMP 适用于 TCP/IP 网络，而 CMIP 则最初起源于电信网络，ANMP 则是基于 SNMP 改进的适用于早期 Ad Hoc 网络管理的协议。

SNMP 是一个基于 UDP 传输的应用层协议，SNMP 的管理程序与被管设备的代理程序在交互过程中不需要预先建立连接，因此对于设备系统的通信开销较小。SNMP 的管理程序通过轮询、设置关键字以及监控预先设定的特殊网络事件来对全网被管设备实施管理和监控，从而达到网络管理的目的。SNMP 的结构分为 SNMP 管理(SNMP Manager)程序和 SNMP 代理(SNMP Agent)程序，如图 2 所示。

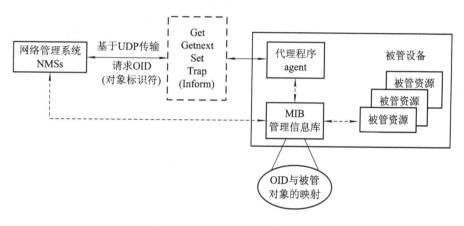

图 2　简单网络管理协议结构示意图

另一种成熟的网络管理协议是通用管理信息协议(Common Management Information Protocol，CMIP)，它是一种基于 TCP 的面向链接的应用层协议，由 ISO 提出的用于地面典型网络框架中的管理协议。不同于 SNMP 基于轮询机制的设备管理方式，CMIP 是基于事件报告的管理方式。CMIP 包含一个管理端(Manager)、一个被管设备上运行的代理(Agent)、一组协议描述模块、一个通用信息管理结构 CMIS(Common Management Information Structure，CMIS)以及一系列通信操作过程中的操作原语。如图 3 所示是 CMIP 协议管理结构示意图。与 SNMP 类似的是，CMIP 也是有管理者和代理程序之间根

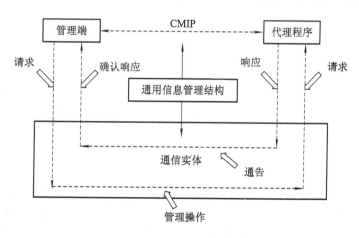

图 3　通用管理信息协议结构示意图

据管理信息库和各自约定协议进行信息交互，所不同的是，SNMP 的管理方和被管代理是单向、不可逆的；而在 CMIP 的一组信息交互过程中，一个设备既可以是管理端，也可以作为被管设备来通过代理发送设备信息。

CMIP 完备性高，管理的信息非常完善，其占用的设备计算资源是 SNMP 的数十倍，因此该协议对所部署的设备性能依赖性较高、设备管理成本较大。

CMIP 在运行网络代理时运行着数量庞大的进程，因此网络代理的负担急剧增大。

2）多元多域网络管理协议

本文提出的多元多域网络管理协议是一种在应用层基于面向连接的网络管理协议，即应用连接约束，为了区别于下层面向连接的传输服务，底层的传输方式可以由管理实体通过在联系建立过程中进行协商来决定，从而避免了 CMIP 过于面向连接的服务而导致的管理信息阻隔或延误以及传输连接存在周期的难以确定性，同时也避免了 SNMP 由于完全无连接服务而导致的管理信息不可达或丢弃现象，从而造成了对关键事件的通告和指标参数的统计计算产生的严重影响。

为了使两个多元多域网络管理协议（MMMP）管理实体，即管理请求者和管理服务者，能够进行管理操作，首先必须在两者之间建立管理应用联系，这就涉及 MMMP 的联系机制，其目的在于建立和终止管理应用服务，从而使管理活动更加规范和可靠。在管理体系结构的研究中，本文基于面向对象的方式定义和组织管理信息，因此定义的被管对象除本身封装的属性外，还将包含动作、参数和通告等，因此服务 Execute 除用于创建和撤销管理对象实例外，还将指定对象执行相应的动作实现管理操作；Get 提供管理者对被管对象的查询功能，主要是获取被管对象的属性值；Set 实现对被管理对象的修改服务，即被管对象实例的属性值设置，包括设置属性值为新值或恢复默认值等；作为管理信息通告的 Inform，既可以是由管理站向管理站，也可以是由代理向管理站发送的关键事件报告；Cancel 用于取消一个查询操作或者终止一个正在被执行的任务，也可以用来释放预留的资源；Resource 和 Mission 则用于完成相应的资源和任务管理。

3. 一体化管控系统的设计

在空间信息网络中，由于卫星是在数千公里至数万公里高的太空轨道上高速运行，想要依靠实地检修的方式来维护卫星的正常运行是不现实的，必须通过远程管理的方式来了解状态，选择对应的解决方案。因此如何对网络和卫星的实时状态和参数进行监控和管理、如何对空间网络中的用户进行管理，这是空间网络中非常重要的一项内容。本文从平台管理、资源管理、性能管理、用户管理、节点管理、安全管理六个方面进行模块化分类。

1）平台管理

平台管理是指对天地一体化网络平台进行整体网络状态的直观表示，包括全网拓扑状态、全网设备位置、全网用户列表以及全网业务清单，从不同层面对网络的整体状态进行分析和表示。

2）资源管理

空间网络资源管理包括计算资源管理、网络资源管理，以及存储资源管理等，具体包括：LEO 卫星流表空间、网络可用带宽、实时带宽、实时带宽利用率、丢包率、转发包数量、转发包速率，等等。资源管理是空间网络管理中非常重要的一部分，它是直接服务于空间任务，为空间任务的调度与执行提供可以供利用的物理层、链路层以及网络层资源。

3）性能管理

性能管理是管理和维护空间网络的重要部分，随着空间网络业务的不断拓展、空间数据传输量的不断增加、多元异构的空间网络结构不断扩展，以及空间一体化网络建设需求的不断提升，如何更加高效、便捷地掌握网络性能状况，如何加强多元多域空间网络之间的可视化和可靠性，并找出潜在的风险和问题，这是空间网络性能管理的核心目标。

（1）明确管理域。管理域的增加意味着管理范围的扩大，这样网络管理系统的成本也会增加。因此，要根据不同模块的具体功能来合理划分不同的管理域。

（2）性能指标的选取。网络性能参数是评价和分析空间网络管理系统的性能的指标，这些指标直接反映了并一定程度上预测了网络发展的状况和趋势。本文选取的性能指标包括：卫星节点路由信息、链路当前带宽、业务流量管理、业务响应时间、带宽利用率、网络瓶颈侦测以及故障点检测，等等。其中，卫星节点路由信息包含：吞吐量、丢包率、差错率（CRC 校验错的报文占总报文的百分比）、带宽利用率等内容。

（3）对历史性能数据分析通过人工或者规则的方式对空间网络性能进行管理是非常有限的，既不能精准分析，同时也不符合空间网络体量快速增长的发展需求，因此对历史性能数据的挖掘和分析是极其重要的研究内容，通过对历史性能数据的分析，结合当前实时状态和参数来计算，进而更加全面、精准地为网管系统提供服务。

（4）可视化直观展示。充分利用实时状态和参数，通过可视化技术来实时、直观地展示空间网络状态，为网络管理员进行网络分析、新业务的拓展提供直观的参考。

4）用户管理

空间网络管理所面临的重要挑战来自对网络中用户的管理。对于用户和用户所执行的任务是没有办法来预先定义的，只能够通过动态管理技术来实现。网络管理技术和网络管理用户之间的区别是非常明显的：技术以及卫星节点的物理信息是可以被明确定义的，但空间网络中的用户是一个动态变化且复杂的概念，对空间网络中用户的预测比对卫星实时状态以及空间网络参数的预测复杂得多。

用户管理一般包括对于空间网络中用户行为的规范是非常重要的一个部分，不同权限的用户拥有不同等级的操作权限和指令级别；不同优先级的任务具有不同的调度顺序和调度方式。

5）节点管理

节点管理主要包含各个卫星平台的实时运行数据以及测控数据，通过对节点列表、设备类型参数、节点实时状态、网管模式等进行分析，直观地展示了单一卫星平台的运行状态，为管理员提供了管理与操作依据。

6）安全管理

安全管理主要面向的是网络异常或特定局势下的一体化网络管控。本文将故障管理、权限管理与区域拒阻纳入安全管理的范围之内。其中，权限管理主要是针对系统管理员与指挥员的权限进行设置，天地一体化网络管控系统据此来展示权限内的信息，有效地避免了敏感信息的泄漏。区域拒阻是指针对特定地区的特定状态而采取的一种区域拒绝提供接入服务的功能。

4. 仿真场景

本文基于 Exata 仿真技术来构建包含 100 颗低轨卫星的天地一体化网络，在此仿真平台的基础之上设计并完成了针对一体化网络的管控系统，实现了对网络资源、网络性能、网络设备的高效控制和管理，其实时拓扑图如图 4 所示。

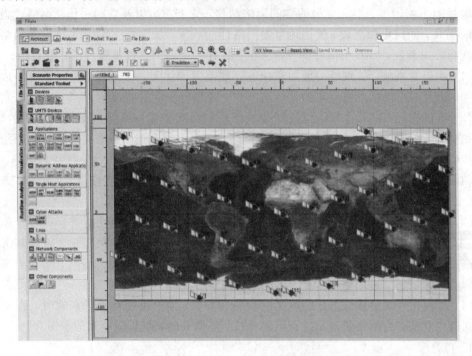

图 4　基于 Exata 平台的天地一体化网络实时拓扑图

图 5 所示是本文设计并实现的管控系统控制界面，能够根据不同的网络管理目标对网络状态进行查询和响应权限的操作，同时能够实时管理和监控典型的网络动态指标和实时参数。

图 5　一体化网络管控系统拓扑控制面板示意图

如图 6 所示是 SNMP、MMMP 和 CMIP 的网络管理系统（NMS）收到的 GET 数据响应数量与其发送的 GET 操作指令的数量之间的关系。由分析可知，"◇"形曲线所代表的 CMIP 协议丢包情况较少，能够完整地响应管理端的基本管理操作；SNMP 则具有较明显的丢包情况，因为 SNMP 是面向无连接的数据传输；"×"形曲线所代表的 MMMP 也存在丢包情况，但是不明显，基本能够响应管理端的管理操作。

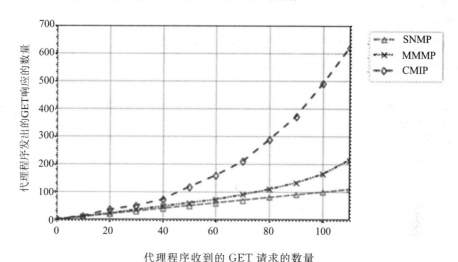

图 6 AGENT 收到响应数与请求数间的关系

图 7 所示是 SNMP、MMMP 和 CMIP 的代理程序 Agent 发送响应数据的数量与其收到的 GET 指令数量的关系。由"◇"形曲线的变化趋势可知，CMIP 的代理端频繁地进行数据重传操作，在管理成本较大时，这种重传现象更为明显；而"△"形曲线表示 SNMP 基本不进行数据重传，因为 SNMP 是基于 UDP 进行数据传输的，不保证数据传输的可靠性；MMMP 在网络管理成本较大时也具有一定数量的重传，但是并不影响正常的网管操作。

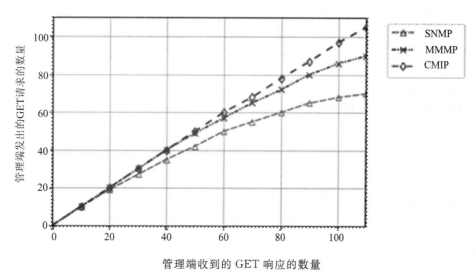

图 7 NMS 收到的响应数与请求数之间的关系

5. 结论

本文面向未来空间一体化网络管控难度大、复杂度高、资源约束的问题，设计了一种多元多域网络管理协议，能够在不增加网络管理冗余、降低网络开销、保证实时性的前提下对全网中各个管理域中的设备进行有效的管理。且在此基础上设计并实现了天地一体化网络管控系统，采用模块化的方式分别从平台管理、用户管理、性能管理、安全管理、节点管理、业务管理等六个方面进行设计与归纳。仿真实验表明，本文设计的天地一体化管控系统具有较好的综合性能和效率，这对于天地一体化网络的建设，尤其是天地一体化管控系统而言，具有重要的支撑意义。

［致谢：感谢国家重点研发计划"星间组网与数据共享技术研究"项目（编号：2016YFB0501104）对本研究内容的赞助和支持。

感谢"实时高效的天基资源管理与协同技术"项目（编号：Y7GF107969）对本研究内容的赞助和支持。］

参 考 文 献

［1］ BUCHEN E. Small satellite market observations[J]. 2015.

［2］ SHAW G B, MILLER D W, HASTINGS D E. The generalized information network analysis methodology for distributed satellite system[D]. Citeseer, 1999.

［3］ AJIBESIN A A, BANKOLE F O, ODINMA A C. A review of next generation satellite networks: Trends and technical issues, AFRICON 2009, Nairobi, 2009, pp. 1 - 7.

［4］ 凌腾. 软件定义空间信息网络管理架构研究[D]. 北京：中国科学院文献情报中心，2019.

［5］ 刘立祥. 天地一体化信息网络的体系结构与协议分析[J]. 重庆大学学报：自然科学版，2018.

［6］ Case J D, Fedor M, Schoffstall M L, et al. Simple network management protocol（SNMP）[R]. 1990.

［7］ Stallings W. SNMP, SNMPv2 and CMIP: The practical guide to network management [M]. Addison-Wesley Longman Publishing Co. , Inc. , 1993.

［8］ 姜月秋，潘成胜，李航，等. 基于卫星网络的资源管理与任务管理[J]. 兵工学报，2004，25(5)：595 - 599.

［9］ 姜月秋，潘成胜，王光兴. 多元网络管理协议 MNMP 与 SNMP 和 CMIP 协议兼容性的研究[J]. 小型微型计算机系统，2005，26(10).

［10］ CHEN W, JAIN N, SINGH S. Anmp: Ad hoc network management protocol[J]. IEEE J Sac, 1999，17(8)：1506 - 1531.

基于模糊神经网络的空间路由决策算法

章跃跃[1,2]，石云墀[1]，王彦革[1]，庞轶环[1]，沈斐[3]，洪伟[2]

（1 上海航天电子技术研究所，上海 201109）

（2 东南大学 信息科学与工程学院，南京 210096）

（3 中国科学院上海微系统与信息技术研究所，上海 200050）

摘　要：空间飞行器网络具有高动态、切换频繁、负载不均衡、易中断等特点，同时考虑飞行器上有效载荷资源受限的约束，需要设计高效灵活的飞行器网络路由算法。为了满足空间飞行器复杂网络环境下的信息交互需求，提高网络业务传输的实时性和可靠性，本文提出基于级联模糊神经网络(Fuzzy Neural Network，FNN)的路径选择算法，该算法主要包含预处理模块和模糊神经网络处理模块，其中模糊神经网络处理模块由模糊化、模糊推理、去模糊和学习规则库四个部分组成。首先，将飞行器的速度、距离、存储容量构建表征系统特性的多维向量。其次，通过第一级 FNN 获得链路状态稳定性，并由此通过第二级 FNN 获得链路成功传输业务的概率。最后，通过仿真对所提算法的性能进行分析验证。

关键词：空间飞行器网络；模糊神经网络；链路状态稳定性；路径选择算法

近年来，随着我国"嫦娥四号"月球背面着陆、"嫦娥五号"首次月面采样返回、火星表面软着陆与巡视探测、空间站在轨长期运行与管理等重大任务的推进，我国的太空活动正在从近地空间逐渐向高轨甚至外太空扩展。而这种活动往往不是独立的空间活动，需要发展智能网络系统，实现飞行器之间高效的数据交互和信息共享。空间飞行器系统协同通信一直是备受国际航天机构的关注热点和难点，为了满足空间飞行器执行复杂任务过程中的数据传输与共享需求，需要构建飞行器间自组协同的网络体系。尽管国际空间数据系统咨询委员会(Consultative Committee for Space Data Systems，CCSDS)针对空间网络提出了太阳系互联网(Solar System Internetwork，SSI)的概念，但针对特定的飞行器组网技术细节未展开详细的讨论。空间飞行器网络是由飞行器位置、速度和轨道等信息构成的巨大交互网络，以实现高动态场景下飞行器之间的通信为主要任务。其应用是实现深空探测的基础，也是实现飞行器信息共享的重要支撑，对未来智慧空间等创新技术有着重要的推动作用。

近年来，人工智能(Artificial Intelligence，AI)技术再次兴起，已经广泛地应用于5G等地面无线通信系统的设计和优化，而空间飞行器网络的研究仍处于起步阶段，许多理论有待进一步研究。与传统的地面通信网络相比，空间飞行器通信网络具有高动态、切换频繁、负载不均衡、易中断等特点，同时存在有效载荷的处理能力受限的约束，因此针对飞行器网络的特点，CCSDS提出容迟网络(Delay Tolerant Network，DTN)的体系架构。基于 Epidemic 和 Prophet 算法的混合路由算法，在多层卫星 DTN 网络中，可以提升节点缓存量和平均端到端时延。基于位置的功率感知路由算法，大大降低了网络开销，并通过功率感知机制延长了网络生命周期。为克服 DTN 网络中时间依赖问题，结合图论的最大商品流模型，采用基于存储时间聚合图的动态组合流算法，实现双商品流的最大化。综合考虑丢包率、能量消耗、时延等方面的因素，通过设计一种用于 DTN 网络节点连接关系的质量度量，实现基于重叠分层社区检测的路由算法，从而提高传输速率。根据使用路段的规则时间拥塞状态，通过基于分布式轨迹的路由算法，可以调度分组以改善路由性能。在节点随机移动的网络中，常采用泛洪类的路由算法，如传染算法，基于树的泛洪算法。这些算法能够在无规律的网路中不依赖任何信息，仅仅依靠节点的强移动性，进行分组的拷贝分发，携带传递直至目的节点。而在节点规律移动的网络中，现有的传感技术和预测技术可以为路由决策提供很多便利。

针对形态复杂的飞行器网络，尚未有性能良好的路由算法。现有算法对网络拓扑描述过于单一，难以应对空间飞行器网络拓扑变化快和链路切换频繁等特点。因此，需要研究面向空间飞行器网络的高效路由算法。为了满足空间飞行器复杂多变网络环境的应用需求，提高网络路由算法的实时性和可靠性，本文提出基于模糊神经网络（Fuzzy Neural Network，FNN)的路径选择算法（FNN-based Path Selection Algorithm，FNN-PSA)，主要包含预处理模块、模糊神经网络处理模块和路由决策模块，其中模糊神经网络处理模块由模糊化、模糊推理、去模糊和学习训练组成。进而可以实现最大化传输成功概率的路由传输策略。

1. 系统描述

空间运输系统主要包含高轨子系统、轨道间子系统、天地往返子系统之间的衔接，如图 1 所示。其中，高轨子系统主要实现 GEO 上的任务操控，轨道间子系统主要面向 GEO-LEO 之间的往返运输，天地往返子系统实现 LEO-地面之间的往返运输。在空间飞行器网络拓扑的高动态特性，凭借单一的网络特征如链路通断、时延大小、数据包长短等难以对链路质量进行有效评估。

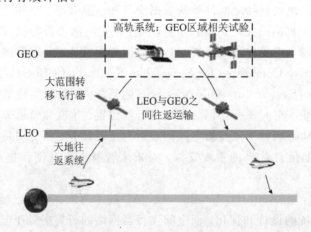

图 1　基于空间运输系统的研究场景

由于空间飞行器网络具有典型的 DTN 特点，因此仅仅依据链路断开而不选择某路径，或者因为某路径时延较小而选择该路径，往往是不合理的。换而言之，断开的链路在未来也许具有很强的连通性，而较小的链路连接时延则会引来大量的路由决策指向，最终可能导致大量分组因为存储空间耗尽而导致路由失败。借用机会网络的思想，将空间飞行器网络看成一个全连通网络，通过描述链路整体特性的多维向量构建虚拟拓扑。该多维向量主要包含存储空间、计算能力、（相对）速度、通信距离等。为了识别链路的稳定性，需要考虑节点之间的相对运行速度和距离。假设节点的相对运动速度为 $\Delta v = v_A - v_B$，则定义链路的稳定性为 $\sigma = f(\Delta v, L)$。直观上，当处于不同轨道上的空间飞行器，相对距离越远，相对速度越小，链路的稳定性越高。通常，难以给出 $f(\cdot)$ 的精确建模，所以，通过模糊推理系统给出 σ 与 Δv、L 之间的关系。

2. 路径选择算法

基于模糊神经网络的路由算法通过网络描述分量，综合利用节点和链路状态信息，利用丰富的逻辑规则库和学习能力，实现智能路由决策，进而基于单跳传输成功概率，构建虚拟网络拓扑，从而实现基于多跳传输成功概率的发送策略，提高系统的吞吐量。如图 2 所示，FNN-PSA 算法主要由三个模块组成：两级 FNN 模块和路由决策模块。其中，FNN 模块由模糊化、模糊推理、去模糊化和规则库组成。

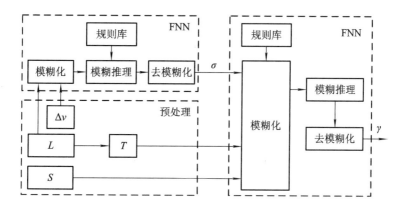

图 2　FNN-PSA 算法总体框图

1）模糊神经网络

FNN 处理模块的输入信号为空间飞行器的相对运行速度 Δv、飞行器之间的距离 L、飞行器的存储空间 S。第一级 FNN 的输出为链路变化率 $\sigma \in [0, 1]$，反映了链路的稳定性；第二级 FNN 的输出为链路成功传输业务的概率 $\gamma \in [0, 1]$，反映了选择该链路的可能性。

（1）模糊化。第一级 FNN 对输入参数 Δv 和 L 进行模糊处理，得到各输入参数的隶属度。Δv 的模糊集具有两个模糊标记 $\{$慢(L)、快(H)$\}$，隶属度为 $\mu_v(L, H)$；L 的模糊集为 $\{$近(L)、远(H)$\}$，隶属度为 $\mu_L(L, H)$。

第二级 FNN 对输入参数时延 T 和 S，以及第一级 FNN 输出 σ 进行模糊处理，得到各自的隶属度。T 和 S 的模糊集具有三个模糊标记 $\{$小(L)、中(M)、大(H)$\}$，隶属度分别为 $\mu_T(L, M, H)$ 和 $\mu_S(L, M, H)$。

（2）模糊推理。模糊推理规则库的语言规则是模糊逻辑推理的依据，第一级 FNN 模糊推理规则的结果为 σ，其模糊集为 $\{$小(L)、中(M)、大(H)$\}$，第二级 FNN 模糊推理规则的结果为 γ，其模糊集为 $\{$小(L)、较小(PL)、中(M)、较大(PH)、大(H)$\}$。

由于 Δv 和 L 均具有 2 个模糊标记，则第一级 FNN 共有 $2 \times 2 = 4$ 条推理规则，如表 1 所示。

表 1　第一级 FNN 逻辑规则

规则	Δv	L	σ
1	H	L	H
2	H	H	M
3	L	L	M
4	L	H	L

而 T、S、σ 均有 3 个模糊标记，则第二级 FNN 共有 $3\times3\times3=27$ 条推理规则，如表 2 所示。

表 2　第二级 FNN 逻辑规则

规则	T	σ	S	γ
1~3	L	H	*	PL
4~5	L	M	H/M	PH
6	L	M	L	M
7	L	L	H	H
8~9	L	L	M/L	PH
10~12	M	H	*	PL
13	M	M	H	PH
14	M	M	M	M
15	M	M	L	PL
16~18	M	L	*	PH
19~20	H	H	H/M	PL
21	H	H	L	L
22	H	M	H	M
23~24	H	M	M/L	PL
25~27	H	L	*	PH

对于任一组输入变量，总可以找到一条与之对应的推理规则。以表 1 中的第一行推理规则为例，如果输入 Δv 为 L、L 为 H，则输出 σ 属于 H 模糊类，其隶属度大小为

$$\mu_\sigma(\text{H}) = \mu_{\Delta v}(\text{L}) \bigcap \mu_L(\text{H}) = \min[\mu_{\Delta v}(\text{L}),\ \mu_L(\text{H})] \tag{1}$$

特别的，当有多条推理规则具有相同的输出时，则该输出的隶属度为这些推理规则相应的输出隶属度的并集。如 $\mu_\sigma(\text{M}) = \sum \mu_\sigma^i(\text{M})$，其中 $\mu_\sigma^i(\text{M})$ 为第 i 条推理规则输出 μ_σ^i 的隶属度大小。

（3）去模糊。经过模糊推理得到的是对应于不同输出的隶属度，还需要通过去模糊的方法得到对应的精确值，以表示所选路径的合适程度，去模糊的方法采用面积中心法。

2）FNN 结构

如图 3 所示，给出了模糊神经网络的五层结构图。其中，第 1 和第 2 层是模糊化过程，第 3 和第 4 层是模糊推理过程，第 5 层是去模糊过程。在图 3 中，每个节点代表模糊神经元，其基本结构如图 4 所示，$f_{k,i}$ 和 $a_{k,i}$ 分别表示第 k 层第 i 个节点传递函数和激活函数的输出，$u_{i,l}$ 表示节点 i 的第 l 个输入（$l=1, \cdots, p$）。

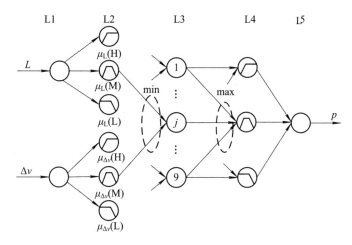

图 3　模糊神经网络结构图

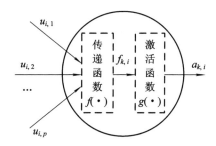

图 4　模糊神经元基本结构

在图 3 中，模糊神经网络各层的具体功能阐述如下。

第 1 层：因为 FNN-PSA 有 2 个输入变量，所以该层由 2 个节点构成。该层中的神经元仅起到传递作用，即将输入信号传递到第二层，则有

$$a_{1,1} = f_{1,1} = L \tag{2}$$

$$a_{1,2} = f_{1,2} = \Delta v \tag{3}$$

第 2 层：该层节点的作用是对输入信号进行模糊化处理。2 个输入变量分别被模糊化为 3 个模糊标记，其集合为｛强（H）、中（M）、弱（L）｝，所以该层由 6 个节点组成。它们的隶属度函数均采用高斯函数形式，即

$$f_{2,i} = \frac{(u_{2,i} - m_{2,i})^2}{2\sigma_{2,i}^2}, \quad i = \{1, \cdots, 6\} \tag{4}$$

$$a_{2,i} = \exp(f_{2,i}), \quad i = \{1, \cdots, 6\} \tag{5}$$

式中，$m_{2,i}$ 和 $\sigma_{2,i}^2$ 表示第 2 层第 i 个节点隶属度函数的中心位置和宽度。

第 3 层：该层的作用是根据第 2 层的输出在模糊推理规则库中找出符合要求的推理规则。该层由 $(C_3^1)^2 = 9$ 个节点组成，每个节点连接 2 个第 2 层节点，根据第 2 层输出的相关

隶属度值，执行模糊"与"操作，即在该节点的输入中找出最小隶属度值作为该推理规则输出的隶属度，则有

$$f_{3,l} = \min_{j \in \mathbf{C}_l^2}(a_{2,l}), \quad l \in \{1, \cdots, 9\} \tag{6}$$

$$a_{3,l} = f_{3,l}, \quad l \in \{1, \cdots, 9\} \tag{7}$$

式中，$\mathbf{C}_i^2$ 表示与第 3 层节点 i 相连接的第 2 层节点的集合。

第 4 层：该层由 3 个节点组成，其模糊集为{高（H），中（M），低（L）}。每个节点对其输入执行模糊"或"操作，即在该节点的输入中找出最大隶属度值作为该推理规则输出的隶属度，则有

$$f_{4,k} = \max_{j \in \mathbf{C}_i^3}(a_{3,j}), \quad k \in \{1, \cdots, 3\} \tag{8}$$

式中，$\mathbf{C}_i^3$ 表示与第 4 层节点 i 相连接的第 3 层节点的集合，而

$$a_{4,k} = f_{4,k}, \quad k \in \{1, \cdots, 3\} \tag{9}$$

第 5 层：该层由 1 个节点组成，其作用是对输入信号进行去模糊操作。去模糊的方法采用面积中心法，即

$$f_5 = \sum_{q=1}^{3} m_{5,q} \sigma_{5,q} u_{5,q} \tag{10}$$

$$a_5 = \frac{f_5}{\sum_{q=1}^{3} \sigma_{5,q} u_{5,q}} \tag{11}$$

式中，$m_{5,q}$ 和 $\sigma_{5,q}$ 是输入信号的隶属度函数的中心位置和宽度。

3）参数学习与更新

FNN 中的模糊神经网络具有学习训练的能力，根据输出误差自适应调整隶属度函数的参数。从图 2 可以看出，FNN 的结构为多层感知器，采用适合于训练多层感知器的共轭梯度方法来进行学习训练。由于链路稳定性是影响路径选择的重要性能指标，故 FNN 算法通过调整隶属度函数以准确度量链路稳定性。假设 $p(n)$ 为第 n 次迭代时的链路稳定性，p^* 为期望丢包率，则 FNN 的输出误差为

$$\varepsilon(n) = p^* - p(n) \tag{12}$$

学习训练的目标即最小化误差函数为

$$J(n) = \frac{1}{2}\varepsilon^2(n) = \frac{1}{2}(p^* - p(n))^2 \tag{13}$$

因此，需要根据误差函数 $J(n)$ 调整模糊神经网络中各节点，即 L2 和 L5 节点的隶属度函数的中心位置和宽度。令所要调整的隶属度函数的中心位置和宽度构成向量 $\boldsymbol{w} = [m_{2,i}, \sigma_{2,i}, m_{5,j}, \sigma_{5,j}]$，$i=\{1, \cdots, 6\}$，$j=\{1, \cdots, 3\}$。梯度矢量定义为

$$\boldsymbol{g}(n) = \frac{\partial J(n)}{\partial \boldsymbol{w}}\bigg|_{\boldsymbol{w}=\boldsymbol{w}(n)} = -\varepsilon(n)\frac{\partial p(n)}{\partial \boldsymbol{w}} \tag{14}$$

其中，$\boldsymbol{g}(n) = [g_{m_{2,i}}(n), g_{\sigma_{2,i}}(n), g_{m_{5,j}}(n), g_{\sigma_{5,j}}(n)]$，$i=\{1, \cdots, 6\}$，$j=\{1, \cdots, 3\}$。

3. 仿真性能分析

为了验证所提算法的性能，采用 MATLAB 2014a 的平台进行仿真，并采用 Mamdani 的模糊推理系统。为了减小参数尺度对神经网络的影响，对所有的输入参数进行归一化。

如图 5 所示，给出了链路稳定性与相对距离和速度之间的关系，从图中可以看出，当

飞行器之间的距离越近、相对速度越快时，链路的变化率越大，稳定性越低。

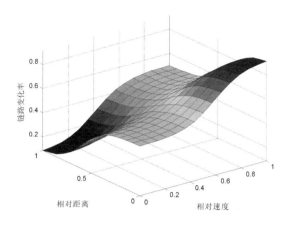

图 5 链路状态输入/输出曲面图

如图 6 所示，给出了任意链路成功传输的概率与输入变量（传播时延、链路稳定性、节点存储容量）之间的关系，可以看出，当链路变化率越小，相对距离越短，同时转发节点的存储容量可以支撑业务传输时，所建立的链路将具备更大的传输成功概率；反之，该条链路成功传输业务的概率越小。通常链路稳定性与传播时延会呈现反比特性，因此，在实际的链路评估与选择中需要进行性能的折中。

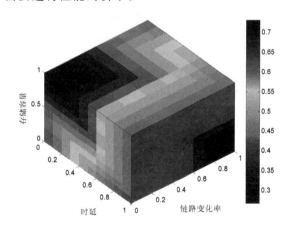

图 6 链路传输成功概率输入/输出关系图

4. 结论

针对空间飞行器通信网络高动态，以及飞行器上有效载荷的处理能力有限等特点，本文设计了一种基于模糊神经网络的路径选择算法。该算法主要包含预处理模块、模糊神经网络处理模块和路由决策模块，其中模糊神经网络处理模块又由模糊化、模糊推理、去模糊和学习训练组成，并通过仿真对所提算法的性能进行了验证。

［本论文部分工作获得中国博士后基金（No. 2019M651476）和上海市自然科学基金（No. 19ZR1423100)资助。］

参 考 文 献

[1] CCSDS Solar System Internetwork (SSI) Architecture[S]. Green Book. 730.1 - G - 1, 2014.

[2] YOU X, ZHANG C, TAN X, et al. AI for 5G: research directions and paradigms[J]. Sci China inf Sci, 2019, 62(2): 021301.

[3] CCSDS rationale, scenarios, and requirements for DTN in space. Green Book[S]. 734.0 - G - 1, 2010.

[4] 吴昊, 王宇. 一种卫星 DTN 网络混合路由算法的仿真与分析[J]. 空间电子技术, 2017, 4: 77 - 86.

[5] 田成平, 慈林林, 李轩涯, 等. 三维 DTN 网络中基于位置的功率感知路由算法[J]. 北京邮电大学学报, 2013, 36(2): 44 - 49.

[6] ZHANG T, LI H, LI J, et al. A dynamic combined flow algorithm for the two-commodity max-flow problem over delay-tolerant networks[J]. IEEE Transactions on Wireless Communications, 2018, 17(12): 7879 - 7893.

[7] MENG X, XU G, GUO T, et al. A novel routing method for social delay-tolerant networks[J]. Tsinghua Science and Technology, 2019, 24(1): 44 - 51.

[8] YAN L, SHEN H, CHEN K. MobiT: distributed and congestion-resilient trajectory-based routing for vehicular delay tolerant networks[J]. IEEE/ACM Transactions on Networking, 2018, 26(3): 1078 - 1091.

[9] PHAM T N D, YEO C K, YANAI N, et al. Detecting flooding attack and accommodating burst traffic in delay-tolerant networks[J]. IEEE Transactions on Vehicular Technology, 2018, 67(1): 795 - 808.

[10] FISCHER D, BASIIN D, ECKSTEIN K, et al. Predictable mobile routing for spacecraft networks [J]. IEEE Transactions on Mobile Computing, 2013, 12(6): 1174 - 1187.

一种软件定义卫星网络服务功能链部署方案

乔文欣[1]，卢皓[1,2]，李志伟[1]，刘益岑[1]

（1 陆军工程大学石家庄校区 装备指挥与管理系，石家庄 050003）

（2 北京航天飞行控制中心，北京 100094）

摘　要：针对软件定义卫星网络中物理网络拓扑结构动态性高及导致的传输时延高的问题，本文提出了一种基于部分观测马尔科夫决策过程（Partially Observable Markov Decision Process，POMDP）部分感知拓扑的软件定义卫星网络服务功能链（Service Function Chain，SFC）部署方案。该方案考虑在软件定义卫星网络架构下，通过 SDN 集中控制的功能感知底层物理网络拓扑变化，由于存在拓扑变化、观测误差和传输时延无法获取全部真实拓扑情况，提出一种基于 POMDP 部分感知和自适应动态服务功能链部署算法，通过自适应动态算法优化 SFC 在卫星网络中的时延。该方法可优化部署软件定义卫星网络的 SFC，并提高资源利用率和网络吞吐量。

关键词：软件定义卫星网络；服务功能链；POMDP；启发式迭代算法

随着空间技术和网络技术的不断发展，传统卫星系统已不能满足未来空间信息网络发展的需要，新一代的卫星网络系统研究成为必然趋势。传统卫星系统如典型的分布式卫星系统（Distributed Satellite System，DSS）以多个独立微小卫星组网的方式相互协同完成空间任务，其技术相对较为成熟，但存在网络管理控制过程复杂、网络结构固化、灵活性低和可重用性差等问题。与之相比，软件定义卫星网络（Software Defined Satellite Network，SDSN）是一种基于软件定义思想所提出的新一代卫星网络体系，其本质是将卫星网络的控制功能与数据转发功能相分离，从而实现卫星网络高效的集中控制功能和灵活的管理功能，是将软件定义网络（Software Defined Network，SDN）架构在卫星网络领域的创新应用，具有非常好的研究前景和应用价值。

目前，软件定义卫星网络的研究主要集中在网络架构和部署方案两方面。GAO 等提出了一个以多层卫星网络为应用场景的软件定义网络架构 OpenSAN，由高覆盖范围的 GEO 群负责控制功能，旨在提供更高效率、灵活且细粒度的控制功能；YANG 等提出了一种以卫星信息系统为应用场景的软件定义卫星（Software Defined Satellite，SDS）系统网络架构，它将 SDS 定义为以软件定义卫星无线电通用硬件平台作为有效载荷的卫星系统，通过传输加载不同软件提供多样化的卫星任务和服务功能；FERRÚS 等提出了一种基于 SDN 的卫星网络解决方案，通过多样化、定制化的组合部署方案为卫星通信提供灵活高效的网络服务。上述文献是软件定义卫星网络相关文献中较为有代表性的，总体上是围绕软件定义卫星网络的概念、网络架构和应用场景进行研究的，为后续诸多研究提供了理论支撑。

在上述研究的基础上，学者们也在软件定义卫星网络的资源分配、链路故障和切换等方面开展了相关研究。这是由于卫星网络是具有高动态性的时变网络，其网络节点主要由拥有固定运动轨迹的卫星组成，节点和链路的连接状态因运动轨迹发生周期性变化，导致网络拓扑结构处于不断变化的状态。为了降低拓扑结构变化所带来的网络可靠性差、网络性能低和资源开销大等影响，研究者从网络资源分配和链路切换算法等方面寻求解决方法。但这类解决方法仅针对某单一方面问题，并未考虑如何利用软件定义网络集中控制的能力，从根本上提高卫星网络的结构可控性，从主动控制的角度解决卫星网络高动态性所带来的问题，当前该方面的研究还较少。

上述文献均未能综合考虑具体服务功能需求和底层网络状态，容易导致资源消耗过大、资源碎片较大的现象。目前还未见相关文章考虑软件定义卫星网络中的 SFC 部署及服务路径优化问题，未研究如何建立动态的 SFC 路径优化方案，在确保服务功能需求满足的同时，减少网络资源开销和均衡网络负载。

因此，本文以软件定义卫星网络为研究对象，在分析卫星网络特点的基础上，构建软件定义卫星网络模型，针对卫星网络拓扑动态变化及传输时延高所引发的拓扑无法全部感知的问题，提出一种基于部分观测马尔可夫链决策过程的软件定义卫星网络 SFC 部署方案。

1. 系统模型

1）卫星网络结构

以典型的 GEO/MEO/LEO 三层卫星网络结构为基础，构造基于 SDN 架构的软件定义卫星网络系统。如图 1 所示，GEO 层为地球同步轨道（Geosynchronous Earth Orbit，GEO）层，一般由三颗以上地球同步卫星组成，能够实现中低纬度地区全覆盖，但数据传输过程损耗较大、时延较长；MEO 层为中轨道（Middle Earth Orbit，MEO）层，由若干中轨道卫星组成，单颗卫星覆盖范围中等，其数据传输过程损耗和时延均为中等水平；LEO 层为低轨道（Low Earth Orbit，LEO）层，由若干组低轨卫星群组成，其数据传输过程损耗较小、时延较短。但是由于低轨卫星覆盖范围小，且轨道运行周期短、运行速度快，使其与地面有效通信时间往往只有几分钟；最底层为地面系统，由若干地面站节点和终端用户节点组成，其中地面站节点主要包括地面网关和地面控制中心。

在该结构中，可分为卫星网络系统和地面网络系统两大部分，其中卫星网络系统由 GEO、MEO 和 LEO 三层结构组成，最上层为 GEO 卫星所承载的主控制器所在层，中层为 MEO 卫星所承载的区域控制器所在层，下层为 LEO 卫星所组成的区域星座所在层。

地面网络系统主要由地面站节点和终端用户节点两部分组成，其中地面站节点包括地面控制中心、卫星网关和卫星网关控制器，地面控制中心负责整个卫星网络系统的协调管理和控制决策，卫星网关控制器负责地面网络的控制功能。终端用户节点则为各类使用卫星服务的固定或移动终端，如使用导航定位功能的移动终端、使用卫星授时和短消息功能的军用装备。

在该结构中，主要存在三种双向卫星通信链路：层内星间链路（Inter-Satellite-Link，ISL）负责同一层次内的卫星连接；层间星间链路（Inter-Orbital-Link，IOL）负责不同层次间的卫星连接；星地链路（User Data Link，UDL）负责卫星和地面网关之间的通信。在该组网模式下，LEO 卫星支持用户接入服务，GEO 卫星负责数据中继服务，地面站直接与GEO 卫星相连。

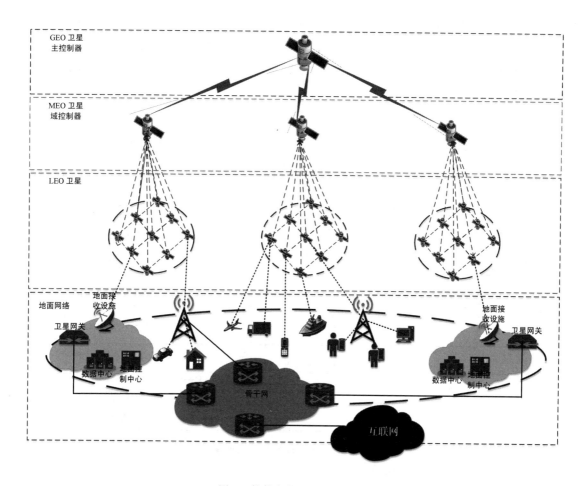

图 1 软件定义卫星网络结构

该结构的控制功能也可以分为地面网络系统和卫星网络系统两部分。在地面网络系统中，地面控制中心负责整个结构的控制管理决策，并发送至卫星网络系统的控制部分，该部分的控制管理决策属于全局策略，例如路由策略、安全策略、QoS 策略和资源分配策略等。GEO 主控制器作为卫星网络系统控制区域的首要部分，负责接收地面控制中心发送的控制管理决策，之后将控制管理决策分发至各个 MEO 区域控制器。MEO 区域控制器接收到控制管理决策后，按照控制管理决策中的信息将控制流发送至相应的 LEO 卫星，由 LEO 卫星完成信息中所包含的控制动作和控制任务，例如调整卫星姿态、改变数据流传输状态、卫星变轨等具体的动作。

本文所设计的基于 SDN 架构的 SDSN 模型利用了 SDN 控制与转发相分离的思想，将卫星网络系统的管理控制功能集中在 GEO 层和地面控制中心，控制策略的下发由区域控制器层的 MEO 卫星负责，基本的业务运行和数据传输功能则由 LEO 卫星层的 LEO 区域星座负责。地面站的地面控制中心负责整个卫星系统的协调管理和控制决策，地面控制中心将控制策略下发至地面网络系统的卫星网关控制器和卫星网络系统的主控制器层的 GEO 卫星。

2）场景描述

本文所研究的内容是基于 SDN 架构的软件定义卫星网络系统场景下，网络切片在拓扑部分感知条件下如何动态优化部署 LEO 卫星层的 SFC。如图 2 所示，LEO 卫星层由支持 SDN 架构的 LEO 卫星星群组成，每个通用 LEO 卫星都能够实现虚拟化，形成硬件资源池、网络资源池，使其能够灵活利用星上网络服务资源来动态部署服务功能，按需提供星上网络服务以完成多样化的空间任务。

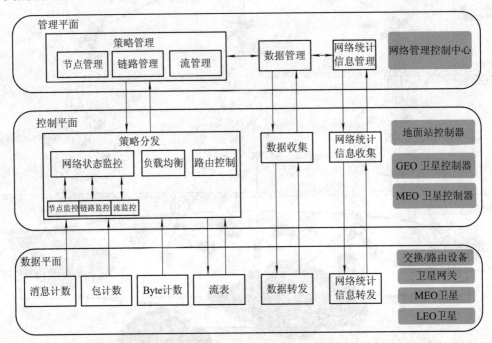

图 2　软件定义卫星网络的基本控制结构

如图 3 所示，不同网络切片可以利用不同卫星硬件资源，部署不同的 VNF 链形成不同的 SFC，以满足不同的星上任务需求。不同的 SFC 部署方式会影响资源池的资源分配和数据传输质量，因此需要根据网络资源状态和服务资源状态来动态形成 SFC 部署，从而优化网络传输质量和服务质量。

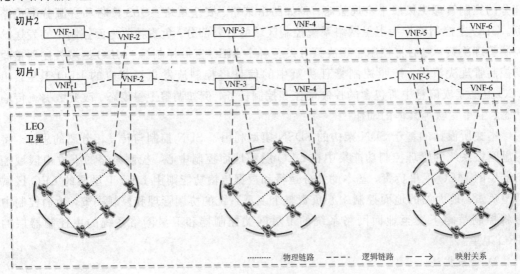

图 3　软件定义卫星网络 VNF 映射

3）网络拓扑模型

卫星网络结构模型以图论为基础，将卫星网络看作集合 $G=(N, L)$，其中 N 表示网络的节点，L 表示网络的边。其中，网络的节点即卫星网络中的信息单元，可以分为静态和动态节点。静态节点主要为地面站节点和 GEO 卫星节点，动态节点主要为 MEO 卫星节点、LEO 卫星节点和终端用户节点。网络的边主要发挥连接节点的作用，即卫星网络系统的通信链路，其连接形式不仅限于上文介绍的三种卫星通信链路，还包括地面系统中多种有线和无线通信方式。在本文中，卫星网络的结构变动过程，主要考虑由节点的高度动态性引起的边的变动，即卫星节点运动超出或进入通信链路连接范围所引起的变动。

以 SDSN 网络模型为基础，则卫星网络节点集合 N 可表示为 $N = N_S^{GW} \bigcup N_D^{GW} \bigcup N_{i,j}^L \bigcup N_{i,j}^M \bigcup N_{i,j}^G$。其中，$N_S^{GW}$ 代表源地面网关，N_D^{GW} 代表目的地面网关，$N_{i,j}^L$ 为 LEO 卫星节点集合，$N_{i,j}^M$ 为 MEO 卫星节点集合，$N_{i,j}^G$ 为 GEO 卫星节点集合。卫星网络链路集合 L 可表示为 $L = L_{GS}^{MS} \bigcup L_{MS}^{LS} \bigcup L_{GS}^{GW} \bigcup L_{LS}^{GW} \bigcup L_{GS}^{GS} \bigcup L_{MS}^{MS} \bigcup L_{LS}^{LS}$，其中 L_{GS}^{MS} 为 GEO 卫星和 MEO 卫星之间的链路，L_{MS}^{LS} 为 MEO 卫星和 LEO 卫星之间的链路，L_{GS}^{GW} 为 GEO 卫星和地面网关之间的链路，L_{LS}^{GW} 为 LEO 卫星和地面网关之间的链路，L_{GS}^{GS} 为 GEO 卫星之间的链路，L_{MS}^{MS} 为 MEO 卫星之间的链路，L_{LS}^{LS} 为 LEO 卫星之间的链路。

假设 C_{ni} 为卫星节点 ni 的计算资源，$b_{i,j}$ 为节点 i 和节点 j 之间的可用带宽资源，$d_{i,j}$ 为节点 i 和节点 j 之间的传播时延（propagation delay），$p_{i,j}$ 为节点 i 和节点 j 之间的丢包率。

软件定义卫星网络中的 LEO 卫星节点都可实现虚拟化，将有限的卫星硬件资源和链路资源抽象为计算资源池和带宽资源池，从而形成面对不同租户需求的网络切片（slices）。对于卫星网络，每个切片对应一个卫星空间任务，相当于一个租户，每个空间任务具备不同的网络资源需求和网络服务需求，因此，每个切片针对不同租户的差异化需求提供相应的满足需求且资源消耗最小的网络服务。

SDSN 中服务功能链的构建过程可描述为管理控制中心在接收到租户服务功能链请求后，根据卫星网络结构、可用资源状态、服务实例状态等信息，输出 VNF 实例放置和路由策略，控制平面将 VNF 实例依次映射到满足服务功能需求和可用资源需求的卫星节点上，同时建立一条满足带宽和时延需求的数据链路，为该租户的卫星业务请求提供满足其网络功能需求和性能需求的传输路径。

2. 基于拓扑感知的 SFC 模型

1）问题描述

利用 SDN 的集中控制能力，对时间分片状态下的软件定义卫星网络进行拓扑感知，通过全局网络状态流表广播的形式检测卫星节点的网络状态，部分感知并观测卫星网络结构的动态变化情况，同时考虑和分析观测误差。其中，所观测的卫星网络状态主要包括网络节点状态和网络链路状态，例如卫星节点是否正常工作，链路是否正常工作，链路可用带宽、丢包率和传输时延等。所考虑的观测误差包括被检测节点状态和检测时间间隔取值所导致的误差。

软件定义卫星网络的服务功能链部署问题可以划分为两个子问题：一是为每个网络切片选择 LEO 卫星层的 VNF 部署方式，即选择合适的 LEO 卫星节点部署相应的 VNF 实例作为服务节点；二是完成服务节点的组链，即为 VNF 实例节点选择一条满足资源需求的路由路径。

2）函数模型

如图 4 所示，假设卫星节点的故障率服从指数分布，以马尔可夫状态转移过程描述单颗卫星的故障状态转移，其中 0 表示卫星节点故障，1 表示卫星节点正常，α 表示卫星节点的故障率，$1-\beta\Delta t$ 表示卫星节点的修复率，Δt 为状态转移时间间隔。

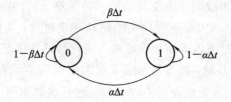

图 4　单个节点的马尔可夫状态转移过程

根据可靠性理论，平均故障中断时间（Mean Time Between Failure，MTBF）是故障率的倒数，平均故障修复时间（Mean Time To Repair，MTTR）是修复率的倒数，单颗卫星节点的瞬时可用性 $A(t)$ 和稳态可用性 A 分别为 $A(t)=\dfrac{\beta}{\alpha+\beta}+\dfrac{\alpha}{\alpha+\beta}e^{-(\alpha+\beta)t}$ 和 $A=\dfrac{\alpha}{\alpha+\beta}$，等价于：

$$A = \frac{\text{MTBF}}{\text{MTBF}+\text{MTTR}} \tag{1}$$

单个卫星节点的故障类型可分为四类：一是长期计划故障，主要为卫星寿命到期所导致的故障；二是短期计划故障，主要为运行和维护所造成的故障；三是长期非计划故障，主要为卫星长期硬故障；四是短期非计划故障，主要为短期硬故障和软故障。根据故障类型不同和卫星节点个体存在的差异性，单个卫星节点的故障率和修复率也有所不同。

考虑卫星网络状态观测误差，设卫星节点 i 在 t 时刻的状态为 $\varphi_i(t)$，节点 i 的检测时间间隔取值会带来不同程度的误判所引起的误差，假设网络状态检测数据包的到达时间间隔满足正态分布，对于卫星节点 i，其检测时间间隔取 $T_{d,i}$，则节点 i 的误判失效概率为

$$P_{e,i} = \frac{1}{\sqrt{2\pi}\sigma}\int_{T_{d,i}}^{+\infty}\exp\left(\frac{-(x-\mu)^2}{2\sigma^2}\right)\mathrm{d}x \tag{2}$$

3）优化目标模型

以总时延最小为网络优化目标，考虑到卫星网络的时延特性，以传播时延和排队时延为总时延的主要度量参数，设总时延函数 $R(t)$ 为

$$R(t) = -\left[d_p(t)+d_q(t)\right] \tag{3}$$

式中：$d_p(t)$ 为 t 时刻的链路传播时延；$d_q(t)$ 为 t 时刻的节点排队时延。

传播时延的计算及各参量的取值及含义参照参考文献[15]，如下：

$$d_p(t) = 2\cdot(\overline{t_{TH}^{GS}}+\overline{t_{GS}^{LE}}+\overline{t_{LE}^{GS}}+t_{NM}^{GE})+\sum_{h=1}^{N_L}\sum_{k=1}^{N_L}q_{h,k}\cdot\left[H_{h,k}^{ia}\cdot t_{LE}^{LE}ia+H_{h,k}^{ie}\cdot t_{LE}^{LE}ie\right] \tag{4}$$

同样的，$d_q(t)$ 为 t 时刻每条 SFC 链路的排队时延，假设数据包到达满足泊松分布，则排队时延可表示为

$$d_q(t) = \frac{\sum\limits_{m\in l_u}\left(\dfrac{q_{u,m}(t)}{\lambda_{u,m}(t)}\right)}{\eta} \tag{5}$$

由此，软件定义卫星网络的 SFC 部署优化目标可表示为

$$\max R(t) = -\left[d_p(t) + d_q(t)\right] \tag{6}$$

3. 基于 POMDP 的 SFC 部署模型及求解

1) POMDP - SFC 模型

为在 SDN 全局网络状态感知拓扑变化存在观测误差的情况下，得出软件定义卫星网络的 SFC 最优部署方案，本文提出了一种基于部分观测马尔可夫过程（Partially Observable Markov Decision Process，POMDP）的卫星网络 SFC 部署模型，在存在观测误差的情况下部分感知拓扑变化，从而决策出最优 SFC 部署方案。

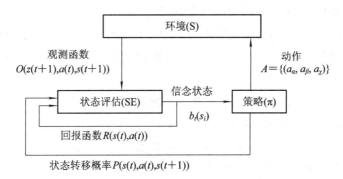

图 5　POMDP 过程示意图

定义基于部分观测马尔可夫决策过程的服务功能链（POMDP - SFC）为七元组 POMDP−SFC＝$\langle S, A, O, P, R, \Omega, T, B \rangle$。具体表示如下：

（1）状态空间 S。状态空间 S 代表系统从初始状态到终止状态遍历的所有状态的集合，即

$$S = \{(\varphi, d) \mid \forall \varphi \in \Phi, \quad d \in D'\} \tag{7}$$

式中，φ 为拓扑状态；d 为时延状态；Φ 表示网络拓扑的状态空间；$\varphi_i = 1$ 表示网络拓扑 i 处于正常状态，$\varphi_i = 0$ 表示该网络拓扑处于失效状态。

D 为时延状态，当 t 时刻瞬时拓扑状态 φ 不变，即该瞬时网络拓扑固定时，则该时刻的网络时延状态 d 可知。

（2）动作空间 A。动作空间 A 代表系统在 $s \in S$ 状态下可采取的动作的集合，每个动作和具体的服务功能存在着映射关系。假设

$$A = \{(a_\alpha, a_\beta, a_\chi) \mid a_\alpha \in (0, 1), a_\beta \in A_\beta, a_\chi \in A_\chi\} \tag{8}$$

式中，a_α 是网络拓扑修复动作；a_β 是网络切片 VNF 部署生成动作；a_χ 是资源分配动作。

（3）状态转移函数 P。状态转移函数 P 表示系统在 t 时刻的状态 s 下调用动作 a 转移到下一个状态 s' 的概率，即

$$P(s(t), a(t), s(t+1)) = P[\varphi(t+1) \mid \varphi(t), a(t)] \cdot P[d(t+1) \mid d(t), a(t)] \tag{9}$$

式中，$s(t)$ 和 $s(t+1)$ 分别表示在 t 和 $t+1$ 时刻系统的状态；$a(t)$ 表示在 t 时刻采取的动作；$\varphi(t)$ 和 $\varphi(t+1)$ 分别表示在 t 和 $t+1$ 时刻系统的网络拓扑状态，可表示为

$$P[\varphi(t+1) \mid \varphi(t), a(t)] = \prod_{i=N_i} P[\varphi_i(t+1) \mid \varphi_i(t), ta(t)] \tag{10}$$

$d(t)$ 和 $d(t+1)$ 分别表示在 t 和 $t+1$ 时刻系统的时延状态，即

$$P[d(t+1)\,|\,d(t),a(t)]=\prod_{i\in N_1}P[d_i(t+1)\,|\,d_i(t),ta(t)] \tag{11}$$

对于式(11)，当 t 时刻网络拓扑故障时，可采取修复动作 $a(t)$ 修复导致网络状态异常的节点或链路，若 $\varphi_i(t+1)=1$，则 $P[\varphi_i(t+1)\,|\,\varphi_i(t),a(t)]=1$，其他为 0。若不修复失效节点，当 $\varphi_i(t)=0$，当且仅当 $\varphi_i(t+1)=0$ 时，$P[\varphi_i(t+1)\,|\,\varphi_i(t),a(t)]=1$，对于当前网络受环境等影响可能会产生故障，即当 $\varphi_i(t)=1$ 时，

$$P[\varphi_i(t+1)\,|\,\varphi_i(t),a(t)]=\begin{cases}p_i, & \varphi_i(t+1)=0\\ 1-p_i, & \varphi_i(t+1)=1\end{cases} \tag{12}$$

式中，p_i 为随机条件下 t 时刻网络节点 i 故障的概率。

（4）回报函数 R。设 t 时刻系统状态为 $s(t)$，调用动作 $a(t)$ 使得系统状态 $s(t)$ 转移到 $s(t+1)$ 状态，其回报函数 $R(s(t),a(t))$ 为网络总时延函数的加权和，即

$$R(s(t),a(t))=-[e_1 d_p(t)+e_2 d_p(t)] \tag{13}$$

式中，e_1 和 e_2 分别为传播时延和排队时延的加权系数。

（5）观测空间 Ω。观测空间 Ω 代表可观测参数状态的集合，可表示为

$$\Omega=\{(\omega_\varphi,\omega_d)\,|\,\omega_\varphi\in\Omega_\varphi,\omega_d\in\Omega_d\} \tag{14}$$

式中，ω_φ 表示网络拓扑观测状态；Ω_φ 表示网络拓扑观测空间；ω_d 表示网络时延观测状态；Ω_d 表示网络时延观测空间。

（6）观测函数 O。观测函数 O 代表可观测的函数集合，观测对象为网络拓扑状态和网络时延状态，当观测状态为 $o(t+1)$ 时，其观测函数 O 可表示为

$$O(o(t+1),a(t),s(t+1))=O(o_\varphi(t+1),a(t),\varphi(t+1))\cdot$$
$$O(o_d(t+1),a(t),d(t+1)) \tag{15}$$

式中，t 时刻瞬时网络拓扑状态不变，网络时延状态完全可知，因此当网络时延观测状态 $o_d(t+1)=d(t+1)$ 时，网络时延观测函数 $O(o_d(t+1),a(t),d(t+1))=0$。否则，$o_d(t+1)\neq d(t+1)$，$O(o_d(t+1),a(t),d(t+1))=0$。

（7）信念状态 $\boldsymbol{B}_t$。信念状态 $\boldsymbol{B}_t$ 是 t 时刻系统处于状态 s 的概率的集合，可表示为

$$\boldsymbol{B}_t=(\boldsymbol{b}_t(s_1),\boldsymbol{b}_t(s_2),\cdots,\boldsymbol{b}_t(s_{|s|})) \tag{16}$$

式中，$\boldsymbol{b}_t(s_i)$ 表示 t 时刻系统处于状态 s_i 的概率，$\boldsymbol{b}_t(s_i)=P(s_i\,|\,\boldsymbol{b}_1,a_1,o_1,\cdots,o_{t-1},a_{t-1},o_t)$。可以看出，POMDP 问题在引入信念度后符合马尔可夫过程，每个时刻的信念状态可由历史动作、观测值和信念状态得到，即

$$\boldsymbol{b}_t(s_{i+1})=P(s_{i+1}\,|\,o,a,\boldsymbol{b})=\eta\Omega(o,s_{i+1},a)\sum_{s\in S}P(s_i,a,s_{i+1})\boldsymbol{b}_{t-1}(s_i) \tag{17}$$

式中，η 为归一化常数，其取值为

$$\eta=\frac{1}{\displaystyle\sum_{s_{i+1}\in S}\Omega(o,s_{i+1},a)\sum_{s_i\in S}P(s_i,a,s_{i+1})\boldsymbol{b}_{t-1}(s_i)} \tag{18}$$

由此可将软件定义卫星网络的优化目标函数转化为

$$\max R(t)=\lim_{T\to\infty}\frac{1}{T}\sum_{t=0}^{T}\gamma^t R_b(\boldsymbol{b}_t,a(t)) \tag{19}$$

式中，T 代表时间周期；γ 为折扣因子且 $0<\gamma<1$；R_b 为引入信念度的回报函数，可表示为

$$R_b(\boldsymbol{b}_t, a) = \sum_{s \in S} R(s, a(t)) \cdot \boldsymbol{b}_t(s) \tag{20}$$

当 $T \to \infty$ 时，一定存在一个稳定最优策略 $\pi_t^*(\boldsymbol{b})$ 使得目标函数在信念状态 $\boldsymbol{b}$ 上取值最大，最优策略选择可表示为

$$\pi_t^*(\boldsymbol{b}) = \operatorname{argmax}\left[\sum_{s \in S} \boldsymbol{b}_t(s) R(s, a) + \gamma \sum_{o \in O} P(o \mid \boldsymbol{b}_t, a) V_t^*(\boldsymbol{b}_{t+1})\right] \tag{21}$$

其中，$V_t^*(\boldsymbol{b}_{t+1})$ 代表信念状态 $\boldsymbol{b}_{t+1}$ 的最优值函数，可表示为

$$V_t^*(\boldsymbol{b}) = \max\left[\sum_{s \in S} \boldsymbol{b}_t(s) R(s, a) + \gamma \sum_{o \in O} P(o \mid \boldsymbol{b}_t, a) V_{t+1}(\boldsymbol{b}_{t+1})\right] \tag{22}$$

2）算法设计和描述

为了避免当前基于点的值迭代算法对于单一标准探索信念点所带来的问题，利用混合启发式值迭代算法（Hybrid Heuristic Value Iteration，HHVI）对 POMDP‐SFC 模型进行求解。HHVI 选择当前探索点集 $\boldsymbol{B}$ 中值函数上下界差值足够大的点来构造被扩点集 $\boldsymbol{B}_p$，之后对 $\boldsymbol{B}_p$ 中每个被扩点的值函数上下界差值足够大的后继信念点中选取与 $\boldsymbol{B}$ 最远的后继点进行探索。该算法结合信念点分布和值函数选择合适的后继点，采用混合值函数和密度双重选取标准，以提高算法的适应性和求解效率。

首先对当前值函数不确定性较大的点进行扩张，即

$$\boldsymbol{B}_p = \left\{\boldsymbol{b} \mid \boldsymbol{b} \in \boldsymbol{B}, \overline{\boldsymbol{V}}_t(\boldsymbol{b}) - \underline{\boldsymbol{V}}_t(\boldsymbol{b}) \geqslant \frac{\varepsilon}{\gamma^{h_b}}\right\} \tag{23}$$

式中，$\overline{\boldsymbol{V}}_t(\boldsymbol{b})$ 为信念点 $\boldsymbol{b}$ 的上界取值，$\underline{\boldsymbol{V}}_t(\boldsymbol{b})$ 为信念点 $\boldsymbol{b}$ 的下界取值，h_b 为信念点 $\boldsymbol{b}$ 的层数，ε 为常数。

在后继信念点中，对 $\boldsymbol{B}_p$ 中的点进一步探索，选取距离当前上下界差值最大的信念点集 $\mathrm{SE}(\boldsymbol{b})$，并从中选取出距离最远的后继信念点 $\mathrm{EX}(\boldsymbol{b})$，可分别表示为

$$\mathrm{SE}(\boldsymbol{b}) = \left\{b' \mid b' = \boldsymbol{b}_a^z, \overline{\boldsymbol{V}}_t(\boldsymbol{b}) - \underline{\boldsymbol{V}}_t(\boldsymbol{b}) \geqslant \frac{\varepsilon}{\gamma^{h_b}}\right\} \tag{24}$$

$$\mathrm{EX}(\boldsymbol{b}) = \operatorname{argmax}_{b' \in \mathrm{SE}(\boldsymbol{b})} \boldsymbol{b}^* \tag{25}$$

利用多信念点-值对 $(\boldsymbol{b}_i, \overline{v_i})$ 表示上界集合，利用 FIB（Fast Informed Bound）算法初始化，见表 1。

表 1 FIB 算法

	FIB 算法
1	$\overline{\boldsymbol{V}}_a(s) \leftarrow \max_{a, s} R_a(s)/(1-\gamma) \; \forall s, a$
2	**repeat**
3	$\overline{\boldsymbol{V}}_a(s) \leftarrow R_a(s) + \gamma X$
4	$X = \sum_o \max_{a'} \sum_{s'} P(s, a, s') O(a, s', o) \overline{\boldsymbol{V}}_a(s') \; \forall a, s$
5	**until** convergence

下界利用盲目策略(Blind Policy)算法进行初始化,见表 2。

表 2 Blind Policy 算法

	Blind Policy 算法
1	$\underline{V}_a(s) \leftarrow \min_{a,s'} R_a(s')/(1-\gamma) \ \forall s,a$
2	**repeat**
3	$\underline{V}_a(s) \leftarrow R_a(s) + \gamma \sum_{s'} P(s,a,s') \underline{V}_a(s') \ \forall a,s$
4	**until** convergence

之后利用 HHVI 算法进行求解,如表 3 所示。

表 3 HHVI 算法

	HHVI 算法
1	$\overline{V} \leftarrow \text{FIB}(\ )$
2	$\underline{V} \leftarrow \text{BlindPolicy}(\ )$
3	$\boldsymbol{B} = \{\boldsymbol{b}_0\}$
4	**While** $\overline{V}(\boldsymbol{b}) - \underline{V}(\boldsymbol{b}) \geqslant \frac{\varepsilon}{\gamma^{h_b}}$ **do**
5	$\boldsymbol{B} = \text{HHVIC}(\boldsymbol{B})$
6	$\overline{V} = \text{sawtooth}(\boldsymbol{B}, \overline{V})$
7	$\underline{V} = \text{backup}(\boldsymbol{B}, \underline{V})$
8	**end while**
9	**return** $\underline{V}$

4. 结束语

本文在软件定义卫星网络架构下,针对服务功能链部署的时延问题,提出了一种基于部分观测马尔可夫过程感知的软件定义卫星网络服务功能链部署方案。该方案利用 SDN 全局网络状态感知功能获取网络拓扑状态,建立了 POMDP - SFC 优化部署模型,并利用 HHVI 算法进行求解。下一步,将采用 MATLAB 和 STK 进行仿真,并对仿真结果进行分析。

参 考 文 献

[1] 张育林. 分布式卫星系统理论及应用[M]. 北京:科学出版社,2008.

[2] TANG Z, ZHAO B, YU W, et al. Software defined satellite networks:benefits and challenges[C]. 2015 IEEE Computers, Communications and IT Applications, 2015:127 - 132.

[3] BERTAUX L, MEDJIAH S, BERTHOU P, et al. Software defined networking and virtualization for broadband satellite networks[J]. Communications Magazine. IEEE, 2015, 53(3):54 - 60.

[4] JAMMAL M, SINGH T, SHAMI A, et al. Software defined networking:state of the art and research challenges[J]. Computer Networks, 2014, 72(11):74 - 98.

[5] MCKEOWN N，ANDERSON T，BALAKRISHNAN H，et al. Openflow：Enabling innovation in campus network[J]. ACM SIGCOMM Computer Communication Review，2008，38(2)：69－74.

[6] BAO J，ZHAO B，YU W，et al. OpenSAN：A software－defined satellite network architecture[J]. ACM Sigcomm Computer Communication Review，2014，44(4)：347－348.

[7] YANG X N，XU J L，LOU C Y. Software-defined satellite：a new concept for space information system［C］. Second International Conference on Instrumentation，Measurement，Computer，Communication and Control. 2012：586－589.

[8] FERRÚS R，SALLENT O，RASHEED T，et al. Enhancing satellite & terrestrial networks integration through NFV/SDN technologies[J]. Mutimedia Communications Technical Committee. IEEE Communications Society e-letter，2015，10(4)：17－21.

[9] FERRÚS R，KOUMARAS h，SALLENT O，et al. SDN/NFV-enabled satellite communications networks：Opportunities，scenarios and challenges［J］. Physical Communication，2015，18（2）：95－112.

[10] GOPAL R，RAVISHANKAR C. Software defined satellite networks［C］. AIAA International Communications Satellite Systems Conference. 2014.

[11] 冯淼淼. SDSN 中 OpenFlow 协议扩展及联合资源分配模型研究[D]. 西安：西安电子科技大学，2017：33－50.

[12] 张芳，邓畅霖，王之，等. 软件定义卫星网络的链路故障检测和恢复方案[J]. 计算机科学，2017，44(6)：63－67.

[13] 赵杰. 基于 SDN 的 VDES 卫星网络路由关键技术研究[D]. 成都：电子科技大学，2017：4－7.

[14] DURREI A，DASH D，ANDERSON B，et al. Routing of real-time traffic in a transformational communication architecture. Montana：Proc. of IEEE Aerospace Conference［C］，2004，2（2）：1086－1104.

[15] LUCA B，MARIO M，Fabio P. The impact of delay in software-defined integrated terrestrial-satellite networks[J]. China Communications，2018，8：11－20.

基于概率矩阵的 Walker 星座抗毁性仿真研究

万思敏[1]，杨鹏[1,2]，禤明[2]，刘乐源[2]

（1 电子科技大学 数学科学学院，成都 610054）

（2 电子科技大学 信息与软件工程学院，成都 610054）

摘　要：随着空天信息网络研究的日趋深入，空天信息网络应用也随之普及，因此对空天信息网络的抗毁性提出了更高要求。结合当前空天信息网络抗毁性研究的现状，首先对空天信息网络及最具代表性的 Walker 星座进行概述，其次进行了空天信息网络抗毁性研究一般方法的调查，然后通过给出"概率矩阵"和"自然连通度"的概念引出 Walker 星座的抗毁性优化方法，最后根据该优化方法利用 STK 和 MATLAB 的联合仿真评估了 Walker 星座抗毁能力随轨道倾角和轨道高度等参数的变化，并结合理论推算与模拟仿真验证给出了可供参考的卫星轨道高度和轨道倾角等。

关键词：空天信息网络；抗毁性；自然连通度；概率矩阵；联合仿真

从 20 世纪 60 年代 ARPAnet 问世，到如今蜂窝移动通信网、互联网、多卫星网等各种各样的网络已经渗透到人类社会的方方面面。在短短的 50 多年中，网络得到了飞跃式的发展，特别是在近十年，空天信息网络的快速发展与人类社会的活动密不可分。

卫星星座作为空天信息网络组网架构的一种卫星排布，目前比较流行的星座类型有极地星座和 Walker 星座。其中，Walker 星座是由部署在 3 个不同轨道的 24 颗卫星构成的，图 1 和图 2 分别从不同维度展示了 Walker 星座的结构。Walker 星座以其覆盖全球的特性，成为目前世界上使用最为广泛的一种全球覆盖星座设计方法，并得到了广泛的关注。空天信息网络源于传统网络，但又有别于传统网络。现有的卫星网络协议大多没有充分考虑卫星网络的抗毁性和安全性，卫星节点可能遭受攻击而失效。一旦卫星节点发生故障，

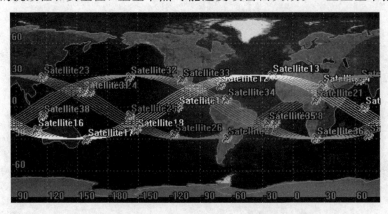

图 1　Walker 星座二维视图

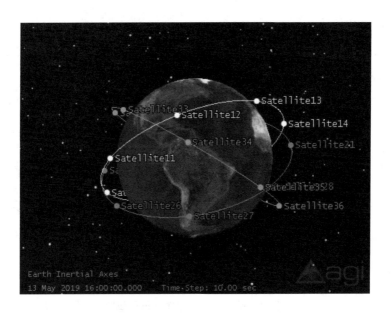

图 2 Walker 星座三维视图

就可能引发级联效应，导致大规模网络故障或整个空天信息网络系统瘫痪，波及面远超传统网络。因此，空天信息网络对抗毁性提出了更高的要求。

在对当前空天信息网络抗毁性相关研究现状调查的基础上，本文通过给出"概率矩阵"和"自然连通度"的概念，引出 Walker 星座的抗毁性优化方法，结合 STK 和 MATLAB 的联合仿真，评估了 Walker 星座抗毁能力随轨道倾角和轨道高度的变化。

1. Walker 星座及其抗毁研究

1）Walker 星座拓扑结构

Walker 星座因其全球覆盖性和对称性的特点，成为目前世界上使用最为广泛的空间网络构型，因此本文选用 Walker 星座网络作为仿真模型，对其进行抗毁性的分析。Walker 星座是由 3 个轨道平面构成的，每个轨道均为圆形轨道，且每个轨道的卫星数目相同，均为 8 颗，这 8 颗卫星在每个轨道平面上均匀分布，在同一轨道中相邻两颗卫星相对静止。图 3 为单个轨道的平面图。

在图 3(a)中，8 颗卫星均分圆形轨道，将相邻两颗卫星连接起来可构成一个正八边形；在图 3(b)中，若每个轨道平面上任意两颗相间的卫星都能恰好互相可见，那么这两颗相间卫星的连线与地球平面相切，则 $S13 \perp S2E$（$S13$ 为 Satellite1 与 Satellite3 的连线，$S2E$ 为 Satellite2 与 Earth center 的连线，下同），$S24 \perp S3E$；又 $|S12| = |S23|$，则可知，线段 $S2E$ 为等腰三角形 $\triangle S123$ 的垂直平分线。由于正八边形的内角和为 $135°$，可得

$$\partial = 45° \tag{1}$$

假设地球半径为 r，卫星轨道高度为 h，则有

$$\sin\partial = \frac{r}{h+r} \tag{2}$$

根据公式(1)、(2)，可以解得在此情况下，卫星轨道的临界高度 h 为 2639 km。

2）抗毁性研究的一般方法

一个网络的抗毁性能直接决定了整个网络的生存能力，几乎每个网络都存在抗毁性问

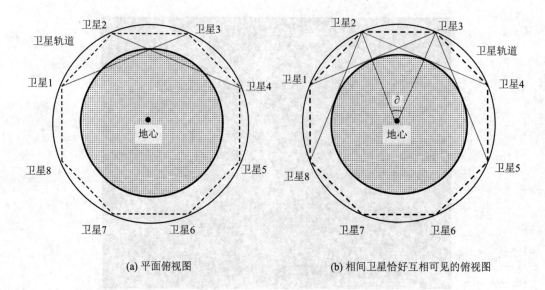

| (a) 平面俯视图 | (b) 相间卫星恰好互相可见的俯视图 |

图 3　Walker 星座单个轨道平面图

题。一般来说，抗毁能力越强代表网络的稳定性越好，越不容易因为恶意攻击或者随机故障导致整个网络的瘫痪，因此抗毁研究一直深受研究者们的青睐。通常，考虑整个网络的抗毁能力大多数是从度出发，汪小帆在《网络科学导论》中指出度是刻画节点属性的最简单而又最重要的概念之一，从而引出平均度的概念；田田在论文中指出点（边）连通度是最早用来刻画网络的抗毁性的测度指标，它的定义是把一个连通图删除最少的点（边）使其变成非连通图的最小数目，但是由于其仅仅只考虑网络破坏的难易程度，而不能得到网络抗毁能力的变化，所以将其作为抗毁指标不太严谨；复杂网络中，根据节点的度凝聚关系，引出了聚类系数的概念，其考虑的是某节点的邻接节点互相连接的概率，一定程度上反映了网络的紧密性；吴俊通过计算网络中不同闭环数目的加权和，提出自然连通度的概念。

在空天信息网络中，把每个卫星作为一个点，卫星之间的链路作为边，由于卫星之间是可以互相通信的，所以可以将空天信息网络简化成一个无向图。设无向图的顶点数为 N，边数为 M，图的邻接矩阵为 $\boldsymbol{A} = (a_{ij})_{N*N}$。

无向图中，每个节点的度为与该节点直接相连的边数，则可得到每个节点的度为

$$k_i = \sum_{j=1}^{N} a_{ij} \tag{3}$$

网络中每个节点的度的平均值为整个网络的平均度，则

$$\langle k \rangle = \frac{1}{N}\sum_{i=1}^{N} k_i = \frac{1}{N}\sum_{i=1}^{N}\sum_{j=1}^{N} a_{ij} = \frac{2M}{N} \tag{4}$$

节点 i 的 k_i 个邻接节点互相连接的概率为节点 i 的聚类系数，那么单个节点的聚类系数 C_i 表示为

$$C_i = \frac{1}{k_i(k_i-1)}\sum_{j,k=1}^{N} a_{ij} a_{jk} a_{ki} \tag{5}$$

同样，整个网络的聚类系数为网络中每个节点的聚类系数的平均值，即

$$C = \frac{1}{N}\sum_{i=1}^{N} C_i \tag{6}$$

自然连通度是从图中的闭环数目出发，若闭环数目越多，则整个网络的冗余性越强，抗毁性也越强。如果用 m_i^k 表示起点和终点均为 i 的长度为 k 的闭环数目，则对网络中所有节点求和，可得

$$W = \sum_{i=1}^{n} \sum_{k=0}^{\infty} m_i^k = \sum_{k=0}^{\infty} \sum_{i=0}^{n} m_i^k = \sum_{k=0}^{\infty} m^k \tag{7}$$

为了保证收敛，进一步改写为

$$W' = \sum_{k=0}^{\infty} \frac{m_k}{k!} \tag{8}$$

又 $m_k = \sum_{i=1}^{N} m_i^k = (A^k)_{ii} = \mathrm{trace}(A^k) = \sum_{i=1}^{N} \lambda_i^k$，可得

$$W' = \sum_{k=0}^{\infty} \frac{\sum_{i=1}^{N} \lambda_i^k}{k!} = \sum_{i=1}^{N} \sum_{k=0}^{\infty} \frac{\lambda_i^k}{k!} = \sum_{i=1}^{N} \mathrm{e}^{\lambda_i} \tag{9}$$

从上式可以发现，闭环数目与矩阵的特征谱相关，进一步取自然对数，得到自然连通度 $\bar{\lambda}$ 为

$$\bar{\lambda} = \ln\left(\frac{W'}{N}\right) = \ln\left(\frac{1}{N} \sum_{i=1}^{N} \mathrm{e}^{\lambda_i}\right) \tag{10}$$

从式(4)可以看出，平均度越大，网络的抗毁能力越强，但是平均度与网络中边数和节点数的比例有关，而具有相同边数和节点数的不同构网络有很多种，很明显不同构网络的抗毁能力不同，所以用平均度来衡量网络的抗毁性不具有说服性。同样，根据式(5)和式(10)可知，聚类系数和自然连通度越大，抗毁能力也随之越强，由于聚类系数考虑的是当前节点的邻接点之间的连接关系，因此若邻接点相连，则形成了长度为 3 的闭环，因此聚类系数可以看成网络中长度为 3 的闭环的概率。由于自然连通度考虑了任意长度的闭环，因此本文选择自然连通度作为衡量空天网络的抗毁性指标。

3）概率矩阵在抗毁性研究中的应用

在 Walker 星座的角度为 30°、高度为 1500 km 下，采样某一颗卫星在一段时间内链路内变化的情况，如图 4 所示。

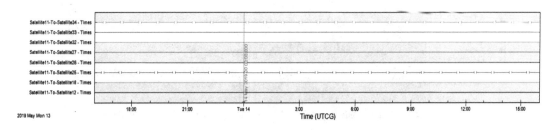

图 4　Walker 星座星间链路时间图表

从图 4 中可以发现，Satellite11 卫星与 Satellite12、Satellite18、Satellite26、Satellite27、Satellite32、Satellite33 卫星是一直可通信的，与 Satellite25、Satellite34 是间断可见的。由于自然连通度是根据网络邻接矩阵的特征谱计算的，但是仿真数据证明，卫星网络的邻接矩阵是动态变化的，根据某一时刻的邻接矩阵来计算自然连通度显然是不严谨的。单个时刻点不能代表全局，所以从全局出发，提出了用概率矩阵来代替邻接矩阵的

方法，通过计算概率矩阵的特征谱来计算自然连通度，从而反映整个网络的抗毁性能。

在邻接矩阵 $\boldsymbol{A}=(a_{ij})_{N*N}$ 中，若 i 卫星和 j 卫星之间有链路，则 $a_{ij}=1$，反之为 0。在概率矩阵 $\boldsymbol{P}=(p_{ij})_{N*N}$ 中，通过对一天内卫星链路的取样，设取样时间为 T，i 卫星和 j 卫星的链路通信时间段数为 K，其中每段时间通信时长为 t_k，则可得

$$p_{ij}=\frac{\sum\limits_{k=1}^{K}t_k}{T} \tag{11}$$

那么，易知 p_{ij} 的取值范围为 $[0,1]$，且若对于任意时刻均链接的卫星 i 和卫星 j，有 $p_{ij}=1$，若任意时刻均无链接，则 $p_{ij}=0$。

2. 联合仿真

在对空天信息网络的研究过程中，需要对网络的整体性能进行测试和评价，一般采用数学解析、数值分析和模拟仿真的方法来进行。但由于空天信息网络拓扑结构复杂，整个网络无时无刻都在不断变化和运动，因此使用数学解析和数值分析的方法比较困难。另外，上述两种方法实验的结果很容易受到实验参数的影响，而通过建立仿真模型的网络模拟仿真可克服上述缺点。

1）仿真环境介绍

本文采用的仿真软件主要有 STK 和 MATLAB。STK 软件的全称为 Satellite Tool Kit（卫星仿真工具包），该软件是由美国 AGI（Analytical Graphics，Inc.）公司开发的一款在航天工业领域中处于绝对领先地位的商业化分析软件。STK 提供了用于计算数据的分析引擎，以及可显示多种对象的二维、三维可视化界面（如图 5 所示），包括卫星、运载火箭、导弹、飞行器、地面站、舰艇和车辆等目标。对于特定的分析任务，STK 提供了附加模块，可以解决通信分析、雷达分析、覆盖分析、轨道机动、精确定轨和实施操作等问题。

图 5　STK 操作界面

MATLAB 是由美国 MathWorks 公司开发的主要面向科学计算与数值仿真、可视化以及交互式程序设计的高科技计算软件。

本文结合 STK 和 MATLAB 两个软件各自的优点，利用 STK 提供的 MATLAB Connector 接口模块，通过使用 MATLAB 给 STK 发送控制指令方式，使仿真系统按照 MATLAB 编写的程序运行，然后根据获得的概率矩阵进行计算得到自然连通度。采用 STK 和 MATLAB 联合仿真，大大增强了空天信息网络仿真的灵活性和可操作性。

2）仿真过程

通常使用卫星个数 N、轨道平面数 P、相位因子 F、轨道高度 h 和轨道倾角 i 来描述一个星座的构型。因此，一个星座网络的构型码可以表示为

$$C = (N/P/F：h, i) \tag{12}$$

本文所做的实验旨在通过仿真观察卫星网络抗毁性测度指标 S 与卫星轨道高度 h 和卫星轨道倾角 i 间的变化关系。这里以构型码为 $C = (24/3/1：1450km, 30°)$ 的 Walker 星座为例进行一系列仿真实验，实验流程如图 6 所示。

（1）STK 与 MATLAB 建立链接。只有在正确连接 STK 和 MATLAB 之后，才可以在两者之间相互发送指令，实现联合仿真。STK 和 MATLAB 互联的常用方法有两种：一是通过 STK 启动 MATLAB 进行连接；另一种是分别启动 STK 和 MATLAB 后，在 MATLAB 中进行初始化连接。本文选择后者，具体做法为分别启动 STK 和 MATLAB 环境，然后在 MATLAB 中键入"stkInit"命令即可。

（2）使用 MATLAB 命令创建 Walker 星座模型。如前文所述，Walker 星座是由部署在 3 个不同轨道的 24 颗卫星构成的。在使用 MATLAB 命令创建 Walker 星座时，首先需要创建一颗"种子"卫星，并配置"种子"卫星各项参数，然后根据构型码，利用"种子"卫星生成 Walker 星座，最后删除"种子"卫星，实现由部署在 3 个不同轨道的 24 颗不同卫星组

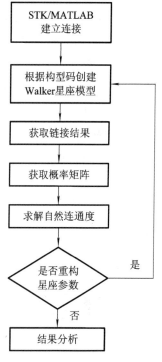

图 6　实验流程图

成、相位因子为 1、轨道高度为 1450 km、轨道倾角为 30°的 Walker 星座网络。MATLAB 指令如下：

stkNewObj('/Scenario/STKAccess/', 'Satellite', 'Satellite')

stkConnect（conid, 'SetState', '/Scenario/STKAccess/Satellite/Satellite', 'Classical TwoBody UseScenarioInterval 60 J2000 "13 May 2019 16：00：00.00" 8971000 0 30 0 0 0'）

stkConnect(conid, 'Walker', '/Scenario/STKAccess/Satellite/Satellite', '3 8 1 360 YES')

stkUnload('/Scenario/STKAccess/Satellite/Satellite')

（3）获取两颗卫星之间的连接结果。由于空天信息网络处于复杂的电磁环境下，星间链路和星地链路极易受到地面遮挡、恶意电磁信号、大气层电磁信号和恶劣自然气候等各类情形的干扰，导致正常的数据传输受到影响甚至中断。据此，在仿真实验过程中，本文利用 MATLAB 提供的 stkAccReport 函数获取任意两颗卫星之间的链接报告，并从链接报告中提取相应的链接时长。算法表示如下：

227

Algorithm 1　获取两颗卫星之间连接结果。

Input：卫星名称字符串 *nameString*1，*nameString*2。

Output：任意两颗卫星之间的连接时间概率 *probabilityArray*。

1. **for** $i \leftarrow 11$ **to** 38 **do**
2. 　**for** $j \leftarrow i+1$ **to** 38 **do**
3. 　　[*secData*, *secNames*] $\leftarrow$ stkAccReport(*nameString*1, *nameString*2, 'Access-IFT');
4. 　　*timeSum* $\leftarrow$ 0;
5. 　　**if**(isempty(*secData*{1, 1})$\neq$1) **then**
6. 　　*duration* $\leftarrow$ stkFindData(*secData*{1, 1}(4), 'Duration');
7. 　　　**for** $r \leftarrow 1$ **to** length(*duration*)**do**
8. 　　　*timeSum* $\leftarrow$ *timeSum* + *duration*(*r*);
9. 　　　**endfor**
10. 　　**endif**
11. 　　*probability* $\leftarrow$ *timeSum*/86400;
12. 　　*probabilityArray*(*indexOfProbabilityArray*)$\leftarrow$ *probability*;
13. 　　*indexOfProbabilityArray* $\leftarrow$ *indexOfProbabilityArray*+1;
14. 　**endfor**
15. **endfor**
16. **return** *probabilityArray*

（4）获取概率矩阵。在文献[12]中，研究低轨卫星网络拓扑结构抗毁性时，要将动态变化的卫星网络每隔一段时间对其拓扑结构进行取样，计算其邻接矩阵的特征值，计算每个取样时刻卫星网络的自然连通度。在上文中，获取的星间连接结果是一个 1×264 维的概率数组，还需要将该数组转存为 24×24 的概率矩阵，算法表示如下：

Algorithm 2　获取概率矩阵。

Input：任意两颗卫星之间的连接时间概率 *probabilityArray*。

Output：Walker 星座的概率矩阵 *probabilityMatrix*。

1. **for** $i \leftarrow 1$ **to** $row-1$ **do**
2. 　**for** $j \leftarrow i+1$ **to** col **do**
3. 　　*probabilityMatrix*(*i*, *j*)$\leftarrow$*probabilityArray* (*index*);
4. 　　*index* $\leftarrow$ *index* + 1;
5. 　**endfor**
6. **endfor**
7. *probabilityMatrix*$\leftarrow$*probabilityMatrix*+*probabilityMatrix*$'$;
8. **return** *probabilityMatrix*;

（5）求解自然连通度。在得到概率矩阵后，根据前面给出的自然连通度计算方法计算自然连通度。自然连通度算法可描述为：

Algorithm 3 求解自然连通度。

Input：Walker 星座概率矩阵 *probabilityMatrix*。

Output：自然连通度 λ。

1. $[x, y] \leftarrow$ eig($probabilityMatrix$)；

2. $lamuda \leftarrow$ diag(y)；

3. $sum \leftarrow 0.0$；

4. **for** $i \leftarrow 1$ **to** length($lamuda$) **do**

5. $\quad sum \leftarrow sum + \exp(lamuda(i))$；

6. **endfor**

7. $N \leftarrow 24$；

8. $sum \leftarrow sum/N$；

9. $lamuda\_ \leftarrow \log(sum)$；

3）仿真结果分析

图 7(a)是文献[12]中给出的卫星网络抗毁性测度指标 S 随卫星轨道高度 h(km)的变化规律。需要特别指出的是，由于距地面约 50 km 开始一直伸展到约 1000 km 高度的地球高层大气空域存在电离层，电离层闪烁效应能导致通信系统的信号幅度、相位随机起伏，致使通信性能下降，严重时可能造成通信系统、卫星导航系统、目标监测系统信号中断。据此，本文选择 1000 km 作为初始轨道高度，以 50 km 为步长，依次增加轨道高度，并计算自然连通度 λ，直至轨道高度为 3000 km 时结束。图 7(b)表示的是当轨道倾角 $i=30°$时，本文仿真实验得出自然连通度 λ 随轨道高度 h(km)的变化趋势。

由图 7(b)可见，曲线随轨道高度 h 的增加而增加。这是由于随着轨道 h 的增加，星间可见性增加，星间链路创建概率增大，卫星之间互联时间占整个仿真周期的比值增大，导致自然连通度增大，进而使整个星座网络的抗毁性增强。另外，在轨道高度 h 从 2600 km 变化到 2650 km 时，自然连通度 λ 出现"激增"，这是由于随着轨道高度 h 的增加，相间的

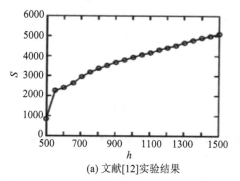

(a) 文献[12]实验结果

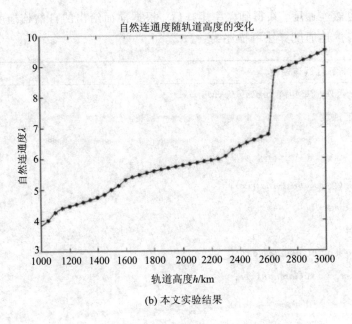

(b) 本文实验结果

图7 自然连通度 λ 随轨道高度 h 的变化趋势

两颗卫星之间产生了新的链路,同一轨道的卫星链接方式从图3(a)变成图3(b),增加了网络的整体抗毁性。该高度与根据公式(1)、(2)推算出的临界轨道高度基本保持一致。

图8刻画了当卫星轨道高度 $h=1450$ km 时,自然连通度 λ 随卫星轨道倾角 i 的变化趋势。从图8中可以看出:自然连通度 λ 在轨道倾角 i 较低时保持不变,但随着 i 的不断增高,在 $50°\sim60°$ 区间内出现了明显的波谷。在 $i=60°$ 时 λ 最小,说明此时 Walker 星座网络的整体抗毁性能最差;随着 i 的继续增高,λ 也继续增大,出现"两头高中间低"的曲线走势,这说明在轨道倾角较低和较高时,卫星网络的抗毁性能较好。

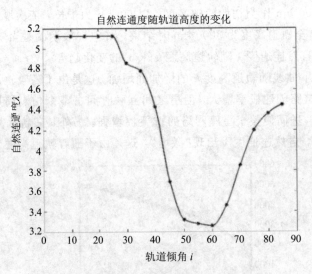

图8 自然连通度 λ 随轨道倾角 i 的变化图

3. 结束语

在大力发展空天信息网络的未来，网络的抗毁性研究是空天信息网络研究中的重要内容之一，本文提出了基于概率矩阵计算抗毁性测度指标——自然连通度的优化方法，并以 Walker 星座作为仿真模型，使用 STK 和 MATLAB 进行联合仿真验证。仿真实验结果表明：与其他现有的通过自然连通度刻画网络抗毁性的研究相比，本文优化后的方法对于网络抗毁性的刻画更加准确，更加贴合实际情况。本文的研究成果可以作为空天信息网络安全与抗毁性评估的重要手段，为提升空天信息网络的抗毁性研究提供了参考。

本文的下一步研究将结合矩阵论的相关知识着重分析自然连通度 λ 随轨道倾角 i 变化出现波谷的原因，并试图提升在波谷时空间信息网络的抗毁能力。

参 考 文 献

[1] WALKER J G. Continuous Whole-Earth Coverage by Circular-Orbit Satellite Patterns[J]. Nasa Sti/recon Technical Report N, 1977, 78.

[2] 林萍, 王汝传, 徐小龙. 基于 NS2 的 Walker 星座卫星网仿真的研究[J]. 计算机技术与发展, 2009, 19(10): 189 - 192.

[3] 郝选文. 空间信息网抗毁路由及网络防攻击技术研究[D]. 西安: 西安电子科技大学, 2013.

[4] 董飞鸿, 吕晶, 巩向武, 等. 空间信息网络结构抗毁性优化设计[J]. 通信学报, 2014, 35(10): 50 - 58.

[5] 汪小帆, 李翔, 陈关荣. 网络科学导论[M]. 北京: 高等教育出版社, 2012.

[6] 田田, 李翔, 陈关荣. 网络科学导论[M]. 北京: 高等教育出版社, 2012.

[7] 吴俊, 谭索怡, 谭跃进, 等. 基于自然连通度的复杂网络抗毁性分析[J]. 复杂系统与复杂性科学, 2014, 11(1): 77 - 86.

[8] 吕金龙. 网络性能分析评价方法及其计算机仿真方法研究[J]. 无线互联科技, 2016(9): 77 - 78.

[9] 杨颖, 王琦. STK 在计算机仿真中的应用[M]. 北京: 国防工业出版社, 2005.

[10] 刘浩. MATLAB R2016a 完全自学一本通[M]. 北京: 电子工业出版社, 2016.

[11] 李致远. 天地一体化光网络关键技术研究[D]. 成都: 电子科技大学, 2015.

[12] 张景楠, 李华旺, 朱野, 等. 一种评估 LEO 卫星通信网络抗毁性的新方法研究[J]. 计算机与数字工程, 2014, 42(9): 1645 - 1648.

[13] 甄卫民. 电离层闪烁对地空通信系统的影响[C]. 中国地球物理学会. 中国地球物理学会第二十三届年会论文集, 北京, 2007: 2.

基于分布式缓存的天基遥感数据安全分发机制

徐川[1]，凌正山[1]，赵国锋[1]，韩珍珍[1]，徐磊[2]，黄伟[2]

(1 重庆邮电大学 通信与信息工程学院，重庆 400065)

(2 四川九强通信科技有限公司，绵阳 621000)

摘　要：随着卫星通信相关技术的逐步成熟，以通、导、遥一体化为特征的天基综合信息网在可预见的未来将会形成广泛的覆盖，遥感数据分发是其中一个重要的应用。在调查了当前多媒体内容分发研究的基础上，针对天基综合信息网的特点，利用软件定义卫星技术的功能可重构优势，提出了基于分布式缓存的遥感数据分发架构，能够充分利用在网资源，降低卫星负载，提高系统效率。此外，还考虑到该分发系统的安全性，对于因分布式架构难以充分管控所造成的数据泄露等问题，结合可伸缩编码和加密技术，设计了一种透明分发机制，能够在缓存数据为密文的状态下完成分发任务。最后，通过实验验证了方案的可行性，并证明其在降低计算和存储开销方面的优势。

关键词：天基综合信息网；分布式缓存；遥感数据分发；透明分发

随着"鸿雁"星座首颗试验星成功发射、"虹云"工程首星成功上天等新闻的报道，我国大规模卫星通信网逐渐走进大众的视野。可以预见，紧接着数百颗卫星的升空，未来几年内将会有多个卫星通信系统建成并逐步向全球用户提供广泛的高质量通信服务。

近年来，高吞吐量卫星（High Throughput Satellite，HTS）和软件定义技术得到了快速的发展。相比于传统固定卫星业务（Fixed-Satellite Service，FSS），HTS通过利用 Ka 波段提高带宽以及配合频率复用等技术，极大地提升了卫星通信系统吞吐量，并且其单位带宽成本相比于传统卫星也有所降低，这就意味着利用卫星提供高速宽带互联网接入成为可能。与此同时，软件定义卫星和软件定义网络（Software Defined Network，SDN）等技术正在持续进步，使用软件定义架构实现硬件重组和软件重配，能够让系统在不同的应用场景下，根据不同的空间任务需求快速重构、灵活响应。因此，以融合不同空间通信系统，协同提供服务为特征的空间信息网络正受到越来越广泛的关注和研究。

文献[5]对我国天基综合信息网相关工作进行了总结。目前已有包括航天科工二院、武汉大学地球空间信息技术协同创新中心等多家单位开展一体化的天基综合信息网研究，其正在研发中的"虹云"工程和 PNTRC 等系统都致力于综合提供多样化的空间信息服务，包括宽带接入、导航系统增强和遥感等方面。可以看出，未来的卫星网络将会是以天基互联网接入为基础，融合低轨导航增强、多样化遥感等功能，实现通、导、遥一体化的综合信息网络。显然，这样的一体化天基综合信息网将具备足够的空间信息获取和处理能力，从而产生图像、视频等大量天基信息数据，并且能够根据用户的需求迅速响应，将这些信息推送给终端用户。因此，如何将这些天基信息内容高效、合理地分发给感兴趣的用户，是一个值得研究的内容。

在本文中，笔者针对天基综合信息网中的天基遥感数据分发任务，通过使用星上内容缓存来存储遥感卫星获取的数据，在为用户提供良好体验的同时提高系统效率。星上缓存利用信息中心网络（Information-Centric Networking，ICN）领域内的先进理念和技术，通过将分发内容以缓存的方式推送到离用户更近的位置，避免了数据在多个远距离节点的多次重复传输，从而尽可能减少信息在分发过程中的延迟，并因此减少了用户获取遥感数据的等待时间。并且，通过缓存能够使遥感数据被不同用户重复访问，提高了信息利用率，降低了系统运行成本。此外，还考虑了分发系统中存在的安全风险，并针对可能存在的安全问题提出了合适的解决方案。

1. 基于分布式缓存的数据分发架构

虽然 HTS 的特点有助于提高天基综合信息网的分发能力，但是高吞吐量并不一定能转化为良好的用户体验，尤其是处于空间环境中的卫星通信。例如，往返时间（Round-Trip Time，RTT）也会对应用程序的反应速度产生巨大影响，从而造成用户体验的不稳定。因此，天基信息分发任务首先要解决的是遥感数据如何存储的问题，不当的存储方案无法快速响应用户需求，不利于分发任务的高效进行，而且影响用户体验。

1）分布式缓存

得益于卫星通信技术的高速发展，越来越多的学者注意到卫星通信的巨大价值，可以将其融合于地面网络中。参考文献[10]提出了将超密集低轨卫星（LEO）卫星集成到地面 5G 网络的架构，并说明了其在数据卸载和缓存中的应用。参考文献[8]和[11]都提出了使用卫星辅助的 CDN（Content Delivery Network，内容分发网络）架构，以实现多媒体内容分发。CDN 是已经在地面网络中被大量应用的高级服务，它们通过将内容拉近终端用户，既减少了单一网络节点负载过大的问题，又降低了用户获取数据的等待时间。在天基信息网中，同样可以通过使用相似的缓存机制增强终端用户的体验。参考文献[12]在分析如何利用边缘计算提高网络 QoS 时提到，将边缘计算服务器部署在卫星中能在延迟方面有重大改进，卫星的所有用户都可以从卸载服务中受益，这是一种可以考虑使用的方案。

近年来，已有不少地面网络研究者考虑使用缓存提供多媒体分发业务。Felipe 等人在文献[13]中研究了无线接入网中的多层缓存架构，指出只要网络节点具有处理和存储容量，就能够利用各节点的存储资源提供内容分发业务。文献[14]基于多代理的强化学习，提出了移动 D2D 网络中的缓存策略。文献[15]研究了蜂窝网络中的缓存问题，证明低流量时段预下载数据可以获得额外的缓存增益。这些研究都强调了要充分利用网络节点的存储容量，并需要为此制定相关的缓存和分发策略。

综合现有的研究可以看出，利用天基综合信息网中各节点的存储容量，通过星上缓存提供遥感数据分发服务是一种有效的方案，并且得益于软件定义卫星技术的进步，综合利用卫星富余的计算和存储资源变为可能，这有效地提升了星上资源的综合利用率。不过，以上研究都考虑将缓存放置于地面网络中，用卫星辅助传输，这对于天基信息分发任务而言，意味着遥感数据需要先传送到地面网络，然后再根据用户需求进行拉取，显然是难以接受的。

与地面网络节点不同，受限于卫星的载荷以及硬件不可拓展性，在空间部署 CDN 服务器不是一件容易的事。或许高轨卫星（GEO）卫星能够拥有大量的存储资源，但过高轨道造成的高传播延迟，增大了往返时延（Round-trip Time，RTT），因此这也不是一个好的选择。并且，天基信息分发中的遥感数据往往数据量庞大，如果将全部数据存放在同一卫星上，不仅会极大地消耗星上存储资源，而且容易因为热门数据的访问量较大造成过重的处理负担。因此，考虑到终端和空间节点都具有数据存储容量，这就允许在每个节点上创建一定的内容缓存，以减少对这些数据的访问时间。所以，通过选择多颗卫星实现分布式缓存，能够很好地减轻单颗卫星的负担，同时也可以充分利用全网的存储资源。

这样一种架构所具有的分散属性不仅能缓解任何集中式架构所固有的拥塞问题，而且还允许使用智能网络设备来优化网络性能。文献[5]分析了 GEO/LEO 双层星座的优势，提出应用 SDN 技术将管理子网与业务子网分离，由 GEO 卫星负责全网的管控功能。因此，智能网络设备在天基综合信息网中可以是 GEO 卫星，掌握丰富的计算和存储资源，具有对整个系统的控制能力。也就是说，在这个系统中，GEO 卫星能够充分感知缓存数据在网络内的放置情况，且能够调度全网数据，这意味着缓存的管理将会变得十分方便。

2）可伸缩编码

为了保证天基遥感数据的易读性，需要将其编码为合适的文件才能进行分发工作，因此选取符合要求的编码格式对于系统的高效运行十分重要。

可伸缩编码技术在近几年有了成熟的发展，不论是图像还是视频都有相关的标准制定，比如 JPEG2000 图像编码和 SVC、SHVC 视频编码。近几年也有不少学者对可伸缩编码的应用进行了广泛研究，例如在参考文献[16][17][18]中的研究表明，不同场景下对可伸缩编码的应用能够在视频分发业务中提供良好的用户体验。

可伸缩编码的特点在于能够实现数据的渐进传输，即只有部分数据的情况下也能实现文件的解码，但是通过增加更多的数据能够提高其质量，也就是说更多的数据意味着更高质量的图像。将这一特性和分布式缓存有机结合，对于提高天基信息分发系统的资源利用率十分有帮助。通过选择使用可伸缩编码，可以将遥感数据方便地分成多个部分，然后将这些数据存储在不同的卫星上。因为实现这一操作仅仅需要对数据进行简单的截断操作，并且不影响数据的正常解码，可以实现边传输边观看，不必等待全部数据下载完毕就能看到完整的图像。

笔者还注意到，对于遥感数据的分辨率、质量等要求，不同的用户有不同的需要。例如，高精度的遥感数据不需要也不可能无限制地向所有用户提供。因此，天基信息分发系统要能够做到面向不同用户的按需分发。针对不同用户的访问级别和实际需求，通过使用可伸缩编码方式，能够在按需提供不同质量遥感数据的同时，大大降低存储和计算资源的使用。这都是因为可以通过仅截断数据的方式提供不同的版本，而不需要重新转码，也不需要同时存储数据的多个不同质量的副本。

因此，通过使用可伸缩编码技术，可以十分方便地将不同质量的遥感数据分发到具有不同带宽容量链路的网络节点，而使用传统的编码技术需要增加处理步骤，消耗了更多的星上资源。当网络的带宽容量随时间变化时，可伸缩编码非常有用，因为如果网络的带宽非常低，则只需要发送少部分数据。但是，随着网络带宽的增加，通过增加传输数据量，终端用户接收到的遥感数据质量将会进一步增强，则用户的体验随着其网络质量的提升而提高，这一特性对于高度异构的空间信息网络十分有用。

3）系统架构

通过以上分析，综合使用分布式缓存和可伸缩编码技术，结合天基综合信息网中 GEO

卫星的控制能力，本文所提出的天基遥感数据分发系统架构如图1所示。图中突出了架构的主要逻辑组件，即以下组成部分：

（1）控制中心：由GEO卫星构成，拥有比普通卫星更丰富的计算、存储资源，能够感知系统的遥感数据分布，同时还负责系统的集中控制功能。

（2）遥感卫星：根据任务需求对目标区域进行探测，获得原始数据并执行快速的星上处理，之后进行分发任务，按控制中心下发的指令将遥感数据发送到指定的通信卫星上。

（3）通信卫星：负责分发系统的中转工作，将天基信息下发给终端用户。该类卫星具有一定的存储能力，能够承担遥感数据的缓存功能。

（4）终端设备：分发任务的请求方，是整个分发系统的服务对象。

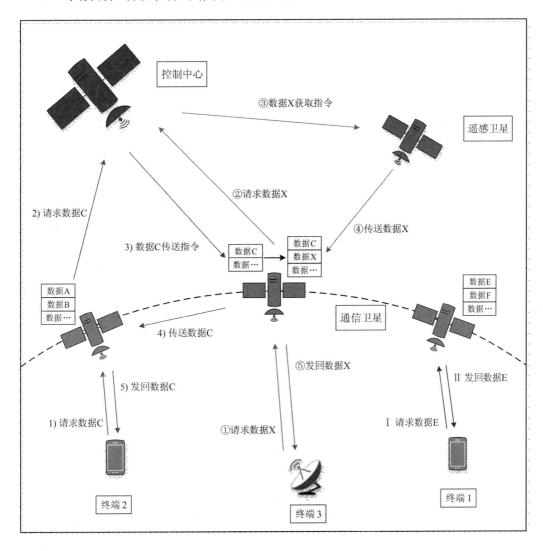

图1 天基遥感数据分发架构图

在此系统中，笔者分析了遥感数据分发任务所面临的三种请求响应情况，并在图1中进行了展示，这三种响应流程分析如下：

终端1的请求：Ⅰ～Ⅱ。该流程描述了终端1所连接的通信卫星拥有所请求的数据时，将直接从星上缓存中将数据分发给终端，避免了节点之间重复的传输，降低了传输时延。

终端 2 的请求：1）～5）。在该流程中，当终端 2 所连接的通信卫星没有请求的数据时，该卫星将直接把数据请求发送给控制中心，控制中心通过检索得到该数据缓存的位置，然后把传送指令发送给数据存放的卫星，终端 2 的服务卫星在得到数据后负责将数据分发给用户。

终端 3 的请求：①～⑤。当终端 3 请求诸如实时信息这类数据时，全网已有缓存均无法满足终端的请求，因此会触发这一流程。控制中心收到用户的数据请求后，将会对遥感卫星发送数据获取指令。在遥感卫星处理完成后，将数据通过通信卫星分发给终端用户，完成了用户的数据请求。并且由于这一数据在全网都没有缓存，因此负责数据分发的通信卫星将会缓存这一数据，以实现数据的重复利用，降低遥感卫星的工作负荷。

2. 安全分发机制

在笔者所提出的架构中，遥感数据可以被分割成多个部分分散地存储于多个卫星中，并且能够根据需要进行数据的重新组合、分发。虽然这样的架构有利于综合利用天基信息网中分散的存储资源，但是这同样意味着遥感数据的分布无法集中管控，随之而来的是遥感数据的存储风险大为增加。因此，针对天基遥感数据分发系统可能存在的安全隐患，需要设计一个安全机制来防范可能发生的信息泄漏等风险。

1）数据加密

对于分发架构可能存在的安全问题，如果通过对星上缓存的遥感数据进行加密处理，就能使得缓存中的信息始终处于密文状态。那么，即使遥感数据被非法获取，由于不知道密钥，窃取者也不能正确地读取遥感数据，这样就能够保证系统中缓存数据的安全性。

密码学发展至今已经有了相当多的加密算法可用，不仅有通用的二进制加密算法，还有许多专门针对图像数据的加密算法。但是，图像加密算法目前更多的还是处于理论研究中，尚未有太大规模的应用。由于加密算法的选择更应注重普遍的安全性，选择合适的通用算法更有利于系统的实际部署。

2）密文转码

前文已经提到了可伸缩编码的诸多优势，其在节省星上计算和存储资源方面有良好的表现。特别值得注意的是，将可伸缩编码的特点和加密相结合便能实现密文转码功能。

密文转码是指对于加密的图像数据，不需要进行预先解密操作就能进行转码。当需要将图像数据存储于不安全的节点时，密文转码可以很好地保证存储信息不泄露，同时不影响图像的转码工作，也就意味着不影响分发系统正常工作。参考文献[19]提到了这一特点并加以利用，在 JPEG2000 编码的基础下实现了一种层次化加密算法，具有灵活的安全转码特性和较低的转码代价。

JPEG2000 是联合图像专家组（Joint Photographic Experts Group，JPEG）提出的一种图像标准，通过使用基于小波变换的图像压缩技术，提供了高水平的可扩展性和可操作性。其最大的特点在于使用了优化截断嵌入式块（Embedded Block Coding with Optimized Truncation，EBCOT）编码，使得 JPEG2000 的码流能够根据选定的渐进顺序进行组织打包，解码时可以在任意处截断并重建图像。

3）透明分发

对于本文提到的基于分布式缓存的遥感数据分发架构所面临的安全风险，通过利用密文转码特性，将其集成到分发系统中，实现透明分发，可以很好地解决信息非法获取问题。

透明分发是指当星上缓存的数据为密文时，依然能够实现遥感数据的转码操作，也就是说密文缓存不影响分发系统的正常工作。这样一来，通信卫星不必关心缓存数据的内容，只需要进行截取操作，遥感数据对其而言是透明的。此外，由于避免了通信卫星在加解密和转码上的开销，因此降低了系统运行负荷，提高了分发效率。

在图 1 所示的架构图中，为了支持透明分发机制，遥感卫星需要支持加密操作，这在软件定义卫星技术的支持下较易实现。此外，在数据分发系统上需要增加密钥管理部分，以及在响应用户的数据请求时需要传输相应的密钥，这对于有着丰富计算和存储资源的控制中心而言并非难以完成。因此，安全分发机制能够很好地集成在天基遥感数据分发系统中。

3. 实验

针对本文所提出的透明分发机制，笔者通过设计一系列实验来证明方案的可行性，并表明其在节省计算和存储资源方面的优势。

1）实验方案

笔者选择使用开源软件 OpenJPEG 实现对 JPEG2000 文件的编解码。这是一个用 C 语言编写的软件，自 2015 年 5 月起，它就被 ISO/IEC 和 ITU-T 正式认定为 JPEG2000 的参考软件。

在加密算法的选择上，主要包括非对称加密和对称加密。非对称加密是指加密和解密使用不同的密钥，其加解密速度要远远慢于加解密密钥相同的对称加密。因此，针对天基信息安全分发需求，从系统分发效率上考虑，应当选取合适的对称加密算法。

目前受到广泛应用且安全性依然良好的有高级加密标准（Advanced Encryption Standard，AES）和 ChaCha20 及其衍生算法。AES 算法在专用的硬件上速度很快，表现优秀。但是，当缺少专用硬件加速，采用纯软件实现这两种加密算法时，ChaCha20 相比 AES 要快得多，大概快 3 倍。并且软件实现 AES 容易受到缓存冲突定时攻击，而 ChaCha20 对定时攻击不敏感，安全性更好。因此，实验选择使用 ChaCha20 加密算法。

我们选择使用 C/C++作为编程语言，以实现透明分发。其中，Libsodium 加密库被集成到软件中以实现加密操作，这是一个被广泛使用的开源加密库，具有良好的安全性和易用性。

2）实验分析

实验选取 512×512 的遥感图像——Mars 作为展示，将其转码为 JPEG2000 时选择无损编码方式，作为对比的图像格式包括无压缩图片格式 BMP、无损压缩图片格式 PNG 以及有损压缩图片格式 JPG。

（1）JPEG2000 的可伸缩性。由于 JPEG2000 编码具备可伸缩性，除开文件前端的标记部分，对于剩余的数据部分进行任意截断都可保持文件整体可见，只是分辨率和质量等有所下降。与此同时，非可伸缩编码将无法完整地展示图片内容。对同一图片不同格式文件的前 50KB 数据进行截取，图 2 对比了截取后文件的显示效果。从图中可以看出，PNG、BMP 和 JPG 文件只能展示部分数据，而 J2K 看上去依然完整。

（2）密文转码。图 3 展示了密文转码机制的执行过程，首先对于原始图像（a）除开标记的数据部分执行加密处理得到密文图像（b），然后在密文图像的基础上截断出前一部分

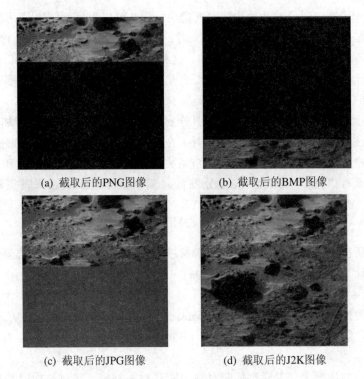

(a) 截取后的PNG图像　　　　　　(b) 截取后的BMP图像

(c) 截取后的JPG图像　　　　　　(d) 截取后的J2K图像

图 2　部分数据的图像对比

数据，得到部分密文图像(c)，之后执行解密操作得到解密后的图像(d)。

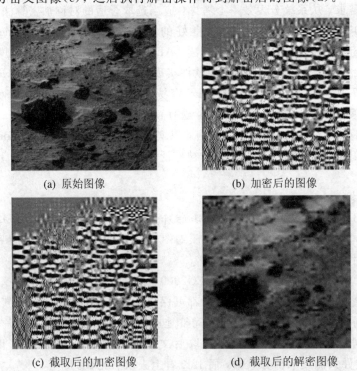

(a) 原始图像　　　　　　　　　(b) 加密后的图像

(c) 截取后的加密图像　　　　　　(d) 截取后的解密图像

图 3　密文转码过程

从图中可以看出，笔者所提出的分发机制仅仅需要对数据截断，就能在不需要明文数据的情况下实现图像的转码工作。这意味着当进行分发工作时，对于密文数据的按需截断不影响解密后的文件正确解码，从而实现了透明分发。

（3）资源消耗。当天基分发系统需要针对不同的用户提供不同质量的图片时，可以进行图像的转码操作。显然，由于数据截断操作的简易性，JPEG2000 编码的转码所需的计算资源远低于其他编码方式。一个节省计算资源的方式就是同时存储同一图像的多个不同分辨率副本，而 JPEG2000 因其可伸缩特性不需要存储多个副本。

表 1 列出了不同格式下不同分辨率副本的大小，表 2 对比了当 PNG、BMP 和 JPG 格式存储多分辨率副本时的存储资源占用大小，不同副本数包含的分辨率为表 1 中所列，从大到小依次增加。

表 1　不同图像格式在不同分辨率下的大小

格式 / 大小 / 分辨率	PNG	BMP	JPG	JPEG2000
512×512	163 KB	258 KB	105 KB	152 KB
384×384	108 KB	150 KB	70 KB	100 KB
256×256	50 KB	66 KB	37 KB	50 KB
128×128	14 KB	18 KB	12 KB	14 KB

表 2　不同副本数在不同格式下的占用空间大小

副本数 / 占用大小 / 格式	1	2	3	4
PNG	163 KB	271 KB	321 KB	335 KB
BMP	258 KB	408 KB	474 KB	492 KB
JPG	105 KB	175 KB	212 KB	224 KB

显然，JPEG2000 在同等分辨率的存储空间占用上相比 PNG 和 BMP 较小，并且由于只需要存储单一最大分辨率，当存储副本多于 1 时，占用空间小于其他三种图像格式。因此，使用 JPEG2000 相比多分辨率副本模式在存储空间占用上表现优秀。

3）实验结果

通过以上实验，笔者验证了透明分发机制的可行性。同时，可以看出 JPEG2000 编码的可伸缩特性相比其他编码方式有着巨大的优势，能够很好地节省分发系统的计算和存储资源。利用这一特点所实现的透明分发机制，能够在不影响分发效率的情况下提高系统的安全性。

4. 结束语

本文针对天基遥感数据分发任务提出了一种基于分布式缓存的数据分发架构和透明分发机制，能够充分利用分发系统资源，降低星上计算和存储开销，同时能够保障分发系统中缓存数据的安全，防止信息非法获取，并且所提方案通过实验证明了可行性和有效性。在未来的应用中，基于所提方案研究更高效的按需分发策略，能够进一步提高系统运行效率，降低资源开销。

参 考 文 献

[1] 晓曲. 鸿雁星座首颗试验星[J]. 卫星应用，2019，02：62.

[2] 陈静. 虹云工程首星[J]. 卫星应用，2019，03：77.

[3] ABDELSALAM A, LUGLIO M, ROSETI C, et al. Analysis of bandwidth aggregation techniques for combined use of satellite and xDSL broadband links[J]. International Journal of Satellite Communications and Networking, 2019, 37(2): 76-90.

[4] 赵军锁，吴凤鸽，刘光明，等. 发展软件定义卫星的总体思路与技术实践[C]. 2018 软件定义卫星高峰论坛会议论文集. 北京，2018：26-32.

[5] 闵士权. 我国智能天基综合信息网构想[C]. 2018 软件定义卫星高峰论坛会议论文集. 北京，2018：2-25.

[6] 李德仁，沈欣，李迪龙，等. 论军民融合的卫星通信、遥感、导航一体天基信息实时服务系统[J]. 武汉大学学报（信息科学版），2017，42(11)：1501-1505.

[7] LIU Z, ZHU J, PAN C, et al. Satellite Network Architecture Design Based on SDN and ICN Technology[C]//IEEE International Conference on Electronics Information and Emergency Communication. Beijing: IEEE, 2018: 124-131.

[8] THIBAUD A, FASSON J, ARNAL F, et al. QoE enhancements on satellite networks through the use of caches[J]. International Journal of Satellite Communications and Networking, 2018, 36(6): 553-565.

[9] GUIDOTTI A, VANELLI-CORALLI A, CONTI M, et al. Architectures and Key Technical Challenges for 5G Systems Incorporating Satellites[J]. IEEE Transactions on Vehicular Technology, 2019, 68(3): 2624-2639.

[10] DI B, SONG L, LI Y, et al. Ultra-Dense LEO: Integration of Satellite Access Networks into 5G and Beyond[J]. IEEE Wireless Communications, 2019, 26(2): 62-69.

[11] LUGLIO M, ROMANO S, ROSETI C, et al. Service Delivery Models for Converged Satellite-Terrestrial 5G Network Deployment: A Satellite-Assisted CDN Use-Case[J]. IEEE Network, 2019, 33(1): 142-150.

[12] ZHANG Z, ZHANG W, TSENG F. Satellite Mobile Edge Computing: Improving QoS of High-Speed Satellite-Terrestrial Networks Using Edge Computing Techniques[J]. IEEE Network, 2019, 33(1): 70-76.

[13] COSTA F, RIGHI R, DA COSTA C, et al. Nuoxus: A proactive caching model to manage multimedia content distribution on fog radio access networks[J]. Future Generation Computer Systems, 2019, 93: 143-155.

[14] JIANG W，FENG G，QIN S，et al. Multi-Agent Reinforcement Learning for Efficient Content Caching in Mobile D2D Networks[J]. IEEE Transactions on Wireless Communications，2019，18 (3)：1610－1622.

[15] GREGORI M，GÓMEZ-VILARDEBÓ J，MATAMOROS J，et al. Wireless Content Caching for Small Cell and D2D Networks[J]. IEEE Journal on Selected Areas in Communications，2016，34 (5)：1222－1234.

[16] ZHANG X，LV T，NI W，et al. Energy-Efficient Caching for Scalable Videos in Heterogeneous Networks[J]. IEEE Journal on Selected Areas in Communications，2018，36(8)：1802－1815.

[17] ZHANG X，LV T，YANG S. Near-Optimal Layer Placement for Scalable Videos in Cache-Enabled Small-Cell Networks[J]. IEEE Transactions on Vehicular Technology，2018，67(9)：9047－9051.

[18] GHERMEZCHESHMEH M，SHAH-MANSOURI V，GHANBARI M. Analysis and performance evaluation of scalable video coding over heterogeneous cellular networks[J]. Computer Networks，2019，148：151－163.

[19] 傅勇，易小伟，马恒太. 一种支持密文转码的 JPEG2000 图像加密算法[J]. 计算机科学，2014，41 (06)：84－88＋93.

基于双向单程伪距测量的星间链路设计

周莉[1,2]，王竹刚[1]，袁超[1]，宋金伟[1]，安军社[1]，阎敬业[1]，陈学雷[3]

（1 中国科学院国家空间科学中心，北京 100190）

（2 中国科学院计算技术研究所，北京 100190）

（3 中国科学院国家天文台，北京 100101）

摘　要：星间链路是实现卫星编队飞行、进行分布式探测的技术基础。首先介绍了中科院空间科学背景型号项目——超长波天文观测阵列项目中线型微卫星编队飞行对星间链路的功能需求和指标要求；针对线型编队的特点，进行了激光和无线电测量两种技术方案比较；重点阐述了星间无线电测量中采用的双向单程伪距和时钟驯服原理，并给出线形编队的"一主八从"颗微卫星星间链路的系统设计方案，最后通过项目研制基础——"龙江"微卫星星间链路原理验证样机的地面试验数据，证明系统设计能够满足超长波天文观测阵列任务要求，也为后续编队飞行的微卫星星间链路的设计提供技术基础。

关键词：双向单程伪距；线型编队；微卫星；星间链路；星间测距；星间时间同步

星间基线测量技术的实现方法主要包括无线电和光学测量两种方法。卫星光通信技术是近 30 年来发展起来的空间宽带通信技术，其典型的技术优势是测量精度高。无线电测量主要方法分为基于 GNSS（Global Navigation Satellite System，GNSS）的测量方法和主动式无线电测量。在地球轨道，采用 GPS（Global Positioning System，GPS)接收机无疑是实现星间测量最简易的方法，但是需要依赖于 GPS 导航卫星系统，在 GNSS 信号无法覆盖的高轨、月球轨道或深空轨道并不适用。主动无线电测量技术主要是由测量设备主动发射、接收射频信号的，根据无线电信号的单向或双向时延特性进行测量。主动式星间无线电测量主要适用于几公里范围到百公里范围内的基线测量，同时，因为它是主动测量，常用于GNSS 信号无法覆盖的高轨或者月球轨道。

超长波天文观测阵列拟采用 1 颗主星和 5~8 颗子星在 300 km 绕月圆轨道线形编队的方式，形成 100 m~100 km 基线的空间分布式干涉阵列；通过轨道演化和编队控制，实现全天区 1 MHz~120 MHz 的探测。高精度的星间基线测量技术是保证编队飞行星座系统功能和干涉测量实现的技术基础，是其中一项关键技术和研究热点。

针对超长波天文观测阵列项目中对星间链路的需求，本文通过技术方案比较，采用基于双向单程伪距测量方法的主动式星间测量方案，实现了月球轨道"一主八从"颗微卫星线型编队的星间链路系统设计方案。

1. 任务需求和指标分解

1）功能需求

超长波天文观测阵列采用整体发射、在轨分离的方式完成编队构型的分离部署。对于运载的包络尺寸、干重设计约束，根据初步设计与估算，主星质量（含燃料）约为 400 kg，每颗子星质量约为 50 kg。子星需要进行轻小型化设计。科学探测对星间链路的功能需求和指标要求总结如下：

（1）实现 1 颗主星和 5～8 颗子星之间 100 m～100 km 基线范围的通信和高精度的测距测角和时间同步，基线确定精度为 1m@100km，平均星间数传码速率大于 20 Mb/s，主星与各子星之间的时间同步误差为 3.3 ns。

（2）子星（微卫星）需要轻小型化考虑。

（3）研制系统需要对科学探测频段 1 MHz～120 MHz 范围进行 EMI 抑制。

子星形成的基线范围为 100 m～100 km，考虑到子星的能源限制，设定母星与子星的通信距离为 1 km～100 km。

基线确定精度为 1m@100km，该指标可分解为测距精度为 1m@100km，测角精度为 10 μrad@100km。

2）技术指标

通信速率设计低、中、高三档，低速用于信道建立之初或链路极限情况下。最终子课题的技术指标如下：

（1）主星与子星通信距离：1 km～100 km。

（2）测距精度：1m@100km。

（3）时钟同步精度：3.3ns@100km。

（4）星间数传码速率：变速率，每星最高支持 40 Mb/s。

（5）测角精度：10urad@100km≈2 角秒。

2. 技术方案比较

卫星激光通信技术是近 30 年来发展起来的空间宽带通信技术，其技术优势是通信容量大、传输距离远、测量精度高、保密性好、抗干扰，是解决空间数据实时传输瓶颈的有效手段，但其缺点是相对体积大、功耗高、成本高。哈工大谭立英团队自 1991 年开始研究激光通信，在 2017 年发射的 SJ－13 同步轨道上首次实现了同步轨道卫星与地面站双向 5 Gb/s 高速激光通信。哈工大针对超长波天文观测阵列设计的激光星间链路方案如图 1 所示，采用拉手式链路，可实现星间通信数据直接转发和存储转发，具有终端体积小、数据率高等优点。

1）探月卫星星间激光链路系统指标

（1）链路距离：100 km 以上。

（2）通信数据率：100 Mb/s、400 Mb/s、1 Gb/s 三种。

（3）通信误码率：优于 1e－7。

（4）捕获时间：标校后 30 s。

（5）一对激光链路系统重量（两套终端）：16 kg（含 2 个光学头、1 个处理器）。

（6）系统功耗：22 W。

（7）测距精度：3 cm。

2）线型编队激光方案存在的问题

（1）遮挡问题，需要采用接力的方法。接力方法的问题是测量误差积累、不是同时测量、对小卫星大容量的需求增大、在轨控制复杂。

（2）质量较大，不适于微卫星平台。

（3）激光测角以点对点的测量为主，且依赖卫星姿态精度，用于线性编队测角误差会积累。

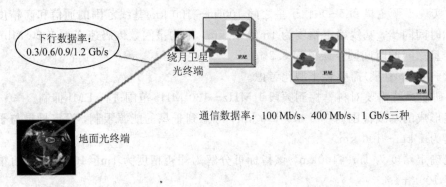

图 1　哈工大的激光星间链路方案

无线电主动测量方法尤其适用于 GNSS 信号无法覆盖的高轨或者月球轨道，用于几公里范围到百公里范围内的基线测量；可以一条无线链路实现星间通信测距和时间同步；项目组有龙江一号/二号星间链路的研制基础和测试经验。缺点是测量精度不如激光通信和差分 GPS，工程实现上只能到 cm 级，对于超长波天文观测阵列项目，无线电主动测量的精度能够满足任务需求。

综上所述，最终选用基于双向单程伪距测量方法的主动式星间测量方案，实现月球轨道"一主八从"颗微卫星线型编队的星间链路系统设计方案。

3. 双向单程伪距和时钟驯服原理

两星的时间同步方案采用"测量＋驯服"的方案。星间链路采用 DOWR(Dual One Way Ranging，双向单程伪距测量)体制进行双向通信测距，前向和反向两条链路测得的伪距，经过两个分离方程，可以同时得到两颗卫星之间真实距离和实际钟差的信息，通过时钟驯服消除钟差实现时间同步。

1）双向单程伪距测量原理

DOWR 测距系统的原理，如图 2 所示。

进行时间比对的两个卫星同一个定时时刻，相互发送时间标志，为了清晰地表达原理，该时间标志用脉冲表示。卫星 1 发送定时信号，该定时信号带着发送时刻的时间戳，从该定时信号发送时刻开始，直到卫星 2 接收来自卫星 1 的定时信号结束，测量的时间间隔为 T_1，因为卫星 2 并不知道两颗星的时间差，所以该时间间隔为伪时间间隔，或称为伪距，该伪距包含两星间的时间差 Δt。同理，反向时间间隔为 T_2，t_{t1}、t_{r1}、t_{t2}、t_{r2} 分别对应两个卫星的发射接收设备时延，天线之间的信号传播时延为 τ，可以得到下述测量公式：

$$T_1 = t_{t1} + \tau + t_{r2} + \Delta t \tag{1}$$

$$T_2 = t_{t2} + \tau + t_{r1} - \Delta t \tag{2}$$

对两个测量公式进行分离，可以解方程得到两星之间的钟差和距离：

$$\Delta t = \frac{1}{2}\big[(T_1 - T_2) - (t_{t1} + t_{r2}) + (t_{t2} + t_{r1})\big] \tag{3}$$

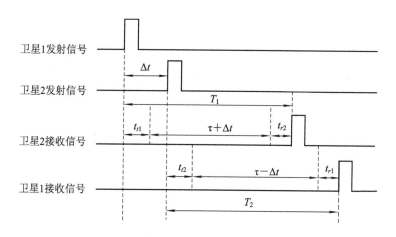

图 2 DOWR 星间测距原理

$$D = \tau \cdot C = \frac{1}{2} \big[(T_1 + T_2) - (t_{t1} + t_{r1}) - (t_{t2} + t_{r2}) \big] \cdot C \qquad (4)$$

在 DOWR 系统中,式(1)、(2)称为测量方程,式(3)、(4)称为分离方程。

两式中 t_{t1}、t_{r1}、t_{t2}、t_{r2} 可以在地面通过设备校标直接测出,由于两个微卫星发送脉冲几乎是在同一时刻,所以在两个微卫星相对速度较小的情况下,信号传播路径可以看成是相同的,从而可以保证双向传播时延的一致。如果发射时刻不一致,将会导致因为传播路径不一致,从而产生测量误差,但该误差将随着同步系统趋于一致而减小到可以忽略。

根据链路信噪比分析和动态误差分析,该测量误差可以达到 3 ns 以下。

另外,前向链路时延和反向链路时延在不同温度条件下是变化的,需要进行不同温度下的时延标定($-40℃\sim+60℃$,步进 $10℃$),并且在实际运行过程中,通过温度反演,得到不同的前向和反向链路时延,进行实时校准。

2) 时钟驯服原理

在背景任务中,主星是时钟基准源,是参考端。从星的时钟向主星靠拢。

母星和子星之间的时差消除的过程分为三步,由子星状态机控制。第一步是快速相位校正,将两星的 pps 输出相差,校正到一个 80 MHz 时钟周期内,即相差小于 12.5 ns。时差消除的第二步是频率校正,通过约 10s 的时差变化计数,得到两星的频差率,一次性通过配置 VCOCXO(Voltage Controlled Oven Controlled Crystal Oscillator,压控恒温晶体振荡器)的电压,校准两星的频差。第三步是相位跟踪过程,在这个过程中,主从两星一直通过测量、解算分离方程,得到两星的相差和相差的变化,这些测量信息经过卡尔曼和 PI (Proportional-Integral)滤波器,控制从星 VCOCXO 的压控电压,使得两星的相位差趋近于 0,并且一直保持。第三步的频率和相位跟踪的过程,称之为"时间频率驯服"。

驯服算法的硬件构架如图 3 所示,通过 DOWR 测得双星的伪距,即伪时差,经过解算得到两星之间真实的时差,经过二阶锁相环滤波器,控制高分辨率 DAC(20 bit),得到控制电压,输出到 VCOCXO,使得该 VCOCXO 产生和参考源同频、同相(即时间同步)的被驯服时钟。经过对参考源和 VCOCXO 的短期、长期稳定度的测试分析,可以得到滤波器的设计参数,保证 VCOCXO 的输出,同时具有良好的相位噪声、短期稳定度和频率准确度。

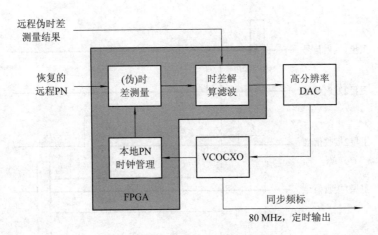

图 3　时差校正-频率驯服过程框图

4. 星间链路设计

线型编队的一主八从微卫星星间通信链路示意图如图 4 所示,包括前向链路和反向链路。前向链路是主星向各子星发送星间控制信息等,速率较低,为 1 Mb/s;反向链路为子星向主星发送探测的科学数据,速率要求不低于 20 Mb/s。星间链路的设计主要包括多址方式、频段选择、链路计算等方面。

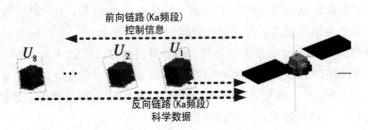

图 4　一主八从线型编队微卫星星间通信链路示意图

1) 多址方式

常用的多址方式包括频分多路、时分多路、码分多路、随机接入、空分多路等接入方法,这些方法有各自的适用条件和优缺点。为了降低系统的复杂度,前向链路可以采用广播方式,链路只需要一个频点即可。由于主星和 8 颗子星需要不间断实时通信,进行星间测量和时钟驯服,故反向链路只能采用频分或码分。

通常的扩频设备总是将用户信息(待传输信息)的带宽扩展到数十倍、上百倍甚至千倍,以尽可能地提高处理增益。伪随机(PN)码的码位越长,系统性能越高。通常,商用扩频系统 PN 码码长应不低于 12 位,一般取 32 位,军用系统可达千位。在 40 Mb/s 基带速率下,如果想达到 8 路容量,扩频增益取 63,信号的带宽将达到 2520MHz。这样的带宽没有 ADC 可以承受,并且 FPGA 的采用率也不能满足要求。目前航天用 FPGA 提供的可行的 ADC 的采样率是 400 Ms/s,因此通道的带宽必须在 200 MHz 以内。硬件条件,尤其是接收端的硬件条件,限制了码分方案的可实现性。

频分可以同时建立多个链路连接,进行不间断的通信测距和时间同步,这样可以保证不降低多个链路的伪距测量精度。缺点是每条链路都需要一个频率,飞行器数量越多,就需要分配更多的频段;频率增加,设备成本相对更高,若采用 FPGA 内部滤波器,则可以避免这一问题；另外频分需要额外的频率保护间隔，限制通信速率；需要考虑远近效应，不要让近距离卫星的高功率信号阻塞了远距离卫星的低功率信号，必须采用大系统闭环的功率控制方法。

综上所述，星间链路的反向链路最终选用频分复用多址方式，采用 FPGA 内部"软"滤波器规避多个射频通道的硬件成本，采用大系统闭环的功率控制方法消除远近效应。

2）频段选择

每个子星的星间数据传输需求是平均速率 40 Mb/s，8 颗子星同时传输总计需要 320 Mb/s，星间链路带宽需要满足大于 300 MHz 需求。

在 SFCG 建议书 REC 21-1《Spectrum Considerations for Formation Flying Systems》和 NASA 发布的月球通信标准《NASA lunar communication standards》中拟采用 Ka 频段为 22.55 GHz～23.55 GHz 作为星间链路的前向链路频率，Ka 频段为 25.6 GHz～27.22 GHz 作为星间链路的反向链路频率。

3）链路计算

主星与子星通信距离为 1 km～100 km，距离差 2 个数量级，因此最近子星和最远主星的链路相差 40 dB。链路设计需按照最远子星 100 km 设计。由于子星需要进行轻小型化设计，因此在进行链路设计时需要尽量将资源放在主星，使子星最轻小化设计。

（1）传输码率。根据对地数传能力限制、载荷科学数据传输需求以及中频 AD 采用速率的限制，星间链路提供的最大码速率为 40 Mb/s。

（2）调制方式。在本任务条件下，综合考虑 Ka 功率效率和频率效率性能以及星载设备的实现性，暂定选取 8PSK 调制解调方式。

（3）信道编码解码。采用信道编码能够获得额外的链路增益，可以节省卫星能源。拟采用 LDPC(8/9)信道编码解码，在误码率为 1×10^{-6} 时可以获得约 6 dB 的编码增益。

（4）天线选择。在有资源的情况下，采用高增益天线是获取增益最有效且简单的办法。常用的高增益天线包括喇叭天线、抛物面天线、相控阵天线，这三种天线各有特点。喇叭天线最为常用，工艺简单、工期短、造价低，但增益有限制，本任务中有 8 颗子星且采用波长较短的 Ka 频率，建议子星采用喇叭天线；抛物面天线技术成熟，能够获得较高的增益，但工艺要求精细、造价高，常用于大卫星；相控阵天线能够不需要转台，通过电控实现天线相位变化，近年来技术成熟，能够应用到卫星通信上，不仅获得高增益还可以免除传统功放设备，但技术复杂、造价高。从工程实现的角度，建议本任务中的主星采用抛物面天线。

抛物面天线的增益波束和口径相互限制，设定频率为 26 GHz，计算抛物面天线设计理论值，各个增益下的波束和口径如表 1 所示。由于编队形成后一年内线性编队构型角度偏差＜1.8°，建议主星采用 36 dB 增益的抛物面天线，半波束为 2.3°，口径为 0.35 m，主星能够承受。

表 1　星间链路天线尺寸与增益对照表

增益/dB	半波束/°	口径/m
32	3	0.23
36	2.3	0.35
40	1.6	0.5

按照子星采用 20 dB 的喇叭天线，主星采用抛物面天线进行星间链路计算，如图 5 所示，星间链路余量为 4.8 dB，满足任务要求。

链路参数		单位	从星(20 dB喇叭)→主星(抛物面)	备　注
发射参数				
1. 载波频率		GHz	25.65	
2. 反射功率		W	1	功放输出2 W 双工器插损1 dB
3. 馈线损耗		dB	−2.0	
4. 发射天线	增益	dBi	20	
	波束宽度	°	±13°	
5. EIRP		dBW	20	
路径参数				
6. 通信距离		km	101	
7. 自由空间损耗		dB	−160.7	
8. 大气衰减		dB	0	
9. 极化损耗		dB	−0.5	
接收参数				
10. 接收系统G/T值		dB/k	5(35−30)	
11. 天线指向损耗		dB	−1	
16. 接收的S/NO		dB/Hz	91.4	
17. 数据速率		Mb/s	36.0(75.6)	
18. 可用的Eb/NO		dB	15.8	
19. 调制解调损耗		dB	3	
20. 输出Eb/NO		dB	12.8	
21. 调制解调			8PSK	
22. 需要Eb/NO@Pe=1e^{-6}		dB	8	LDPC[8/9]信道编码
23. 链路余量		dB	4.8	

图 5　从星至主星星间返向链路通信链路计算表

5. 测量原理的地面验证

课题的研究基础是在 CE4 搭载卫星——龙江一号/二号项目中，星间链路采用双向单程伪距测量体制实现了双星的通信、测距、时钟同步（Communication Ranging Synchronization，CRS）一体化关键技术研究和验证试验。

龙江一号/二号星间链路采用 S 波段，遗憾的是因龙江一号卫星丢失，星间测量技术未得到在轨验证。龙江一号/二号星间链路经过有线测试、信道模拟器测试、微波暗室、楼顶、车载等静态和动态地面试验验证了星间链路 CRS 系统满足系统指标，实验室测试的原

图 6　龙江一号/二号原理样机实物图

始数据如图 7 中蓝色数据，数据在均值上下波动，噪声的引入主要是温度引起的射频器件的热噪声；经过均值滤波剔除异值再进行滑动滤波后，静态测试时测量精度可达 mm 级。

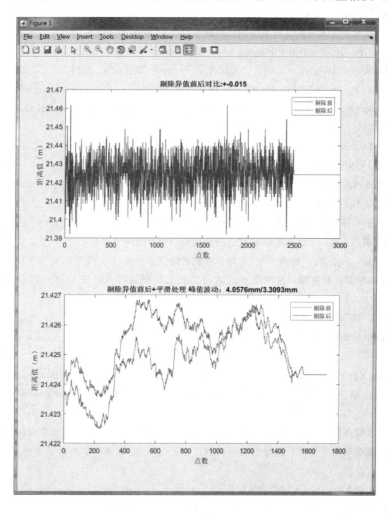

图 7　龙江卫星星间链路地面试验数据

龙江一号/二号星间链路采用 S 波段，能够满足星间干涉测量的要求。伪距测量精度与载波相位相关，载波频率越高，测量精度越高。因此，龙江卫星 S 波段的地面验证试验结果可以为本项目线型编队卫星星间链路设计提供参考依据。

6. 结束语

针对月球轨道超长波天文观测阵列任务，论文给出了基于双向单程伪距和时钟驯服原理的星间链路系统设计方案，在一条无线链路上实现线型编队的"一主八从"颗微卫星星间通信测距和时间同步，有利于微卫星的轻小型化设计。论文的星间链路设计尤其适用于GNSS信号无法覆盖的高轨或者月球轨道，用于几公里范围到百公里范围内的基线测量，可以为后续编队飞行的微卫星星间链路的设计提供参考。

参 考 文 献

[1] 吴国强，孙兆伟，赵丹，等. 编队小卫星星间通信系统的发展和趋势[J]. 哈尔滨工业大学学报，2007，39(11)：1699 - 1703.

[2] 熊群力，姜康林. 航天编队飞行星座的星间通信[J]. 无线电通信技术，2004，30(1)：1 - 5.

[3] Fernández F A. Inter-satellite ranging and inter-satellite communication links for enhancing GNSS satellite broadcast navigation data[J]. Advances in Space Research，2011，47(5)：786 - 801. Xx

[4] CHACOS A A，STADTER P A，DEVEREUX W S. Autonomous navigation and crosslink communication systems for space applications[J]. Johns Hopkins APL Technical Digest，2001，22(2)：135 - 143.

[5] KIM J. Measurement time synchronization for a satellite-to-satellite ranging system [C]// International Conference on Control，Automation and Systems. IEEE，2007：190 - 194.

[6] KIM J，TAPLEY B D. Simulation of Dual One-Way Ranging Measurements[J]. Journal of Spacecraft & Rockets，2003，40(3)：419 - 425.

[7] 武凤，于思源，马仲甜. 星地激光通信链路瞄准角度偏差修正及在轨验证[J]. 中国激光，2014 (06).

[8] 马晶，谭立英，王骐. 卫星光通信研究进展及趋势[J]. 空间科学学报，2000 (S1).

[9] 吴伟仁，王琼，唐玉华. "嫦娥4号"月球背面软着陆任务设计[J]. 深空探测学报，2017 (02).

[10] 张锦绣，陈学雷，曹喜滨. 月球轨道编队超长波天文观测微卫星任务[J]. 深空探测学报，2017 (02).

[11] ZHOU L，JUNSHE A，WANG Z G. A compact payload system for two formation-flying microsatellites in the CHANG'E IV mission[C]. IEEE Aerospace Conference Proceedings：IEEE，2018：1 - 8.

[12] ZHOU Q，ZHAO Q J. Design of a compact and reconfigurable onboard data handling system[C]. Proceedings of 16th IEEE International Symposium on Parallel and Distributed Processing with Applications：IEEE，2018.

[13] 王竹刚. 星载高精度测距与时间同步技术研究[D]. 北京：中国科学院国家空间科学中心，2018.

[14] 侯鸿杰. 基于双向单程伪距测量的时间驯服技术研究[D]. 北京：中国科学院国家空间科学中心，2016.

[15] GU X B，CHANG Q，GLENNON E P. An autonomous satellite time synchronization system using remotely disciplined VC-OCXOs[J]. Sensors (Switzerland)，2015，15(8)，17895 - 17915.